防城港市入海污染物排放
总量控制研究

李谊纯　陈　波　主编

海洋出版社

2014 年 · 北京

内 容 简 介

针对防城港市沿海开发建设中的海洋生态环境问题日趋严峻,亟需开展入海污染物排放总量控制研究等问题,在充分的野外调查和室内分析的基础上,本书较为系统地开展了防城港海域环境现状和发展趋势、污染物来源和污染物总量评估、港湾纳污容量与污染物排放控制、海域环境污染防治等方面的研究。

本书可作为海洋环境、海洋水文、海洋工程及相关专业的教师、科研设计及海洋管理人员的参考书,也可作为上述专业领域高年级本科生及研究生的教学参考书。

图书在版编目(CIP)数据

防城港市入海污染物排放总量控制研究/李谊纯,陈波主编 . —北京:海洋出版社,2014.

ISBN 978 – 7 – 5027 – 9050 – 9

Ⅰ. ①防…　Ⅱ. ①李… ②陈…　Ⅲ. ①海洋污染 – 总排污量 – 控制 – 研究　Ⅳ. ①X55

中国版本图书馆 CIP 数据核字(2014)第 30704 号

责任编辑:高 英 朱 林
责任印制:赵麟苏

海洋出版社 出版发行

http://www.oceanpress.com.cn

北京市海淀区大慧寺路 8 号　邮编:100081
北京旺都印务有限公司印刷　新华书店北京发行所经销
2014 年 12 月第 1 版　2014 年 12 月第 1 次印刷
开本:787 mm×1092 mm　1/16　印张:18.5
字数:389 千字　定价:80.00 元
发行部:62132549　邮购部:68038093　总编室:62114335
海洋版图书印、装错误可随时退换

前　言

2008 年 2 月，国务院批准《广西北部湾经济区发展规划》实施，广西沿海地区上升为"重要国家区域经济合作区"列入统筹开放开发。从此，防城港市不断深化改革开放、加快转变经济发展方式，区域经济发展呈现出加速化、临海化、重工业化的总体趋势，港口建设、临港工业及房地产开发等一批项目正在抓紧推进。频繁的港口建设和沿海工业开发等活动在带来经济效益的同时，对海域的自然环境、生态环境及渔业资源都产生一系列的负面影响，导致诸多生态环境问题，表现为海岸及滨海湿地生态环境退化、海洋环境污染、海岸动态失衡、海湾纳潮量减少、海域纳污容量下降、近岸渔业空间和宜港资源衰减与破坏等。"十二五"期间，随着《防城港市城市总体规划》（2008－2025）的实施，防城港沿岸规划为工业、港口用地区、钢铁产业园、造船基地、大西南临港工业园与粮油食品加工产业园；企沙半岛西面沿岸规划为镍铜冶炼生产基地以及核电等大项目。这些项目的建设将会大量利用岸线资源和海域空间资源，改变水动力环境条件。同时，项目建成投入营运后也把含有重金属、有机毒物、油类及氮、磷营养盐等污染物的废水随入海河流或直接排入海中，严重影响海洋环境质量。为此，按照防城港市的功能定位及发展趋势，研究制定防城港市入海污染物排放总量控制与规划，为适应防城港市大港口、大工业开发与海洋环境协调、健康发展提供有力的科技支撑，为探索构建海洋环境保护的先进管理模式奠定基础。基于上述需求开展了书内容的研究。

本书共 12 章，其中第 1 章、第 12 章由陈波执笔；第 2 章由张荣灿执笔；第 3 章、第 4 章由姜发军执笔；第 5 章由姜发军、许铭本执笔；第 6 章、第 8 章由董德信执笔；第 7 章由许铭本、李谊纯执笔；第 9 章由赖俊翔执笔；第 10 章由李谊纯执笔；第 11 章由张荣灿、董德信和李谊纯执笔。各章节经汇总编纂，最后定稿。李谊纯对本书作了修改和审定。

本研究的完成，是广西北部湾海洋研究中心全体同仁集体劳动的科研成果。庄军莲、雷富、高程海、邱绍芳、柯珂、龙超、王一兵、陈宪云、陈默等自始至终参加了海上调查、室内样品分折、资料收集整理、图表制作及有关章节的编写等工作。此外，在实施过程中，得到了防城港市海洋局、环保局、水利局、水产局、住建委等部门的大力支持和帮助，使项目得以顺利进行。本书还得到"防城港市入海污染物排放总量控制研究与规划"（YLFCD20111007）、"广西北部湾经济区海陆交错带环境与生态演变过程及适应性调控"（2012GXNSFEA053001）、北部湾经济区近岸海域纳污容量评估及入海总量控制与生物降污技术研究（2011GXNSFE018003）、"广西北部湾经济区海洋、陆地环境生态背景数据调查及数据库构建研究"（2010GXNSFE013001）等课题的资助，在此我们一并表示衷心感谢！

由于水平有限，难免存在错误和不足之处，恳请批评指正！

陈 波

2013 年 6 月于南宁

目　次

第1章 防城港市海域基本情况

1.1 自然环境概述

防城港市管辖的海域范围东起防城区的茅岭乡，经港口区的企沙镇、光坡镇，防城区的附城乡、江山乡，东兴市的江平镇，西至东兴镇的北仑河口，大陆海岸线 584 km，岛屿 230 个，岛屿海岸线 119 km。

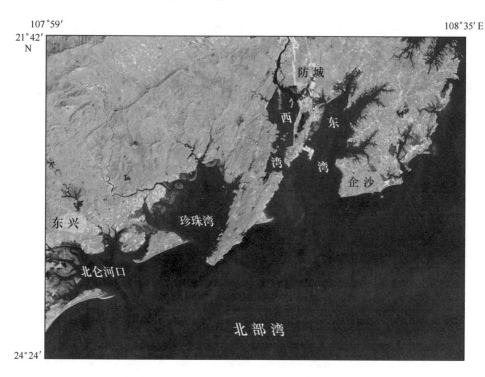

图 1-1 防城港及其邻近海域

本研究的内容重点论及防城港湾、珍珠港湾、北仑河口及邻近海域。

防城港湾：位于 21°32.0′ ~ 21°44.3′N，108°17′ ~ 108°29′E 之间。自然条件好，湾内地形隐蔽、水域宽阔，属于天然避风深水良港。湾口朝南，宽约 10 km，口门东面是企沙半岛，西面为白龙半岛。全湾岸线约 115 km，海湾面积约 160 km²。全湾被 NE—SW 走向的渔洲岛分为两部分，大部分海域水深较浅，滩涂宽阔。由于防城港码头建设向海（南）延伸了 6.5 km，原来仅 19.6 km² 的渔洲岛被扩建为约 27.6 km² 的港口码头区，使防城港湾分成东、西两湾。西湾以牛头岭为界，以北为西湾内湾，以南为外湾，内湾面积大于外湾，内湾面积为 27.6 km² 左右，顶部有防城河注入。防城河年平均径流量为 17.9×10^8 m³，年平均输沙量为 23.7×10^4 t。从 20 万吨码头至防城港市中心区以东为东湾，海域面积约为 80 km²，有榕木江、风流岭江和云约江等河流汇入。

珍珠港湾：位于 21°30.3′~21°37.3′N，108°08′~108°16′E 之间，东邻防城港，西靠北仑河口。海湾呈漏斗状，东部与北部丘陵直逼海湾，西部由沙堤或海堤所围，仅南面湾口与外海相通。口门西起潭尾岛的东头沙，东至白龙半岛的白龙台，口门宽约 3.5 km。全湾岸线长约 46 km，其中礁石岸线 10 km，基岩岸线 10 km，砂质岸线 3 km，石砌岸线约 23 km。海湾面积约 94.2 km²。湾顶有平江、黄珠江（新绿江）等小河流注入。

北仑河口：广西壮族自治区东兴市与越南广宁省芒街市的接壤处，是中越两国的界河河口。河口北岸西起东兴镇，向东经竹山到潭尾岛的西岸；南岸西起越南芒街，沿北仑河经独墩、中间沙南侧岔道至茶古岛的东北角，范围在 21°28′~21°36′N，107°57′~108°08′E 之间。河口口门宽约 6 km，长约 11.1 km，为典型喇叭状河口，具有半封闭海湾的特征，自 NW 向 SE 敞开，相通于开阔的北部湾。河口地形复杂，槽滩相间，滩宽槽浅，水域面积 66.5 km²，其中潮间滩涂面积 37.4 km²，潮下带和浅海面积 29.1 km²。北仑河年平均径流量为 21×10^8 m³，年平均输沙量为 64×10^8 t。

1.1.1　气象

防城港市地处北回归线以南低纬度地区，属于亚热带海洋性季风气候，冬季温和，夏季多雨，季风明显，受灾害性天气影响较显著。根据防城港气象站 1994 – 2010 年的资料统计，防城港市沿海气候基本特征如下。

1.1.1.1　气温

平均气温：根据防城港气象站提供的资料，防城港及其邻近区域常年平均气温为 22.5℃；最冷为 1 月，平均气温为 13.0℃，最热为 7 月，平均气温为 28.0℃。平均气温具有明显的年度变化周期，每年 1 月至 7 月气温逐月回升，8 月至翌年 1 月间，气温逐月下降（见表 1 – 1）。

极端气温：防城港及其邻近区域历年极端最高气温为 37.7℃，出现时间为 1998 年 7 月 24 日；极端最低气温为 1.2℃，出现时间为 1994 年 12 月 29 日（见表 1 – 1）。

1.1.1.2　气压

防城港及其邻近区域平均气压为 1 010.2 hPa，12 月至翌年 6 月逐渐下降，7 月至 12 月逐渐上升。平均最高气压出现在 12 月份，其值为 1 018.9 hPa，最低值出现在 6 月份，为 1 002.1 hPa（见表 1 – 2）。气压年变化幅度不大。

表1-1 累年各月平均气温及极端气温（1994-2010年）

项目		1月	2月	3月	4月	5月	6月	7月	8月	9月	10月	11月	12月	全年
平均气温/℃		14.7	15.1	18.4	23.1	27.1	29.1	29.4	28.9	27.8	25.1	20.8	16.2	23.0
极端最高气温	极值/℃	27.0	29.3	31.2	33.4	34.7	37.1	37.7	36.1	36.8	33.7	33.3	28.4	37.7
	日期	12	14	12	21	23	20	24	05	23	27	11	13	24/7
	年份	2008	1997	2002	2000	2002	1998	1998	2008	2008	1996	2008	2008	1998
极端最低气温	极值/℃	2.3	4.8	3.6	10.1	13.1	17.9	21.1	22.2	15.4	12.3	6.2	1.2	1.2
	日期	7	11	2	4	5	1	30	29	30	30	29	29	29/12
	年份	1999	2003	2001	2000	1996	1997	1998	1998	1995	2000	1999	1994	1994

表1-2 累年各月平均气压平均降水量及降水日数（1994-2010年）

项目	1月	2月	3月	4月	5月	6月	7月	8月	9月	10月	11月	12月	全年
平均气压/hPa	1 018.3	1 015.5	1 012.5	1 009.4	1 005.7	1 002.1	1 002.5	1 002.4	1 007.4	1 010.9	1 016.3	1 018.9	1 010.2
平均降水量/mm	33.1	47.2	59.1	87.2	330.1	347.7	372.1	416.0	234.2	107.6	60.8	24.1	2 102
降水日数/d	9	15	13	10	12	19	20	21	11	12	7	6	155

1.1.1.3 降水

防城港及其邻近区域常年平均降水量为2 102.2 mm，全年平均降水约54.0%集中在6-8月，其中8月是高峰期，月雨量达416.0 mm，12月份雨量最少，仅24.1 mm。24小时最大降水量达到365.3 mm，出现在2001年7月23日，从累年各月24小时最大降水量来看，最小值出现在12月，为17.4 mm，其次为2月份，为40.5 mm（表1-3）。

表1-3 累年各月24小时最大降水量（1994-2010年）

项目	1月	2月	3月	4月	5月	6月	7月	8月	9月	10月	11月	12月	全年
极值/mm	56.0	40.5	116.2	147.1	256.3	347.1	365.3	220.8	196.7	53.4	112.1	17.4	365.3
日期	9	11	4	26	17	11	23	24	15	22	13	8	23/7
年份	1995	1997	1998	1997	1999	2001	2001	2000	1998	2003	1994	1996	2001

1.1.1.4 风

根据防城港气象站1996-2010年的实测资料，防城港及其邻近区域年平均风速为3.1 m/s，月平均最大风速出现在12月，为3.9 m/s，其次是1月和2月，为3.7 m/s；

平均最小风速出现在 8 月，为 2.3 m/s。从统计结果来看（表 1－4），平均风速冬季大于夏季。从各月风向的风速和频率统计结果来看，该区域的常风向为 NNE，频率为 30.9%；次常风向为 SSW，频率为 8.5%；强风向为 E，频率为 4.7%。

表 1－4　防城站累年逐月风要素表（1996－2010 年）

要素	1 月	2 月	3 月	4 月	5 月	6 月	7 月	8 月	9 月	10 月	11 月	12 月	全年
平均风速 /m·s^{-1}	3.7	3.7	3.4	2.9	2.8	2.7	2.7	2.3	2.7	3.1	3.3	3.9	3.1
最大风速 /m·s^{-1}	19.0	18.0	17.4	20.6	12.8	11.5	17.9	40.0	18.0	16.0	19.0	17.3	20.6
最大风向	NNE	NNE	N	WNW	N	NW	N	SE	SW	N	NNE	N	WNW

1.1.1.5　雾、相对湿度及蒸发量

雾：累年平均雾日为 16 d，最多雾日为 23 d（2000 年）；最少雾日为 6 d（1999 年）。雾在一年四季中均有出现，以冬、春季最多，其雾日数占全年总雾日数的 87.5%，秋季次之，夏季雾出现机率最小。从月际变化来看，以 2 月的雾日最多，3、4 月次之，5－9 月很少出现。

相对湿度：年平均相对湿度为 81%，最大月平均相对湿度为 88%，每年 2－8 月是湿度高值期，相对湿度在 84% 以上，2、7、8 月相对湿度最大，10 月至翌年 1 月是相对湿度低值期，最低为 69%。

蒸发量：年平均蒸发量为 1 645.2 mm，2 月份是低温阴雨集中月，蒸发量最低，其值为 55.4 mm；9 月秋旱蒸发量最大，其值为 197.2 mm。

累年雾日数，各月平均相对湿度以及平均蒸发量统计结果见表 1－5。

表 1－5　累年各月雾日数、相对湿度、蒸发量（1994－2010 年）

项目	1 月	2 月	3 月	4 月	5 月	6 月	7 月	8 月	9 月	10 月	11 月	12 月	全年
雾日数/d	1.9	4.2	3.2	2.4	0.2	0.2	0.4	0.5	0.3	1.2	0.7	1.2	16.3
相对湿度/%	78	85	86	83	82	84	86	86	81	79	76	69	81
蒸发量/mm	82.1	55.4	86.3	103.0	165.0	170.9	175.0	171.6	197.2	171.3	139.1	119.1	1 645.0

1.1.2　海洋水文

1.1.2.1　潮汐

防城港及其邻近海域以非正规全日潮为主，当全日分潮显著时，潮差大，涨潮历

时大于落潮历时，憩流时间短；当半日分潮显著时，潮差小，涨落潮历时大致相等，憩流时间长。平均潮差：2.44 m

根据防城港海洋环境监测站 1996 – 2010 年实测潮位资料统计，其潮位特征值如下（以理论深度基准面起算）（图 1 – 2）：

最高潮位：5.32 m（2008 – 11 – 16 07：09）

最低潮位：– 0.31 m（2002 – 12 – 08 18：53）

平均潮位：2.34 m

平均高潮：3.64 m

平均低潮：1.20 m

最大潮差：5.63 m

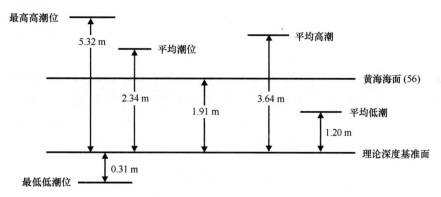

图 1 – 2　防城港潮汐特征值与理论深度基准面起算的高程关系（1996 – 2010 年）

1.1.2.2　潮流

潮流性质：防城港及其邻近海域潮流性质判别数在 3 左右，说明该海域的潮流属非正规全日潮流，即大、中潮为全日潮流，小潮为半日潮流。潮流基本上是往复流。

实测流速流向：据实测资料统计，涨潮期间，涨急最大流速可达 72 cm/s，平均流速为 25 ~ 30 cm/s；落潮期间，落急最大流速可达 76 cm/s，平均流速为 32 ~ 43 cm/s，大部分区域落潮流速比涨潮流速大 10 cm/s 左右。另据 2007 年实测潮流表明，拦门沙以外至 20 m 等深线的广阔水域，潮流带有顺时针旋转特征，仍以往复流为主；湾口拦门沙水域，特别是靠近港口航道两侧边滩，受地形及岸边界影响流向变化稍大。湾内潮流流速大于湾外；防城港湾内测点潮流最大流速一般为 50 ~ 80 cm/s，湾外测点潮流为 20 ~ 35 cm/s。

潮流场：潮流主流向为 NW – SE 向。最大涨潮流速一般出现在高潮前 3 ~ 5 h，表层流速可达 72 cm/s，底层流速 61 cm/s；最大落潮流速出现在高潮后 5 ~ 7 h，表层流速可达 76 cm/s，底层流速 64 cm/s；转流时间出现在高潮时或低潮时附近，憩流延时为 0 ~ 2 h，涨潮延时一般大于落潮延时，差值在 3 ~ 5 h。潮流的运动形式以往复流为主，主要分潮流长轴与水道走向基本一致。

1.1.2.3 余流

防城港及其邻近海域的余流状况，主要受风场、径流和沿岸径流的支配，其中，季风的影响是主要的。夏半年，该海域受偏南 – 西南季风的影响，在拦门沙外海区以及湾内大部分海域的流向与风向基本一致，自 SW 向 NE 流动，流速在 10 ~ 15 cm/s 范围。拦门沙与西贤沙之间有局部环流存在，流向为顺时针方向且不稳定，流速为 10 cm/s 左右。冬半年，该海域受偏北季风影响，流向多呈偏南向；流速分布趋势为湾口小，湾内大，最大流速可达 15 cm/s 左右。

1.1.2.4 波浪

防城港及其邻近海域的波浪主要由风浪、涌浪和混合浪组成。根据白龙尾海洋站 1975 – 1984 年观测资料，防城港及其邻近海域平时波浪不大，常见浪为 0 ~ 3 级、其出现频率超过 80%，1 m 以上波浪出现频率小于 18%，2 m 以上的大浪频率约占 15%，台风影响时产生的 5 ~ 6 级波浪仅占波浪频率的 0.07%。常浪向为 NNE 向，频率为 20.41%。强浪向为 SSE 向、最大波高 7.0 m，次强浪向为 SE 向、最大波高为 6.0 m，均为台风袭击时产生。白龙尾海洋站波浪要素的统计见表 1 – 6。

表 1 – 6 1975 – 1984 年白龙尾海洋站波浪要素统计表

方向	各级		≥ 3 级		≥ 5 级		
	$P/\%$	H/m	$P/\%$	H/m	$P/\%$	H/m	T/s
N	0.5	0.4	0.0	1.0	—	—	—
NNE	20.0	0.4	0.9	1.0	0.0	2.4	6.0
NE	12.0	0.4	0.5	1.0	0.0	2.2	5.0
ENE	2.2	0.4	0.1	1.1	—	—	—
E	3.6	0.4	0.4	1.0	—	—	—
ESE	5.1	0.5	0.8	1.1	0.0	2.3	5.4
SE	15.0	0.5	2.7	1.0	0.0	2.5	6.5
SSE	6.8	0.5	1.3	1.2	0.0	3.0	6.8
S	14.0	0.7	5.7	1.1	0.1	2.3	5.9
SSW	8.2	0.8	4.2	1.2	0.1	2.2	5.4
SW	1.9	0.5	0.4	1.1	0.0	2.5	4.5
WSW	0.1	0.5	0.0	1.1	—	—	—
W	0.2	0.6	0.1	1.1	—	—	—

方向	各级		≥ 3 级		≥ 5 级		
	P/%	H/m	P/%	H/m	P/%	H/m	T/s
NWW	0.0	0.6	0.0	1.2	—	—	—
NW	0.0	0.3	0.0	1.0	—	—	—
NNW	—	—	—	—	—	—	—

注:"—"表示无资料。

1.1.3 泥沙

根据沉积物特征,重矿物组合及其分布规律可判定调查区沉积物来源,而重矿物的分布,含量变化及矿物组合均是判断物质运移的依据。

1.1.3.1 泥沙来源

防城港及其邻近海域泥沙来源主要来源于陆域径流来沙和波浪侵蚀海岸及地表水切割冲刷沿岸地层来沙两方面。

陆相径流来沙:防城港湾主要有防城河流入,防城河全长 100 km,流域面积 810 km^2,多年平均输沙量 23.7×10^4 t,最大年输沙量约 39×10^4 t,自防城河河床—河口汊道—潮间带—水下岸坡,沉积物中的电气石与钛铁矿的比值为 0.049—0.01—0.088—0.028。其中,在潮间带比值最大,说明潮间带中电气石的含量相对增加,而锆石与钛铁矿的比值沿程为 0.19—0.088—0.14—0.12,这组数据由于两种矿物的密度相近,总的趋势基本呈自河床至前三角洲呈逐渐减少的趋势。这些碎屑矿物分布的特点说明防城河输出物质主要沉积在现代河口三角洲上。

波浪侵蚀海岸来沙:在漫长的地质时期中,波浪对湾内海岸的侏罗系地层长期侵蚀,受波浪侵蚀后的沿岸边缘形成了许多海蚀崖及滩地。从重矿物分析结果看,防城港及其邻近沿岸由侏罗系页岩组成,这些海岸母岩中的碎屑重矿物以电气石、钛铁矿、赤铁矿、白钛矿等矿物为主,属电气石-锆石-钛铁矿组合,并含有矽线石、红柱石、十字石等变质矿物,同样,在该海域沉积物中碎屑重矿物组合与沿岸母岩的碎屑重矿物组合基本一致,为电气石-锆石-钛铁矿组合和电气石-钛铁矿-锆石组合,以含有标准变质矿物为特征,这说明防城港及其邻近海域沉积物中的部分泥沙来源是波浪对海岸线母岩侵蚀或地表水切割冲刷母岩搬运来的产物。

1.1.3.2 泥沙运动趋势

根据水动力条件及表层底质沉积物类型和重矿物的分布特征综合分析,可以认为,该海域内泥沙运移随季节而变化。夏半年泥沙由湾口向湾内运移,冬半年由湾内向湾外运动。泥沙总的运移方向与潮流流向基本一致，但较粗的颗粒在沿岸作横向运动而形成水下沙嘴或沙坝。在落潮射流扩散和南向波浪的共同作用下，泥沙发生沉积，形成沿岸及港湾口门的水下拦门沙。在泥沙输运的过程中，潮流起了主要作用，落潮流把大量的泥沙向外海输送，保持了各港内的主要通道不淤或微淤。

1.1.4 地形地貌

1.1.4.1 海底地形

防城港湾是溺谷型海湾。它是在持续性区域隆起，河流沿构造线的侵蚀切割以及冰后期海平面上升，波浪、潮流、河流的共同作用下形成的。防城港湾地势北高南低，水深0~13 m，等深线基本与海岸平行，在湾外呈纬向分布，在湾内呈 N－S 向或 SW－NE 向。水下地貌类型主要为潮成深槽和水下拦门沙。潮成深槽在口门附近呈"Y"型分叉，一道向 NE 伸展到暗埠口江，长7 km，宽约1 km；另一道由 NW 延伸到防城港码头，长8 km，宽约0.7 km。潮成深槽水深6~9 m，叉口处最深，达13 m。水下拦门沙宽约2.5 km。

珍珠港湾是由于构造运动和冰后期海平面上升而在波浪、潮汐、河流和风等营造力共同作用下形成的。其形成年代约距今6 000~8 000 a。地貌特征为东侵西堆。东岸为一系列海蚀海岸，分布有10多个岛屿；西岸形成海积海岸。湾的顶部有江平江、黄竹江等小河流携带泥沙注入，细者（淤泥）被落潮流携带到湾外海区，粗者（砂质）沉积于河口，并不断向湾中延伸，导致珍珠湾日益淤浅，形成大面积砂质浅滩。珍珠湾的潮沟，呈枝状分布，潮沟的深度向湾口逐渐加深。潮成深槽仅在湾口的白龙台至哈墩沿岸，与防城港湾的潮成深槽分布类似，也呈"Y"型分布；槽长约6 km，宽1 km 左右，深5~10 m，最深13 m；等深线亦呈封闭状，由西南指向东北。深槽于南部与湾外航道相通。

北仑河口为近似呈喇叭状河口海湾，西北面为陆所围，东南面为开阔的北部湾。河口以堆积型地貌为主，沿岸主要有丘陵和残丘、冲积平原、冲积海积平原、海积平原和人工地貌构成；河口主要有河口沙岛、海岸沙堤、潮间浅滩、沙嘴和河口沙洲构成。

1.1.4.2 海岸地貌

防城港及其周边的珍珠港湾和北仑河口海湾类型复杂，形态多变。其海岸地貌类型主要有：海积地貌、海蚀地貌、河口三角洲、水下地貌、拦门沙、沙岛等类型。

（1）海积地貌

海积地貌主要包括滨海沙堤和海积平原两类。

滨海沙堤：出现在防城港湾东南岸赤沙－樟木万一带和西岸的沙万、大坪坡、榕树头东岸、京族三岛等地，海拔高度为1~4 m。其中，赤沙－樟木万和大坪坡沙堤、潲尾岛金滩沙堤规模较大，一般长为 1.5～2.0 km，宽 0.8～1.2 km。组成物质多浅黄色、棕黄色、灰白色松散中细砂、中砂并夹有少量贝壳碎屑。滨海沙堤还发育于珍珠港湾的西南部，如潲尾沙堤和巫头沙堤。潲尾沙堤长 6～8 km，宽 0.5～2.7 km，海拔高度一般为 3～5 m，砂层厚度约 6 m。其中白沙仔至榕树头沙堤大致呈 W–E 向延伸，长约 3.2 km，宽 0.1～0.9 km；沙层厚达 4～7 m，物质组成主要为浅黄色、青灰色中细砂，下部含少量粗砂或小砾石和贝壳碎片，局部砂层中夹有 2～5 cm 的贝壳层。巫头沙堤长 4.0 km，宽 0.5～1.8 km，海拔一般为 3～5 m，砂层厚约 5.5 m，其物质组成上部为灰白色、浅黄色中细粒石英砂，向下变为灰黑色、棕褐色细粗中颗粒泥沙，底部为青灰色和灰黑色含砾细粒砂。

海积平原：主要分布于防城港西湾潭蓬、马正开以及渔洲坪等沿岸带，海拔高度一般为 1～2 m，主要由全新统黏土质砂和砂质黏土组成，大部分依靠人工围堤的保护而存在。海积平原还分布于珍珠港湾的江平、郊东、白龙半岛两侧沿岸局部低洼地。分布于珍珠港湾的海积平原，根据不同特征可分为四类。

一类是呈长条状，分布于珍珠港湾的北部和西部。此类海积平原面积大，平坦开阔，后缘紧接侏罗系丘陵边界，前缘为海岸，长 7～8 km，宽一般为 0.5～3 km，海拔高度 1～3 m。岩性为细砾砂质泥、泥炭、砂质泥，厚度为 0.3～3 m；二类是呈条带状，分布于珍珠港湾的北部和东北部。其前缘几乎全靠人工海堤维护，主要出现在吒租－郊东和石角、马栏基、阿公基、万松一带沿岸，海拔高度 1～2.5 m。岩性为细粒砂、泥质砂；三类位于珍珠港湾的东南部，呈零星分布。此类海积平原面积小，几乎已开辟为稻田，海拔高度 0.5～1 m。岩性为细颗粒的砂质泥、泥质砂和沙砾层；四类是位于河流出口西侧，前缘为临海的人工海堤所围。这一类型由潟湖转化而成，面积不大。

（2）海蚀地貌

该类型地貌主要出现在珍珠港湾内，大致有海蚀崖和海蚀平台两类。

海蚀崖：珍珠港湾内的海蚀崖可分为两类，一类是目前仍遭受海浪侵蚀的活海蚀崖，主要分布在该湾的东侧，海蚀崖高度一般为 2～6 m，崖壁陡峻，坡度 60°～70°，局部崖壁坡度达 80°～90°，前缘崖脚与高潮滩衔接，后缘为侏罗系低崖；沿海岸发育各种各样的海蚀洞和海蚀穴。另一类为不受海水作用的死海蚀崖，主要位于白龙半岛两侧；海蚀崖高度从几米至十几米不等，坡度一般达 50°～60°以上。

海蚀平台：主要见于珍珠港湾的白龙台沿岸。宽度一般为 20～50 m，最宽达 200 m，高度一般低于 1～1.5 m，由于侏罗系岩层向西南海面倾斜，倾角一般为 20°～30°；波浪通常沿岩石侵蚀，使海蚀平台通常平削岩层造成平台层，呈不规则的锯齿状起伏，平台低潮位时出露，高潮位时淹没。

（3）河口三角洲（冲积－海积平原）

该地貌类型主要分布于防城河下游和北仑河口门一带地区，海拔高度一般为1～3 m，由全新统的海陆过渡相地层构成。

（4）水下地貌

防城港湾、珍珠港湾和北仑河口存在潮间浅滩、潮流沙脊、潮流沟槽等水下地貌类型。

潮间浅滩：本研究重点调查海区内淤泥滩、沙滩、沙泥滩分布。在防城港湾沿岸，淤泥滩主要分布在该港湾内的暗埠口江东、西两侧，宽度平缓，宽度1～3 m，最宽达4～5 m，沉积物由岸向海逐渐变粗，即由淤泥过渡为砂泥混合带和砂带。在淤泥滩上一般生长有较多的红树林；沙滩主要分布在该港湾东南高岭仔以南和西南岸牛头村至大坪坡一带海滩，一般宽1～2 m，最宽处达5 km，坡度一般小于3°。组成物质为浅黄色、浅灰色、灰白色细砂和细中砂夹少量贝壳和小砾石；沙泥滩分布于该港湾的潮间带，宽度不一，一般为0.5～1.0 km，最宽约2 km。组成物质为砂－粉砂－黏土。珍珠港湾沿岸潮间浅滩主要分布在该湾的西部和北部，在大潮低潮时大面积出露，宽约3.5～6.0 km，面积约为40 km²。其物质组成为中细砂、粗中砂，并含有小砾石和贝碎片。砂质淤泥滩主要位于该湾东北部鬼老埠至万松一带和北部江河河口两侧沿岸滩地，宽约1.0～2.0 km。其物质组成为青灰色中细砂质黏土。在砂质淤泥滩中，大多有较茂密的红树林。基岩滩主要位于该港湾的东部白龙半岛沿岸的海蚀陡崖之下，宽约0.1～0.3 km，面积不大。在北仑河口，潮间浅滩主要分布在河口东侧的竹山及其东面的红沙头，宽约0.3～3.3 km，最宽处位于榕树头－巫头南侧，形成一个沙嘴，向南伸展，宽达8 km。潮间浅滩较宽阔平坦，竹山西以滩地变窄，沿堤滩地一般仅100～200 m，至五七堤西端滩地几乎已尽。潮间浅滩的沉积物多为浅黄色、浅灰色中砂和细中砂；局部分布有青灰色粉砂质淤泥，主要分布在五七堤外，砂质或粉砂质淤泥滩上多生长有红树林，种类有秋茄、白骨壤和桐花等。

潮流沙脊：主要分布在北仑河口中部，有两条潮流沙脊，大致呈NWW－SEE向平行排列，宽约0.2～0.5 km，长约1.0～1.5 km，高潮时被海水淹没，低潮时出露，当地民众称之为大石头沙，物质组成主要为中砂。

潮流沟槽：主要分布于防城港湾和北仑河口。防城港湾的潮流深槽自口门外三牙石北侧向北至防城港码头和向东北暗埠口江伸展"Y"型；在珍珠港湾内呈树枝状分布，水深由北向南逐渐变深；在北仑河口为主要的涨落流通道，由于河口湾水深很浅，沟槽的下端较深，最大水深5 m，潮流沟槽的上端水深较浅，平均水深2～3 m，分别指向北仑河口、竹排江口及茶古岛北侧，潮流沟槽的平均宽度200～300 m，最宽处仅500 m。

（5）拦门沙

在防城港湾和北仑河口内均有拦门沙。在防城港湾，拦门沙位于湾口的三牙石附近，呈 W - E 走向伸展，长约 3 km，宽约 0.3 ~ 0.6 km。其表层沉积物由中砂和中细砂组成，垂向自上而下分为两层：上层由黄色、灰黄色的中砂、细砂和粗粉砂组成，分选较好，厚度一般为 2.0 ~ 4.0 m，最厚可达 5.0 m；下层由深灰色淤泥质细砂、细砂和粗粉砂及局部的粗砂组成，分选较差，厚度一般为 1.5 ~ 3.0 m，最厚可达 4.0 m。该拦门沙沉积层直接覆盖于基岩之上。北仑河口拦门沙位于河口湾口门附近，宽约 0.1 ~ 0.5 km，长约 1.0 ~ 1.5 km，其物质由粗中砂组成。

（6）沙岛

河口沙岛是北仑河口最为典型的地貌类型。分布于河口内属于我国的沙岛有两个：一是独墩岛，位于北仑河与罗浮江交汇处下游，呈 W - E 走向，成陆较早，几十年来由上游来沙使独墩岛不断扩大，但淤长、蚀退变化也比较激烈。目前该岛长约 1.2 km，宽约 0.2 km，并有简单的护岸，表层沉积物主要由浅黄色、灰色细中砂物质组成，但在植被茂盛的地方，则夹有较多的粉砂和淤泥。另一个为中间沙，位于"五七"堤围与竹山村河段中，大致呈 NW - NE 走向，目前已有一部分出露成陆，最低潮时出露的沙洲长约 1.8 km，宽 0.2 ~ 0.6 km，表层物质多为中、细砂或含粉砂质的砂层，高潮线以下的滩地长有稀疏的红树林，中间沙在夏季洪水及潮流作用下，冲淤变化非常明显。

1.1.5 气象灾害

1.1.5.1 热带气旋（台风）

根据历史档案、政府文献和水文、气象、海洋等业务部门的有关统计数据，从 1949 - 2010 年的 62 a 内，影响广西的热带气旋总数为 296 个，平均每年为 4.77 个；其中以 1969 - 1978 年最多，平均每年达 5.4 个；而 2001 - 2010 年的 10 a 为最少，平均每年仅 2.73 个。热带气旋引起的风暴潮灾害是广西沿海地区影响最为严重的海洋灾害。近 20 年来广西沿海风暴潮（含近岸浪）灾害造成的累计直接经济损失高达 94.7 亿元，受灾人数 1 053.73 万人，死亡 102 人（不含失踪），农业和养殖受灾面积 61×10^4 hm^2，房屋损毁 16.29×10^4 间，冲毁海岸工程 476.57 km，损毁船只 1 613 艘。如 2001 年 3 号台风"榴莲"和 7 号台风"玉兔"、2003 年 12 号台风"科罗旺"，都不同程度影响广西沿海一带。2007 年 9 月 25 - 26 日，受第 14 号热带风暴"范斯高"减弱后的低压环流和副高边缘东南气流共同影响，防城港市出现暴雨、局部特大暴雨的天气过程。其中，25 日 8 时至 26 日 8 时，防城区的江山站和华石站降雨量分别达 520.5 mm、451.1 mm，江山站降水量为有气象记录以来单日降水量最大值。受暴雨的影响，港口区、防城区部分地方发生洪涝灾害，受灾人口 2.89 万人，转移人员 0.96 万人，倒塌房屋 22 间，农作物受灾面积 912 hm^2，水产养殖面积损失 958 hm^2，公路中断 8 条次，毁坏路基 4.91 km，损坏涵洞 11 处、塌方 36 处，损坏堤防 2 处、长度 1 500 m，堤防缺口 1 处、长度 40 m，损坏水闸 25 座，冲毁塘坝 13 座，损坏灌溉设施 37 处，直接经济损失 1.735 亿元。

1.1.5.2 风暴潮

风暴潮是指强烈的大气扰动（如强风或气压骤变）所引起的海面异常升高现象。广西沿海是常受风暴潮影响的地区之一。据资料统计，平均每年有 2 ~ 3 个台风登陆和影响广西沿海，最多的一年有 5 个台风影响（1973 年），且大部分的台风伴随着暴潮的发生。从 1965 - 2010 年，台风登陆和影响广西沿海引起风暴潮增水 0.5 ~ 1.0 m 有 18 次，1 m 以上的有 11 次，超过 2 m 以上的有 3 次。其中，1971 年 6 月 2 日的 7109 号台风引起风暴潮最大增水超过 2.33 m，1983 年 7 月 18 日的 8303 号"莎拉"台风和 1996 年 9 月 9 日的 9615 号"莎莉"台风最大增水分别达到 2.00 m，2003 年 8 月 24 日的 0312 号"科罗旺"台风最大增水达到 1.79 m。2010 年，受 1002 号台风"康森"、1003 号台风"灿都"和 1005 号强热带风暴"蒲公英"等热带气旋的影响，防城港市沿海出现了 3 次风暴潮增水过程。其中，2010 年 7 月 22 - 23 日，由于 1003 号台风"灿都"的影响，防城港市海河堤损坏 11 处共 0.57 km，护岸设施损坏 5 处，水闸门损坏 2 处，经济损失 1.53 亿元。

1.1.5.3 暴雨洪涝灾害

根据防城港气象站统计，沿海常年平均降水量为 2 102.2 mm，大部分集中在 6 - 8 月，占全年平均降水约 54.0%。全年雨量变化，1 - 8 月雨量逐月增加，其中 8 月是高峰期，月雨量达 416.0 mm，9 - 12 月逐月递减，其中 12 月份雨量最少，雨量仅 24.1 mm。特大的暴雨往往造成洪涝灾害，使沿岸农作物受淹及养殖业受到影响。

1.1.6 自然资源

防城港市地处广西沿海西部，海湾自然资源丰富，目前开发利用的主要是港口资源、航道资源、海洋生物资源、海洋渔业资源、海岛资源、红树林资源、滨海旅游资源。

1.1.6.1 港口资源

防城港市拥有防城港、企沙港、江山港、京岛港、竹山港等大小商港、渔港 20 多个，同时还拥有防城港、东兴、企沙、江山 4 个国家一类口岸。防城港是我国西部最大的海港，也是我国主枢纽港之一，以水深、避风、不淤积、航道短、可利用岸线长著称。港口开发潜力很大，可开发利用的深水岸线约 30 km，可建万吨级至 30 万吨级的深水泊位 115 个，完全具有建设大型主要枢纽港的优良自然条件。根据 2006 年 8 月 16 日国务院通过的《全国沿海港口布局规划》，明确防城港是全国沿海 24 个主要港口之一（广西唯一），13 个接卸进口铁矿石港口之一（广西唯一）和 19 个集装箱支线港之一（广西唯一）。防城港现有泊位 36 个，万吨级以上泊位 22 个，20 万吨级泊位 1 个。码头库场面积达 300 hm^2，年实际通过能力超过 3 000 × 10^4 t，集装箱通过能力 25

万 TEU，具备件杂货、散货、集装箱、石油化工产品诸货种装卸能力及仓储中转联运等功能，是我国重要的铁矿石、煤炭、水泥、粮食储运中转的物流基地。

此外，本海域还拥有企沙港、江山港等，其中，企沙港为广西第二大群众性渔港，具备建设 10 万~30 万吨级泊位的天然条件。港口现有码头泊位 37 个，其中 1 000 吨级泊位 25 个、500 吨以下的泊位 12 个，码头岸线长 2 580 m。江山港为广西最大的进口煤炭集散地，具备建设 10 万吨级以上泊位的水深条件。据统计，2010 年江山港口岸进出口货物达 707.86 × 10^4 t，出入境船只达 5 764 艘。

1.1.6.2　航道资源

防城港市航道资源主要集中分布在防城港、企沙港、江山港 3 个港湾区域。其中，防城港湾主要有进港航道、东湾航道、西湾航道，企沙港和江山港分别只有一条进港航道。在 3 个港湾中，防城港湾航道资源最为丰富，开发最早，现已建成的进港航道中心线全长 17.329 km，有效宽度为 195 m，底高程为 -17.4 m。其中，东湾航道长 2.994 km，航道设计共分为两段：10 万吨级航道有效宽度为 165 m，设计底高程 -13.0 m，长 1.56 km，5 万吨级航道有效宽度为 165 m，设计底高程 -11.4 m，长 1.44 km；西湾航道长 5.19 km，航道设计共分为 3 段：13#~17#泊位前的牛头航道段长度为1.27 km，航道的有效宽度为 130 m，航道设计底高程 -12.5 m；18#~22#泊位前的牛头航道、西贤航道长度为 3.93 km，航道的有效宽度为 160 m，航道设计底高程 -13.0 m；西贤航道与 20 万吨级码头掉头地连接段设计底高程为 -13.0 m。

1.1.6.3　海洋生物资源

防城港及其邻近海区有较为丰富的浮游生物、潮间带生物、底栖生物、游泳生物等各种生物资源，这些海洋生物多集中分布于各河口、港湾及其沿岸一带。

浮游生物：防城港及其邻近海域浮游植物属种共有 6 大类 191 种，以硅藻种类为最多，达 148 种，占总种数 77.49%；甲藻有 29 种，绿藻 6 种，蓝藻 4 种，着色鞭毛藻 3 种，裸藻 1 种。硅藻种类出现较多前 3 个属分别为：角毛藻属（24）种、舟形藻属（16）种、根管藻属（15）种。浮游动物的密度在 0.63 × 10^4 ~3.06 × 10^4 个/m^3 之间，平均密度为 2.05 × 10^4 个/m^3。浮游动物属种共有 9 大类 26 种（包括浮游幼虫），其中桡足类 14 种，多毛类 4 种，原生动物、栉水母类、介形类、樱虾类、糠虾类、导师足类、毛颚动物、背囊动物各 1 种。

潮间带生物：防城港及其邻近海域潮间带生物平均栖息密度为 141.20 个/m^2，平均生物量为 110.63 g/m^2，共有 63 种。其中，软体动物种类最多，有 29 种，占总种数的 46.03%；节肢动物次之，有 18 种，占总种数的 28.57%；多毛类动物 12 种，占总种数 19.05%；其他类 4 种。

底栖生物：防城港及其邻近海域底栖生物的密度在 10~1 320 个/m^2 之间，平均密度为 189.2 个/m^2，生物量范围在 1.3~5 917.5 g/m^2，平均为 526.87 g/m^2。属种共有

5 大类 25 种。其中软件动物 13 种，环节动物 8 种，棘皮动物 1 种，脊索动物 1 种。

游泳生物：防城港及其邻近海域游泳生物主要经济种类有火枪乌贼、虎斑乌贼、真蛸、长蛸、蛇鲻、白姑鱼、鲷类、鲔鱼、多鳞鱚、少鳞鱚、章鱼等。

1.1.6.4 海洋渔业资源

防城港市沿岸有防城河、北仑河、黄竹江等多条小河流注入，水质肥沃，营养盐和饵料生物丰富，近海海洋渔业资源十分丰富，主要经济鱼类有二长棘鲷、沙丁鱼、黄鲫、马鲛、石斑、鱿鱼、墨鱼等；主要经济甲壳类有赤虾、长毛对虾、日本对虾、青蟹和梭子蟹等；主要贝类有日月贝、文蛤、牡蛎等。据 2009 年 8 月国家海洋局南海监测中心调查资料，防城港湾及其邻近海域的渔获种类达 58 种，其中鱼类 38 种，头足类 5 种，虾类 5 种，虾蛄类和蟹类分别为 3 种和 7 种。2010 年防城港市海洋捕捞业捕捞产量达到 13×10^4 t，年产值为 10.25 亿元，占全年渔业产值 41.50 亿元的 25%。渔业捕捞作业区域主要集中在广西近岸海域，少量大吨位的渔船作业区域远至北部湾口以近海域。渔业捕捞作业方式主要为拖网，也兼有流刺网、延绳钓等小型渔业生产活动，但只局限于近岸浅水海域。

防城港市拥有 584 km 的海岸线，沿岸岛屿、港湾较多，滩涂宽阔，近海的水温、盐度、底质、水质均适宜于发展多种海水养殖。据统计，2010 年全市海水养殖面积为 12 377 hm²，海水养殖产量为 22.07×10^4 t，海水养殖产值 16.41 亿元，海水养殖成为沿海农民转产增收的主要经济来源。养殖的主要品种有牡蛎、对虾、文蛤、蟹类及各种名优鱼类和贝类。目前，防城港市已基本形成了东兴市竹山－江平沿海对虾、文蛤养殖区；防城区江山—防城沿海对虾养殖区；港口区光坡－企沙沿海对虾、文蛤、近江牡蛎、海水网箱等三大养殖区。

1.1.6.5 海岛资源

防城港市近岸拥有较丰富的海岛资源，岛屿数量居广西沿海之首，达 230 个，占广西海岛总数的 44.8%。其中有居民海岛 2 个，为防城港湾的针鱼岭岛、长榄岛，岛屿面积 0.82 km²，岛屿岸线长 9.07 km，人口 728 人；无居民海岛 228 个，岛屿面积 3.85 km²，岛屿岸线长 106.48 km。近年来，防城港市政府加大海岛保护与利用工作，以防城港湾渔澫半岛为核心区，在半岛东南部渔洲坪沿岸和针鱼岭－长榄岛海岛中设立了红树林保护带，利用半岛的深水岸线建设防城港中心区，与此同时，海岛的农业、旅游开发也取得长足进展，如针鱼岭－长榄岛海岛区，充分利用沿岛滩涂资源发展海水养殖业及水稻农作物；企沙半岛东南部的沙耙墩岛、六墩岛海岛区，充分利用海岛自然景观资源发展旅游业。

1.1.6.6 红树林资源

防城港市沿岸有丰富的红树林资源。较为集中分布于北仑河口沿岸、珍珠港湾沿岸、防城港东湾沿岸等3个区域，红树林面积达1 763.37 hm²。其中，北仑河口沿岸及珍珠港湾沿岸红树林，1990年经广西壮族自治区人民政府批准成立了自治区级北仑河口海洋自然保护区，并设立了相应的北仑河口自然保护区管理机构。2000年4月经国务院批准，升格为国家级自然保护区。2001年7月，保护区加入了中国人与生物圈组织。2004年6月加入中国生物多样性基金会并作为该基金会下属的自然保护区委员会成立的发起单位。

北仑河口沿岸原生红树林面积曾达3 337.9 hm²，后由于海堤建设、养殖、码头建设等原因减少为目前的约1 131 hm²。北仑河口国家级红树林保护区总面积11 927 hm²，其中核心区面积4 865 hm²，缓冲区面积为保护区海岸高潮线以上1 km以内的陆域分水岭，其作用主要在于限制陆源对红树林所造成的不良影响。保护区内真红树群落有8个群系，14个群落类型，分别为卤蕨、白骨壤、桐花树、秋茄、木榄、海漆、老鼠簕和银叶树8种；半红树群落有2个群系，2个群落类型，分别为黄槿和海芒果；红树植物种类有14种，隶属11科14属。其中，真红树有10种，半红树有4种。红树林中的动物种类丰富，如大型底栖生物有155种、鱼类有27种、鸟类128种。鸟类中属我国二级保护动物的有13种，其中黑脸琵鹭被国际鸟类保护组织列为世界最濒危鸟类。

珍珠港湾是全国最大的红树林海湾，具有相对独立且较为完整的生态系统，特别是大面积的红树林群落、丰富的海洋动植物资源、充足的地表水源、保存较好的陆域植被、较好的水交换条件以及适宜的气候环境在国内极为罕见。珍珠港湾中有我国大陆海岸规模最大的连片红树林，面积达1 081 hm²。其中，木榄纯林和木榄－秋茄林的面积合计达104.7 hm²，占保护区红树林总面积的9.25%。保护区的木榄林无论在连片面积上还是在群落长势上均为我国大陆海岸红树林中之罕见。

1.1.6.7 滨海旅游资源

防城港市地处北回归线以南，属南亚热带季风气候区。由于受到海洋的调节作用，气候宜人，冬无严寒，夏无酷暑，很适宜于旅游开发。防城港市沿岸旅游资源较为丰富，其旅游资源大致可以分为滨海旅游资源和海岛旅游资源两大类型。滨海旅游资源具代表性的有位于防城区江山乡南部的江山半岛风景区、大坪坡风景区、港口区的勒山古渔村、企沙半岛南部沿岸的天堂坡、东兴市江平乡南部的十里金滩、东兴市竹山岛清朝年间的1号界碑，京族三岛民族风光、北仑河口红树林国家自然保护区等多个景点。目前这些景点大多得到不同程度的开发，大部分已打造成为旅游度假区。近年来，防城港市人民政府大力实施"旅游旺市"的发展战略，抓住防城港市沿山、沿海、沿边的特色，加快旅游产业的开发。目前已经形成以中越边境跨国旅游为龙头，以滨海休闲度假游、森林疗养度假游、民俗风情游、商贸游为主的旅游产品体系。

1.2 社会经济状况

防城港市辖港口区、防城区、上思县、东兴市，全市陆地面积 6 181 km²，总人口约 86 万人。拥有大陆海岸线 584 km。

防城港市因港得名，以港立市。自 1993 年设市以来，按照大型化、深水化、专业化和现代化综合组合港的发展定位，努力构筑西南地区国际出海大通道。港口建设发展迅速，现有万吨级至 20 万吨级深水泊位 20 多个，与世界 100 多个国家和地区 250 多个港口通航。防城港已经成为中国西部的第一大港，中国沿海 12 个主枢纽港之一。港口建设带动了全市社会经济的发展，根据防城港市 2012 年政府工作报告，2011 年防城港市全市生产总值突破 400 亿元，达 418 亿元，增长 16%，高于广西全区 3 个百分点；财政收入突破 40 亿元，达 44.35 亿元，增长 26.3%；全社会固定资产投资 490 亿元，增长 31.5%。多项指标总量或增幅排在广西全区前列，其中，港口货物吞吐量 9 024 × 10^4 t，海关税收超过 120 亿元，农民人均纯收入 6 500 元，工业经济效益综合指数达 590%，均排在全区首位；外贸进出口总额、边贸成交额分别达 40.5 亿美元、24.5 亿美元，排在全区第二；生产总值、财政收入增幅排在全区第三。2011 年全市 152 个项目共完成投资 173 亿元，同比增长 30%。三大项目加快推进，防城港核电项目一期全面建设，完成投资 50 亿元，以自主创新技术创建国际安全施工标杆；防城港镍铜项目一期完成投资 20 亿元，40 × 10^4 t 铜冶炼项目通过环境影响评价，铜冶炼主厂房全面施工；防城港钢铁项目已完成投资 8.7 亿元。广西钦崇高速公路防城港市上思段进入路面完工阶段，广西南防高铁防城港段完成路基工程，防城至东兴高速公路、玉罗岭至李子潭一级公路、贵台至防城二级公路等一批重大交通基础工程已完成。2011 年全市实施城建百项工程 361 项，完成了投资 261 亿元，城市功能逐步完善，全海景生态海湾城市初具规模。

防城港正在充分利用深水条件的优势，向设计能力为 $10 × 10^8$ t 的全国枢纽大港、大西南货物集散与疏运大港、环北部湾工业大港、国际性商贸大港的目标迈进。至"十二五"末，力争建成万吨级以上泊位 200 多个，设计吞吐能力超过 $10 × 10^8$ t。与此同时，依托深水大港和临海条件，重点发展以钢铁、有色、能源、石化、修造船、重型机械、食品为主的临港大工业。以企沙、渔澫、江山三个半岛为核心，形成"三岛一带"区域产业发展格局。企沙半岛重点布局钢铁、有色、能源、重型机械、船舶修造等重化工业；渔澫半岛重点发展港口、物流、仓储、中转贸易、食品加工；江山半岛重点发展滨海旅游业，全面打造防城港市社会经济发展新格局，率先崛起北部湾经济区发展的龙头。

第2章　海洋环境调查范围、内容及方法

2.1　调查范围、内容及时间

本次海洋环境调查范围由西至东分为 4 个区域：北仑河口海区、珍珠港湾海区、防城港湾海区和企沙半岛海区。

北仑河口海区调查范围为 21°32′00″~21°32′14″N，108°03′23″~108°04′25″E。调查内容包括海水水质、海洋沉积物质量、海洋生物、潮间带动物等。调查时间为 2011 年 11 月。

珍珠湾海区的调查范围为 21°28′00″~21°35′00″N，108°05′30″~108°11′00″E。调查内容为海水水质、海洋沉积物质量以及海洋生物（叶绿素 a、浮游植物、浮游细菌总数），共布设 5 个站位。调查时间为 2010 年 6 月（夏季）、2010 年 9 月（秋季）、2010 年 12 月（冬季）、2011 年 3 月（春季）。

防城港湾海区的调查范围为：21°30′00″~21°41′00″N，108°20′00″~108°23′00″E。调查内容为海水水质、海洋沉积物质量以及海洋生物（叶绿素 a、浮游植物、浮游细菌总数、潮间带动物），共布设 7 个站位及 3 个断面。调查时间为 2010 年 6 月（夏季）、2010 年 9 月（秋季）、2010 年 12 月（冬季）、2011 年 3 月（春季）。潮间带生物调查时间为 2011 年 12 月。

企沙半岛海区中企沙海域的调查范围为：21°31′00″~21°36′00″N，108°28′30″~108°31′00″E。调查内容为海水水质、海洋沉积物质量以及海洋生物（叶绿素 a、浮游植物、浮游细菌总数），共布设 4 个站位及 3 个断面。调查时间为 2011 年 9 月（秋季）、2011 年 12 月（冬季）、2012 年 3 月（春季）、2012 年 6 月（夏季）。

企沙半岛海区中红沙海域的调查的范围为：21°40′00″~21°42′18″N，108°33′43″~108°37′30″E。调查内容为海水水质、海洋沉积物质量以及海洋生物（潮间带动物），共布设 3 个站位及 3 个断面。调查时间为 2011 年 9 月（秋季）、2011 年 12 月（冬季）、2012 年 3 月（春季）、2012 年 6 月（夏季）。潮间带动物调查时间为 2010 年 8 月。

2011 年 12 月、2012 年 10 月在防城港东湾以及防城港东西湾进行了一次补充水质调查。

此外还采集了防城港湾、珍珠湾、企沙和红沙海区中的鱼类、甲壳类和软体动物类样品，对其进行生物体质量分析。

调查站位图见图 2-1~2-4，调查站位表见表 2-1~2-4。

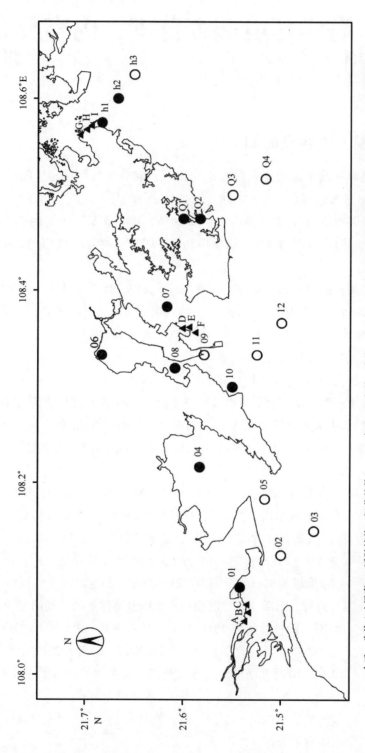

○ 水质、生物（叶绿素a、浮游植物、细菌总数）　● 水质、沉积物、生物（叶绿素a、浮游植物、细菌总数）（2010—2011年）　▲ 潮间带动物

图 2-1　调查站位图

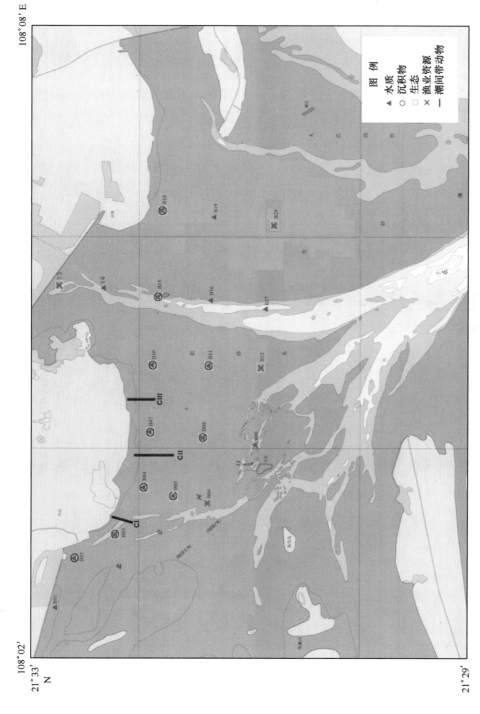

图 2-2　北仑河口调查站位图

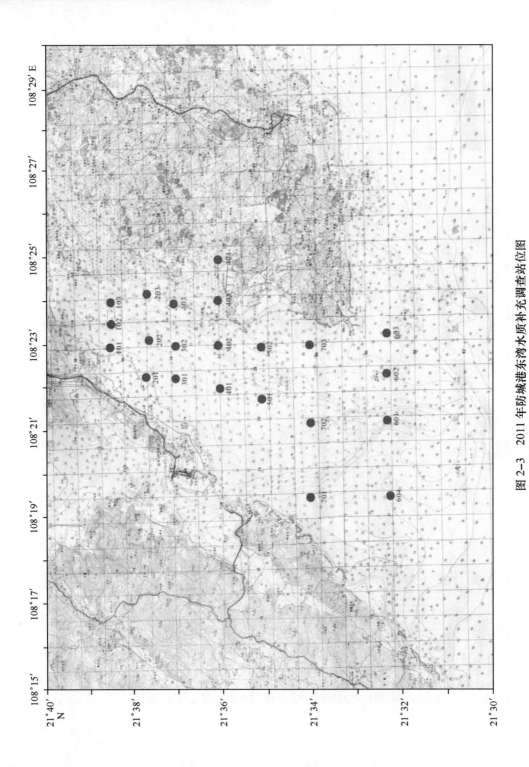

图 2-3　2011 年防城港东湾水质补充调查站位图

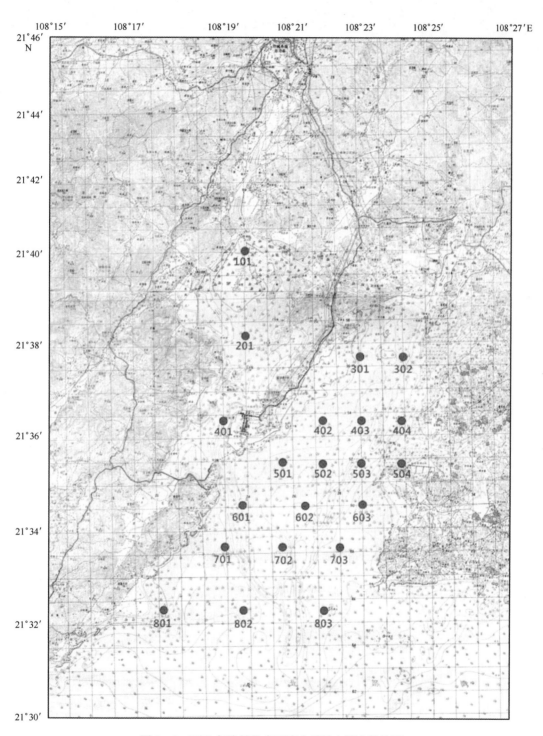

图 2 - 4　2012 年防城港东西湾水质补充调查站位图

表 2 - 1　调查站位表

海区	站号	坐标		调查内容			
		纬度（N）	经度（E）	水质	沉积物	海洋生物	潮间带动物
北仑河口	A	21°32′14″	108°03′23″				√
	B	21°32′00″	108°03′56″				√
	C	21°32′06″	108°04′25″				√
珍珠湾	01	21°32′30″	108°05′30″	√	√	√	
	02	21°30′00″	108°07′30″	√		√	
	03	21°28′00″	108°09′00″	√		√	
	04	21°35′00″	108°13′00″	√	√	√	
	05	21°31′00″	108°11′00″	√		√	
防城港湾	06	21°41′00″	108°20′00″	√	√	√	
	07	21°37′00″	108°23′00″	√	√	√	
	08	21°36′30″	108°19′10″	√	√	√	
	09	21°34′54.5″	108°20′00″	√		√	
	10	21°33′00″	108°18′00″	√	√	√	
	11	21°31′30″	108°20′00″	√		√	
	12	21°30′00″	108°22′00″	√		√	
	D	21°35′57″	108°21′36″				√
	E	21°35′47″	108°21′44″				√
	F	21°35′36″	108°21′31″				√
企沙	Q1	21°36′00″	108°28′30″	√	√	√	
	Q2	21°35′00″	108°28′30″	√	√	√	
	Q3	21°33′00″	108°30′00″	√		√	
	Q4	21°31′00″	108°31′00″	√		√	
红沙	h1	21°41′00″	108°34′30″	√	√	√	
	h2	21°40′00″	108°36′00″	√	√	√	
	h3	21°39′00″	108°37′30″	√		√	
	G	21°42′18″	108°33′43″				√
	H	21°41′54″	108°34′04″				√
	I	21°41′54″	108°34′18″				√

表 2 - 2　2012 年东西湾水质补充调查站位表

站号	坐标		站号	坐标	
	纬度（N）	经度（E）		纬度（N）	经度（E）
101	21°41′17″	108°20′20″	504	21°36′00″	108°23′36″
201	21°38′56″	108°19′57″	601	21°34′37″	108°19′30″
301	21°38′29″	108°23′00″	602	21°35′00″	108°21′29″
302	21°38′27″	108°24′00″	603	21°35′02″	108°22′58″
401	21°37′12″	108°19′37″	701	21°33′57″	108°19′17″
402	21°36′57″	108°22′01″	702	21°33′46″	108°20′29″
403	21°36′59″	108°23′00″	703	21°34′08″	108°22′23″
404	21°37′00″	108°23′59″	801	21°32′44″	108°18′10″
501	21°36′00″	108°21′38″	802	21°32′33″	108°20′01″
502	21°36′09″	108°21′14″	803	21°32′30″	108°22′00″
503	21°36′04″	108°23′00″			

表 2 - 3　2011 年东湾水质补充调查站位表

站号	坐标		站号	坐标	
	纬度（N）	经度（E）		纬度（N）	经度（E）
101	21°38′31″	108°23′07″	403	21°36′05″	108°23′59″
102	21°38′29″	108°23′33″	404	21°36′11″	108°24′39″
103	21°38′20″	108°23′56″	501	21°35′08″	108°21′40″
201	21°37′50″	108°22′43″	502	21°35′00″	108°22′59″
202	21°37′42″	108°23′18″	601	21°32′21″	108°21′15″
203	21°37′30″	108°23′03″	602	21°32′20″	108°22′14″
301	21°37′03″	108°22′49″	603	21°32′20″	108°23′16″
302	21°37′06″	108°23′04″	604	21°32′32″	108°19′30″
303	21°37′00″	108°23′52″	701	21°34′00″	108°19′30″
401	21°35′59″	108°22′00″	702	21°34′26″	108°21′23″
402	21°36′03″	108°23′01″	703	21°34′00″	108°23′00″

表 2 – 4　北仑河口调查站位表（2011 年 11 月）

站号	坐标		调查内容			
	纬度（N）	经度（E）	水质	沉积物	生态	渔业资源
B01	21°32′46.08″	108°02′29.21″	√			
B02	21°32′36.14″	108°02′57.57″	√	√		
B03	21°32′12.74″	108°03′11.87″	√	√	√	√
B04	21°31′58.47″	108°03′38.39″	√	√	√	
B05	21°31′44.27″	108°03′30.48″	√	√	√	
B06	21°31′22.67″	108°03′27.2″	√			
B07	21°31′54.82″	108°04′08.64″	√	√	√	
B08	21°31′26.36″	108°04′09.31″	√	√	√	√
B09	21°30′56.73″	108°04′01.93″	√			
B10	21°31′53.92″	108°04′46.95″	√	√	√	
B11	21°31′24.15″	108°04′48.72″	√			
B12	21°30′54.41″	108°04′49.18″	√		√	√
B13	21°32′44.08″	108°05′32.27″	√		√	√
B14	21°32′18.64″	108°05′30.08″	√			
B15	21°31′49.55″	108°05′25.26″	√	√	√	√
B16	21°31′22.87″	108°05′23.88″	√			
B17	21°30′51.46″	108°05′18.99″	√			
B18	21°31′48.44″	108°06′14.71″	√	√	√	√
B19	21°31′21.43″	108°06′10.69″	√			
B20	21°30′44.94″	108°06′07.63″	√		√	√

2.2　调查项目

2.2.1　海水水质

水温、pH、盐度、溶解氧（DO）、化学需氧量（COD）、生化需氧量（BOD_5）、硝酸盐、亚硝酸盐、氨、活性磷酸盐、硅酸盐、悬浮物、石油类、铜、铅、锌、镉、总铬、汞、砷、有机氯农药（DDT、多氯联苯、狄氏剂）。

2.2.2 海洋沉积物质量

铜、铅、锌、镉、铬、总汞、砷、石油类、有机碳、硫化物、有机氯农药（DDT、多氯联苯、狄氏剂）。

2.2.3 海洋生物

叶绿素 a、浮游植物、细菌总数、潮间带动物。

2.2.4 生物体质量

铜、铅、锌、镉、铬、汞、砷、石油烃。

2.3 调查及分析方法

样品的采集、保存、运输及储藏、检测、数据处理等均按中华人民共和国国家质量监督检验检疫总局和中国国家标准化管理委员会发布的《海洋调查规范》（GB 12763－2007）以及《海洋监测规范》（GB 17378－2007）所规定的方法进行。

海水水质、海洋沉积物质量、海洋生物、生物体质量调查项目的分析方法、使用仪器及型号、检出限分别见表 2－5、表 2－6、表 2－7 及表 2－8。

表 2－5 水质调查项目分析方法、仪器及检出限

项目	分析方法	仪器名称及型号	检出限/mg·L^{-1}
温度	温度计法	SWL1－1 表层水温表	—
pH	pH 计法	PHSJ－4A 型 pH 计	—
盐度	盐度计法	SYA2－2 实验室盐度计	—
溶解氧	碘量法	（滴定）	0.042
化学需氧量	碱性高锰酸钾法	（滴定）	0.15
生化需氧量	五日培养法	生化培养箱	—
硝酸盐	锌镉还原法	Cary100 紫外可见分光光度计	0.7×10^{-3}
亚硝酸盐	萘乙二胺分光光度法	Cary100 紫外可见分光光度计	0.5×10^{-3}
氨	次溴酸盐氧化法	Cary100 紫外可见分光光度计	0.4×10^{-3}
活性磷酸盐	磷钼蓝分光光度法	Cary100 紫外可见分光光度计	0.2×10^{-3}
硅酸盐	硅钼蓝分光光度法	Cary100 紫外可见分光光度计	—
悬浮物	重量法	XS105DU 电子天平	2.0
石油类	紫外分光光度法	Cary100 紫外可见分光光度计	3.5×10^{-3}

续表

项目	分析方法	仪器名称及型号	检出限/mg·L^{-1}
铜	无火焰原子吸收分光光度法	AA 800 原子吸收光谱仪	0.2×10^{-3}
铅	无火焰原子吸收分光光度法	AA 800 原子吸收光谱仪	0.03×10^{-3}
锌	火焰原子吸收分光光度法	AA 800 原子吸收光谱仪	3.1×10^{-3}
镉	无火焰原子吸收分光光度法	AA 800 原子吸收光谱仪	0.01×10^{-3}
总铬	无火焰原子吸收分光光度法	AA 800 原子吸收光谱仪	0.4×10^{-3}
砷	原子荧光法	AFS - 830 原子荧光光度计	0.5×10^{-3}
汞	原子荧光法	AFS - 830 原子荧光光度计	0.007×10^{-3}
滴滴涕	气相色谱法	Agilent 6890N 气相色谱仪	$0.003\,8 \times 10^{-3}$
多氯联苯	气相色谱法	Agilent 6890N 气相色谱仪	—
狄氏剂	气相色谱法	Agilent 6890N 气相色谱仪	—

表 2 - 6　沉积物调查项目分析方法、仪器及检出限

项目	分析方法	仪器名称及型号	检出限
铜	无火焰原子吸收分光光度法	AA 800 原子吸收光谱仪	0.5×10^{-6}
铅	无火焰原子吸收分光光度法	AA 800 原子吸收光谱仪	1.0×10^{-6}
锌	火焰原子吸收分光光度法	AA 800 原子吸收光谱仪	6.0×10^{-6}
镉	无火焰原子吸收分光光度法	AA 800 原子吸收光谱仪	0.04×10^{-6}
铬	无火焰原子吸收分光光度法	AA 800 原子吸收光谱仪	2.0×10^{-6}
汞	原子荧光法	AFS - 830 原子荧光光度计	0.002×10^{-6}
砷	原子荧光法	AFS - 830 原子荧光光度计	0.06×10^{-6}
石油类	紫外分光光度法	Cary100 紫外可见分光光度计	3.0×10^{-6}
有机碳	重铬酸钾氧化 - 还原容量法	（滴定）	0.03×10^{-2}
硫化物	亚甲基蓝分光光度法	Cary100 紫外可见分光光度计	0.3×10^{-6}
滴滴涕	气相色谱法	Agilent 6890N 气相色谱仪	pp' - DDE：4 pg op' - DDT：11 pg pp' - DDD：6 pg pp' - DDT：18 pg
多氯联苯	气相色谱法	Agilent 6890N 气相色谱仪	59 pg
狄氏剂	气相色谱法	Agilent 6890N 气相色谱仪	2 pg

表 2 – 7 海洋生物调查项目分析方法、仪器及检出限

项目	分析方法	仪器名称及型号	检出限
叶绿素 a	分光光度法	Cary100 紫外可见分光光度计	—
浮游植物	沉降计数法	Nikon ECLIPSE 50i 显微镜	—
细菌总数	平板计数法	LRH250A 生化培养箱	—
潮间带生物	（显微镜鉴定）	Nikon ECLIPSE 50i 显微镜	—
	（电子天平称重）	XS105DU 电子天平	—

表 2 – 8 生物体质量调查项目分析方法、仪器及检出限

项目	分析方法	仪器名称及型号	检出限/10^{-6}
铜	无火焰原子吸收分光光度法	PE AA 800 原子吸收光谱仪	0.4
铅	无火焰原子吸收分光光度法	PE AA 800 原子吸收光谱仪	0.04
锌	火焰原子吸收分光光度法	PE AA 800 原子吸收光谱仪	0.4
镉	无火焰原子吸收分光光度法	PE AA 800 原子吸收光谱仪	0.005
铬	无火焰原子吸收分光光度法	PE AA 800 原子吸收光谱仪	0.04
汞	原子荧光法	AFS830 双道原子荧光光度计	0.002
砷	原子荧光法	AFS830 双道原子荧光光度计	0.2
石油烃	荧光分光光度法	960CRT 荧光分光光度计	0.2

2.4 评价标准

采用《海水水质标准》（GB 3097 – 1997）对海水水质的调查结果进行评价。评价标准见表 2 – 9。

表 2 – 9 海水水质标准（GB 3097 – 1997）　　　　单位：mg/L（pH 除外）

项目	第一类	第二类	第三类	第四类
化学需氧量 ≤	2	3	4	5
无机氮 ≤	0.20	0.30	0.40	0.50
活性磷酸盐 ≤	0.015	0.030		0.045
铅 ≤	0.001	0.005	0.010	0.050
铜 ≤	0.005	0.010	0.050	
锌 ≤	0.020	0.050	0.10	0.50

续表

项目	第一类	第二类	第三类	第四类
镉 ≤	0.001	0.005	0.010	
总铬 ≤	0.05	0.10	0.20	0.50
汞 ≤	0.000 05	0.000 20		0.000 50
砷 ≤	0.020	0.030	0.050	
硫化物 ≤	0.02	0.05	0.10	0.25
石油类 ≤	0.05	0.05	0.30	0.50
六六六 ≤	0.001	0.002	0.003	0.005
滴滴涕 ≤	0.000 05	0.000 1		

采用《海洋沉积物质量》（GB 18668－2000）对海洋沉积物调查结果进行评价。评价标准见表 2－10 。

表 2－10　海洋沉积物质量（GB 18668－2000）

项目	第一类	第二类	第三类
铜（$\times 10^{-6}$）≤	35.00	100.00	200.00
铅（$\times 10^{-6}$）≤	60.00	130.00	250.00
锌（$\times 10^{-6}$）≤	150.00	350.00	600.00
镉（$\times 10^{-6}$）≤	0.50	1.50	5.00
铬（$\times 10^{-6}$）≤	80.00	150.00	270.00
硫化物（$\times 10^{-6}$）≤	300.00	500.00	600.00
石油类（$\times 10^{-6}$）≤	500.00	1 000.00	1 500.00
有机碳（$\times 10^{-2}$）≤	2.00	3.00	4.00
汞（$\times 10^{-6}$）≤	0.20	0.50	1.00
砷（$\times 10^{-6}$）≤	20.00	65.00	93.00
六六六（$\times 10^{-6}$）≤	0.50	1.00	1.50
滴滴涕（$\times 10^{-6}$）≤	0.02	0.05	0.10
多氯联苯（$\times 10^{-6}$）≤	0.02	0.20	0.60

采用《海洋生物质量》（GB 1842－2001）以及《全国海岸带和海涂资源综合调查简明规程》中的标准对海洋生物体调查结果进行评价，评价标准见表 2－11 。

表 2 – 11　生物质量评价标准（鲜重含量，10^{-6}）

生物类别	总汞	铜	铅	锌	镉	铬	砷	标准来源
贝类	0.10	25	2.0	50	2.0	2.0	5.0	《海洋生物质量》（GB 18421 – 2001）
甲壳类	0.20	100	2.0	150	2.0	2.0	5.0	《全国海岸带和海涂资源
鱼类	0.30	20	2.0	40	0.6	2.0	5.0	综合调查简明规程》

2.5　评价方法

采用单因子标准指数法对水质环境进行评价。选择化学需氧量、溶解氧、pH、无机氮、活性磷酸盐、铜、铅、锌、镉、总铬、汞、砷、石油类为评价因子。标准指数的计算公式为：

$$S_{i,j} = c_{i,j}/c_{si},\qquad(2-1)$$

式中，$S_{i,j}$ 为单项评价因子 i 在 j 站位的标准指数；$c_{i,j}$ 为单项评价因子 i 在 j 站位的实测值；c_{si} 为单项评价因子 i 的评价标准值。

对于水中溶解氧（DO），其标准指数采用下式计算：

$$S_{DO,j} = \frac{|DO_f - DO_j|}{DO_f - DO_s},\quad DO_j \geqslant DO_s,\qquad(2-2)$$

$$S_{DO,j} = 10 - 9\frac{DO_j}{DO_s},\quad DO_j < DO_s,\qquad(2-3)$$

式（2 – 2）、（2 – 3）中，S_{DOj} 为 j 站位的 DO 标准指数；DO_f 为现场水温及盐度条件下，水样中氧的饱和含量（mg/L），一般采用的计算公式为：$DO_f = 468/(31.6 + T)$，式中 T 为水温（℃）；DO_j 为 j 站位的 DO 实测值；DO_s – DO 的评价标准值。

对于 pH，其标准指数计算方法为：

$$Q_j = |2C_j - C_{o,\text{upper}} - C_{o,\text{lower}}|/(C_{o,\text{upper}} - C_{o,\text{lower}}),\qquad(2-4)$$

式中，Q_j 为 j 站位的 pH 标准指数；C_j 为 j 站位的 pH 实测值；$C_{o,\text{upper}}$ 为 pH 评价标准值上限；$C_{o,\text{lower}}$ 为 pH 评价标准值下限。

以单因子标准指数 1.0 作为该因子是否对环境产生污染的基本分界线，小于 0.5 为海水未受该因子沾污，介于 0.5 ~ 1.0 之间为海水受到该因子沾污，但未超出标准，大于 1.0 表明超出标准，海水已受到该因子污染。

海洋沉积物评价方法与水质评价方法相同。采用铜、铅、锌、镉、铬、石油类、硫化物、有机碳、汞、砷、滴滴涕、多氯联苯作为评价因子。

海洋生物体质量评价方法与水质评价方法相同。

第3章 近岸海水水质现状

为了掌握防城港市海域环境质量现状,于2010年6月、9月、12月、2011年3月对防城港湾及珍珠湾邻近海域的水质进行了4个航次的大面调查;于2011年9月、12月、2012年3月、2012年6月对企沙半岛中企沙和红沙邻近海域的水质进行了4个航次的大面调查。分别于2011年12月对防城港东湾、2012年10月对防城港东湾及西湾进行了一次补充水质调查。具体调查站位、调查项目、采样要求及测试分析方法见第2章。本章为防城港海域环境容量研究提供基础资料,并为水质因子的选取、水质模型的建立和验证提供依据。

3.1 防城港湾水质调查结果与评价

2010年6月、9月、12月、2011年3月防城港湾4个航次水质调查结果见表3-1,和2011年12月防城港东湾、2012年10月防城港东湾及西湾水质补充调查结果统计分别见表3-1、表3-2。

水质评价采用单因子评价法,评价标准采用一类海水水质标准(GB 3097-1997),各项水质指标的污染指数统计见表3-3、表3-4。

(1) pH值

海水pH值是海水环境化学中的一项重要参数,其值的大小不仅反应了海水的氧化还原电位,而且与海水中元素的存在形态和迁移过程、生物活动、河流径流、海水中有机物分解等众多因素有着密切关系。

2010年夏季,防城港湾pH值变化范围为7.50~8.18,平均为8.02,总的分布趋势为南高北低,受陆地径流入海的影响,防城江附近海区为pH值的低值区;秋季,pH值变化范围为7.68~8.23,平均为8.07,总的分布趋势为南高北低,同样pH值的低值区在防城江附近海区,西湾等值线变化梯度较为明显,高值区在湾口处;冬季,pH值变化范围为7.45~8.17,平均为8.00,总的分布趋势为南高北低,同样pH值的低值区在防城江附近海区,西湾等值线变化梯度较为明显,高值区在湾口处;2011年春季,pH值变化范围为7.57~8.04,平均为7.91,总的分布趋势为南高北低,同样pH值的低值区在防城江附近海区,西湾等值线变化梯度较为明显,高值区在湾口处。全年,防城港湾近海区pH值变化范围为7.55~8.11,平均为8.00(图3-1~3-4)。综上所述,防城港湾海域各季节pH值均符合一类海水水质标准。从pH值分布来看均有近岸低外海高的特点。

表3-1 2010年防城港湾4个航次水质调查结果

项目	春季航次(2011年)		夏季航次		秋季航次		冬季航次		全年
	范围	均值	范围	均值	范围	均值	范围	均值	均值
pH	7.57~8.04	7.91	7.50~8.18	8.02	7.68~8.23	8.07	7.45~8.17	8.00	8.00
溶解氧/mg·L^{-1}	7.68~8.24	7.91	6.08~7.50	6.50	5.80~8.01	6.59	6.85~7.85	7.50	7.13
化学需氧量/mg·L^{-1}	0.59~1.82	0.86	1.01~2.82	1.57	0.33~1.49	0.81	0.85~3.75	1.32	1.14
生化需氧量/mg·L^{-1}	0.38~2.85	0.97	0.46~2.25	1.15	0.07~2.81	1.26	0.39~2.18	0.83	1.05
悬浮物/mg·L^{-1}	1.4~8.8	2.9	1.7~53.9	14.7	0.3~9.7	4.2	0.6~15.3	4.2	6.5
硅酸盐/mg·L^{-1}	0.14~1.39	0.45	0.15~1.77	0.45	0.05~2.31	0.46	0.09~2.38	0.61	0.49
无机磷/mg·L^{-1}	b~0.070	0.020	0.010~0.030	0.020	b~0.020	b	b~0.060	0.030	0.020
无机氮/mg·L^{-1}	0.09~0.45	0.22	0.01~0.58	0.12	0.03~0.40	0.09	0.04~0.55	0.20	0.16
铜/μg·L^{-1}	2.1~8.0	3.9	1.3~6.2	3.2	0.6~2.4	1.6	0.4~1.3	1.0	2.4
铅/μg·L^{-1}	b~6.4	3.3	b~4.1	1.5	b~5.8	2.5	b~5.8	1.5	2.2
锌/μg·L^{-1}	4.4~11.2	7.6	20.0~41.0	30.7	b~12.0	6.7	7.0~112.2	33.0	19.5
总铬/μg·L^{-1}	0.3~0.6	0.5	b~0.2	0.1	b~84.6	12.2	0.1~3.1	0.7	3.4
镉/μg·L^{-1}	0.07~0.12	0.09	0.05~0.11	0.07	b~0.02	0.00	0.02~0.15	0.06	0.06
汞/μg·L^{-1}	0.045~0.113	0.075	0.036~0.237	0.103	0.048~0.174	0.098	b~0.160	0.06	0.084
砷/μg·L^{-1}	0.70~1.20	0.94	0.49~1.48	0.82	0.47~1.71	1.01	0.48~0.89	0.66	0.86
油类/mg·L^{-1}	0.020~0.090	0.044	0.010~0.043	0.024	0.010~0.066	0.021	0.017~0.086	0.029	0.030

注:b为未检出。

表 3 – 2　2011、2012 年防城港湾水质补充调查结果

项目	2011 年东湾		2012 年东西湾			
			全湾		东湾	西湾
	范围	均值	范围	均值	均值	均值
pH	8.08 ~ 8.21	8.17	7.72 ~ 8.20	8.04	8.05	8.01
溶解氧/mg·L⁻¹	7.95 ~ 9.12	8.56	6.76 ~ 8.36	7.41	7.49	7.27
化学需氧量/mg·L⁻¹	0.66 ~ 1.47	0.94	0.94 ~ 1.87	1.15	1.16	1.14
悬浮物/mg·L⁻¹	2.2 ~ 25.9	11.7	1.9 ~ 8.5	4.1	4.6	3.3
无机磷/mg·L⁻¹	0.010 ~ 0.040	0.013	0.010 ~ 0.050	0.020	0.018	0.025
无机氮/mg·L⁻¹	0.02 ~ 0.12	0.04	0.04 ~ 0.43	0.14	0.12	0.17
铜/μg·L⁻¹	b ~ 3.2	0.8	b ~ 1.8	0.7	0.6	0.9
铅/μg·L⁻¹	b ~ 7.4	1.0	b ~ 10.8	2.7	2.0	3.8
锌/μg·L⁻¹	3.9 ~ 27.2	10.3	1.3 ~ 26.9	8.4	8.0	8.9
镉/μg·L⁻¹	b ~ 0.14	0.03	b ~ 0.05	0.02	0.03	0.01
总铬/μg·L⁻¹	b	b	b ~ 0.5	0.2	0.1	0.2
汞/μg·L⁻¹	0.007 ~ 0.143	0.075	0.023 ~ 0.148	0.072	0.081	0.058
砷/μg·L⁻¹	0.15 ~ 0.73	0.52	0.84 ~ 2.33	1.28	1.33	1.18
油类/mg·L⁻¹	0.019 ~ 0.185	0.049	0.010 ~ 0.157	0.030	0.020	0.048

注：b 为未检出。

表 3 – 3　2010 年防城港湾 4 个航次各项水质指标污染指数

项目	春季航次（2011 年）		夏季航次		秋季航次		冬季航次		全年均值
	范围	均值	范围	均值	范围	均值	范围	均值	
化学需氧量	0.30 ~ 0.91	0.43	0.51 ~ 1.41	0.79	0.17 ~ 0.75	0.41	1.88 ~ 0.43	0.66	0.57
生化需氧量	0.38 ~ 2.85	0.97	0.46 ~ 2.25	1.15	0.07 ~ 2.81	1.26	2.18 ~ 0.39	0.83	1.05

续表

项目	春季航次（2011年）		夏季航次		秋季航次		冬季航次		全年均值
	范围	均值	范围	均值	范围	均值	范围	均值	
无机磷	0.00~4.67	1.33	0.67~2.00	1.33	b~1.33	b	0.00~4.00	2.00	1.33
无机氮	0.45~2.25	1.10	0.05~2.90	0.60	0.15~2.00	0.45	0.20~2.75	1.00	0.80
铜	0.42~1.60	0.78	0.26~1.24	0.64	0.12~0.48	0.32	0.08~0.26	0.20	0.48
铅	0.00~6.40	3.30	0.00~4.10	1.50	0.00~5.80	2.50	0.00~5.80	1.50	2.20
锌	0.22~0.56	0.38	1.00~2.05	1.54	0.00~0.60	0.34	0.35~5.61	1.65	0.98
总铬	0.00~0.01	0.01	b	b	0.00~1.69	0.24	0.00~0.06	0.01	0.07
镉	0.07~0.12	0.09	0.05~0.11	0.07	b~0.02	b	0.02~0.15	0.06	0.06
汞	0.90~2.26	1.50	0.72~4.74	2.06	0.96~3.48	1.96	0.00~3.20	1.20	1.68
砷	0.04~0.06	0.05	0.02~0.07	0.04	0.02~0.09	0.05	0.02~0.04	0.03	0.04
油类	0.40~1.80	0.88	0.20~0.86	0.48	0.20~1.32	0.42	0.34~1.72	0.58	0.60

注：b为未检出。

表3-4　2011年、2012年防城港湾水质补充调查各项水质指标污染指数

项目	2011年东湾		2012年东西湾			
			全湾		东湾	西湾
	范围	均值	范围	均值	均值	均值
pH	8.08~8.21	8.17	7.72~8.20	8.04	8.05	8.01
溶解氧	7.95~9.12	8.56	6.76~8.36	7.41	7.49	7.27
化学需氧量	0.33~0.74	0.47	0.47~0.94	0.58	0.58	0.57
无机磷	0.67~2.67	0.87	0.67~3.33	1.33	1.20	1.67
无机氮	0.10~0.60	0.21	0.20~2.15	0.69	0.61	0.83
铜	0.00~0.64	0.16	0.00~0.36	0.14	0.12	0.18
铅	0.00~7.40	1.00	b~10.80	2.70	2.00	3.80
锌	0.20~1.36	0.515	0.07~1.35	0.42	0.40	0.45
总铬	b	b	b	b	b	b
镉	0.00~0.14	0.03	0.00~0.05	0.02	b	b

续表

项目	2011 年东湾		2012 年东西湾			
			全湾		东湾	西湾
	范围	均值	范围	均值	均值	均值
汞	0.14~2.86	1.50	0.46~2.96	1.44	1.62	1.16
砷	0.01~0.04	0.03	0.04~0.12	0.06	0.07	0.06
油类	0.38~3.70	0.98	0.20~3.14	0.60	0.40	0.96

注：b 为未检出。

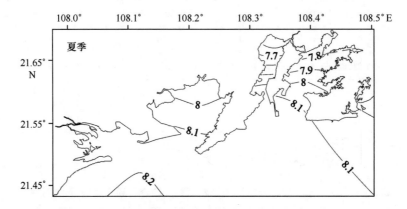

图 3-1　2010 年夏季防城港湾和珍珠湾海区海水 pH 分布

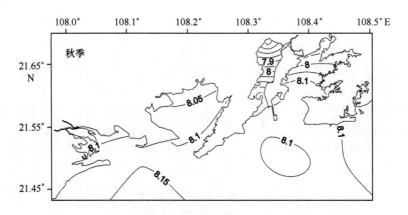

图 3-2　2010 年秋季防城港湾和珍珠湾海区海水 pH 分布

2011 年冬季防城港东湾 pH 值变化范围为 8.08~8.21，平均为 8.17，各调查站位 pH 值均符合一类海水水质标准。

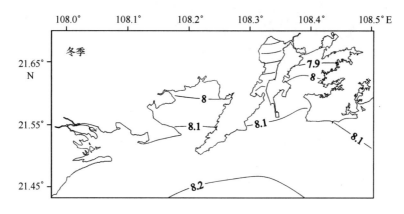

图 3 - 3　2010 年冬季防城港湾和珍珠湾海区海水 pH 分布

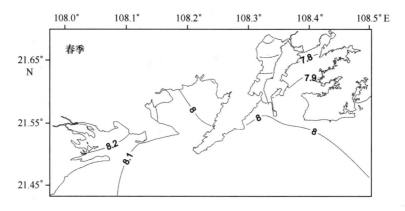

图 3 - 4　2011 年春季防城港湾和珍珠湾海区海水 pH 分布

2012 年秋季，防城港湾 pH 值变化范围为 7.72~8.20，平均为 8.04，东湾 803 站最高，西湾 101 站最低。西湾平均为 8.01，东湾平均为 8.05。本次调查，各站位 pH 值均符合一类海水水质标准。

（2）溶解氧（DO）

海水中的溶解氧主要来源于大气中氧的溶解和海洋植物进行光合作用时产生的氧。因此海水中溶解氧的变化受物理、化学、生物等因素的分布和势力消长的影响较为显著。

2010 年夏季，防城港湾溶解氧含量变化范围为 6.08~7.50 mg/L，平均为 6.50 mg/L，高值区出现在东湾和西湾交接的 9 号站位；秋季，溶解氧含量变化范围为 5.80~8.01 mg/L，平均为 6.59 mg/L，高值区同样出现在东湾和西湾交接的 09 号站位，总的分布趋势由湾内向外递减；冬季，溶解氧含量变化范围为 6.85~7.85 mg/L，平均为 7.50 mg/L，总的分布趋势为自湾内向湾外逐渐递增，低值区在防城江口；2011 年春季，溶解氧含量变化范围为 7.68~8.24 mg/L，平均为 7.91 mg/L，总的分布趋势为自湾内向湾外西南方向逐渐递增，高值区在湾口处。全年防城港湾海区溶解氧含量变化范围为 6.97 ~ 7.36 mg/L，平均为 7.13 mg/L（图 3 - 5 ~ 3 - 8）。综上所述，防城港湾各季节溶解氧含量均符合一类海水水质标准。

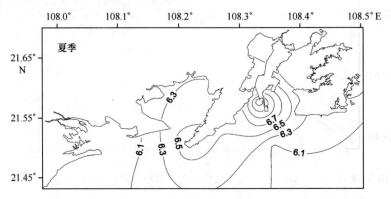

图 3 - 5　2010 年夏季年防城港湾和珍珠湾海区海水 DO 含量分布（mg/L）

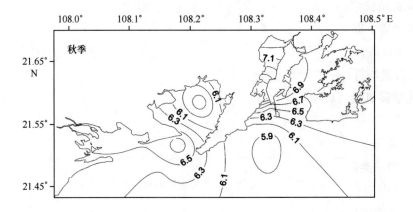

图 3 - 6　2010 年秋季年防城港湾和珍珠湾海区海水 DO 含量分布（mg/L）

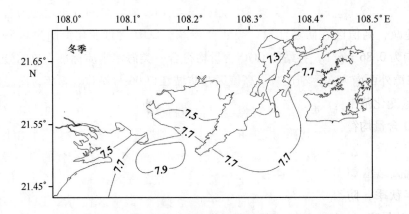

图 3 - 7　2010 年冬季年防城港湾和珍珠湾海区海水 DO 含量分布（mg/L）

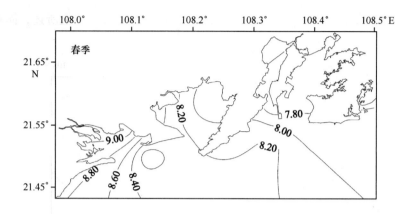

图 3-8　2011 年春季防城港湾和珍珠湾海区海水 DO 含量分布（mg/L）

2011 年冬季，防城港东湾溶解氧含量变化范围为 7.95～9.12 mg/L，平均为 8.56 mg/L，各调查站位溶解氧含量均符合一类海水水质标准。

2012 年秋季，防城港湾溶解氧含量变化范围为 6.76～8.36 mg/L，平均为 7.41 mg/L，502 站最高，601 站最低。西湾平均为 7.27 mg/L，东湾平均为 7.49 mg/L。各站位溶解氧含量均符合一类海水水质标准。

（3）化学需氧量（COD）

COD 是表征海水中还原物质的参数，是衡量海水质量的主要指标之一。

2010 年夏季，防城港湾 COD 含量变化范围为 1.01～2.82 mg/L，平均为 1.57 mg/L，为一类海水，超标率为 14.3%，高值区出现在防城江口的 06 号站位，分布趋势为由湾内向外递减；秋季，COD 含量变化范围为 0.33～1.49 mg/L，平均为 0.81 mg/L，高值区出现在防城江口的 06 号站位，总的分布趋势由湾内向外递减，各站位 COD 含量均符合一类海水水质标准；冬季，COD 含量变化范围为 0.85～3.75 mg/L，平均为 1.32 mg/L，为一类海水，超标率为 14.3%，总的分布趋势为自湾内向湾外逐渐递减，高值区在防城江口；2011 年春季，COD 含量变化范围为 0.59～1.82 mg/L，平均为 0.86 mg/L，各站位 COD 含量均符合一类海水水质标准，总的分布趋势为自湾内向湾外西南方向逐渐递减，高值区在防城江口 06 号站位。全年，防城港湾海区 COD 含量变化范围为 0.77～2.47 mg/L，平均为 1.14 mg/L（见图 3-9～3-12），各季节 COD 含量均符合一类海水水质标准。

2011 年冬季，防城港东湾 COD 含量变化范围为 0.66～1.47 mg/L，平均为 0.94 mg/L，各调查站位 COD 含量均符合一类海水水质标准。

2012 年秋季，防城港湾 COD 含量变化范围为 0.94～1.87 mg/L，平均为 1.15 mg/L，101 站最高，401 站最低，西湾平均为 1.14 mg/L，东湾平均为 1.16 mg/L。本次调查，各站位 COD 含量均符合一类海水水质标准。

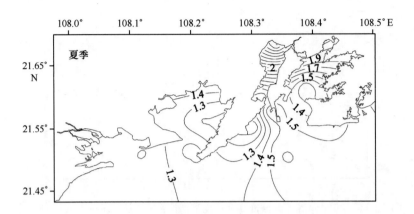

图 3-9　2010 年夏季防城港湾和珍珠湾海区海水 COD 含量分布（mg/L）

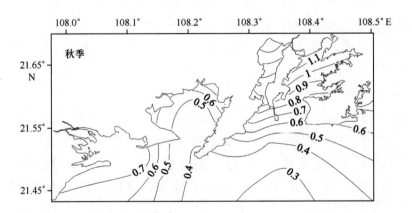

图 3-10　2010 年秋季防城港湾和珍珠湾海区海水 COD 含量分布（mg/L）

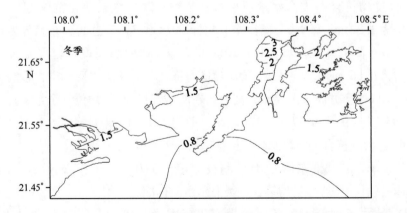

图 3-11　2010 年冬季防城港湾和珍珠湾海区海水 COD 含量分布（mg/L）

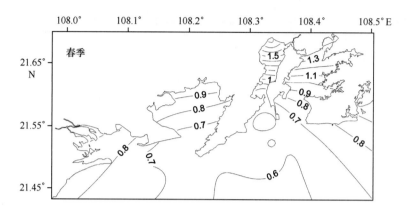

图 3 – 12　2011 年春季防城港湾和珍珠湾海区海水 COD 含量分布（mg/L）

（4）生化需氧量（BOD$_5$）

BOD$_5$ 指在有氧条件下，好氧微生物氧化分解单位体积水中有机物所消耗的游离氧的数量。是一种用微生物代谢作用所消耗的溶解氧量来间接表示水体被有机物污染程度的一个重要指标。

2010 年夏季，防城港湾 BOD$_5$ 变化范围为 0.46 ~ 2.25 mg/L，平均为 1.15 mg/L，为二类海水，分布趋势为自西北向东南递减；秋季，BOD$_5$ 变化范围为 0.07 ~ 2.81 mg/L，平均为 1.26 mg/L，其中 57.1% 的站位符合二类海水水质标准，其余站位符合一类海水水质标准，总的分布趋势为由湾内向外递减；冬季，BOD$_5$ 变化范围为 0.39 ~ 2.18 mg/L，平均为 0.83 mg/L，符合一类海水水质标准，其中 14.3% 的站位符合二类海水水质标准，总的分布趋势为自湾内向湾外逐渐递减；2011 年春季，BOD$_5$ 变化范围为 0.38 ~ 2.85 mg/L，平均为 0.97 mg/L，符合一类海水水质标准，其中 28.6% 的站位符合二类海水水质标准，分布趋势为由湾内向湾外东南方向递减（图 3 – 13 ~ 3 – 16）。全年，防城港湾海区 BOD$_5$ 变化范围为 0.37 ~ 2.52 mg/L，平均为 1.05 mg/L，为二类海水。

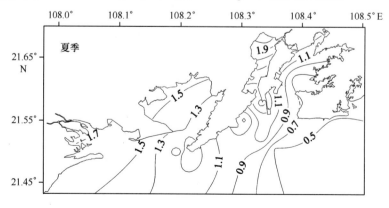

图 3 – 13　2010 年夏季防城港湾和珍珠湾海区海水 BOD$_5$ 分布（mg/L）

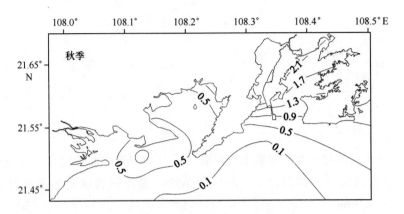

图 3 - 14 2010 年秋季防城港湾和珍珠湾海区海水 BOD₅ 分布（mg/L）

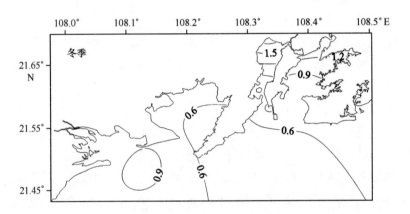

图 3 - 15 2010 年冬季防城港湾和珍珠湾海区海水 BOD₅ 分布（mg/L）

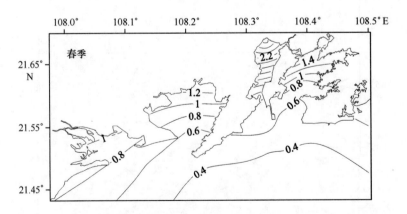

图 3 - 16 2011 年春季防城港湾和珍珠湾海区海水 BOD₅ 分布（mg/L）

（5）悬浮物

2010 年夏季，防城港湾悬浮物含量变化范围为 1.7 ~ 53.9 mg/L，平均为 14.7 mg/L，符合二类海水水质标准，其中 57.1% 的站位悬浮物含量符合一类海水水质标准，高值区出现在东湾和西湾交接的 09 号站位；秋季，悬浮物含量变化范围为 0.3 ~ 9.7 mg/L，平均含量为 4.2 mg/L，高值区同样出现在东湾和西湾交接的 9 号站位，总的分布趋势由湾内向外递减；冬季，悬浮物含量变化范围为 0.6 ~ 15.3 mg/L，平均含量为 4.2 mg/L，符合一类类海水水质标准，其中 14.3% 的站位符合二类海水水质标准，分布趋势为自湾内向湾外递减；2011 年春季，悬浮物含量变化范围为 1.4 ~ 8.8 mg/L，平均为 2.9 mg/L，分布趋势为由近岸向外海递减（图 3 - 17 ~ 3 - 20）。

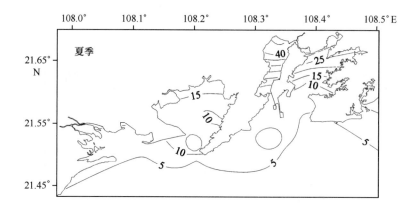

图 3 - 17　2010 年夏季防城港湾和珍珠湾海区海水悬浮物含量分布（mg/L）

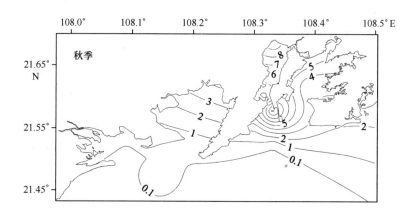

图 3 - 18　2010 年秋季防城港湾和珍珠湾海区海水悬浮物含量分布（mg/L）

全年，防城港湾海区悬浮物含量变化范围为 1.5 ~ 21.9 mg/L，平均为 6.5 mg/L。除夏季部分站点外，各季节悬浮物含量均符合一类海水水质标准。

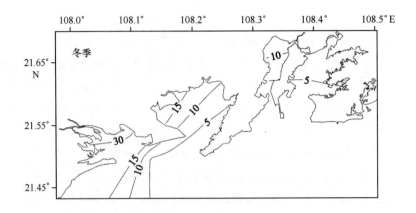

图 3 - 19 2010 年冬季防城港湾和珍珠湾海区海水悬浮物含量分布（mg/L）

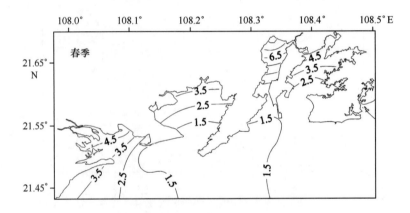

图 3 - 20 2011 年春季防城港湾和珍珠湾海区海水悬浮物含量分布（mg/L）

2011 年冬季防城港东湾悬浮物含量变化范围为 2.2 ~ 25.9 mg/L，平均为 11.7 mg/L，各站位悬浮物含量均符合一类海水水质标准。2012 年秋季，防城港湾悬浮物含量变化范围为 1.9 ~ 8.5 mg/L，平均为 4.1 mg/L，402 站最高，702 站最低。西湾平均为 3.3 mg/L，东湾平均为 4.6 mg/L。各站位悬浮物含量均符合一类海水水质标准。

（6）硅酸盐

2010 年夏季，防城港湾硅酸盐含量变化范围为 0.15 ~ 1.77 mg/L，平均为 0.45 mg/L；秋季，硅酸盐含量变化范围为 0.05 ~ 2.31 mg/L，平均为 0.46 mg/L，高值区在防城江口附近海区；冬季，硅酸盐含量变化范围为 0.09 ~ 2.38 mg/L，平均为 0.61 mg/L；2011 年春季，硅酸盐含量变化范围为 0.14 ~ 1.39 mg/L，平均为 0.45 mg/L。各个季节硅酸盐含量的分布趋势均为自湾内向湾外递减（见图 3 - 21 ~ 3 - 24）。

全年，防城港湾硅酸盐含量变化范围为 0.16 ~ 1.96 mg/L，平均为 0.49 mg/L，各季度中最大值均出现在防城江口的 06 号站位。

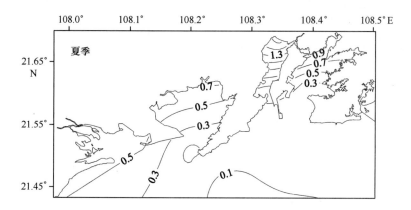

图 3 - 21　2010 年夏季防城港湾和珍珠湾海区海水硅酸盐含量分布（mg/L）

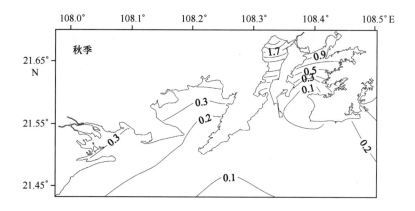

图 3 - 22　2010 年秋季防城港湾和珍珠湾海区海水硅酸盐含量分布（mg/L）

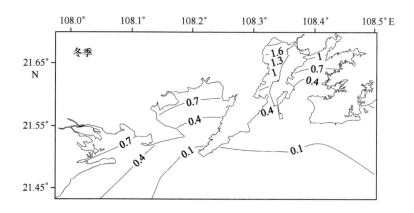

图 3 - 23　2010 年冬季防城港湾和珍珠湾海区海水硅酸盐含量分布（mg/L）

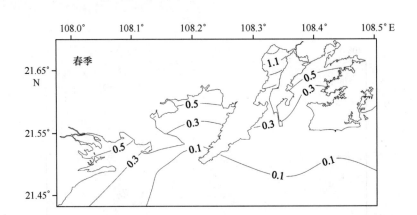

图 3-24 2011 年春季防城港湾和珍珠湾海区海水硅酸盐含量分布（mg/L）

（7）无机磷

无机磷是海洋浮游植物生长所需要的营养盐之一。同时也是评价海水富营养化的重要参数。无机磷含量的分布及变化与海洋生物生长、繁殖密切相关。同时，海水水体运动、河流径流和沉积物等的影响也较为显著。

2010 年夏季，防城港湾无机磷含量变化范围为 0.010~0.030 mg/L，平均含量为 0.020 mg/L，符合二类海水水质标准，其中 28.6% 的站位无机磷含量符合一类海水水质标准，最大值出现防城江口的 06 号站位；秋季，06 号站位和 09 号站位无机磷含量分别为 0.020 mg/L 和 0.010 mg/L，其他站位均未检出无机磷，14.3% 的站位无机磷含量符合二类海水水质标准；冬季整个防城港湾海区无机磷含量偏低，含量分布呈近岸向外海递减的趋势；2011 年春季，无机磷含量变化范围从未检出~0.070 mg/L，平均为含量 0.010 mg/L，25.0% 的站位符合二类海水水质标准，总的分布趋势为自湾内向湾外逐渐降低；全年，防城港湾无机磷含量变化范围为 0.010~0.030 mg/L，平均为 0.010 mg/L（见图 3-25~3-28）。

2011 年冬季，防城港东湾无机磷含量变化范围为 0.010~0.040 mg/L，平均含量为 0.013 mg/L，平均含量符合一类海水水质标准，18.2% 的站位符合二类海水水质标准。

2012 年秋季，防城港湾无机磷含量变化范围为 0.010~0.050 mg/L，平均为 0.020 mg/L，101 号站最高，803 号站最低。西湾平均为 0.025 mg/L，东湾平均为 0.018 mg/L。本次调查，西湾、东湾无机磷平均含量均符合二类海水水质标准，分别有 25.0% 和 53.8% 站位无机磷含量符合一类海水水质标准。

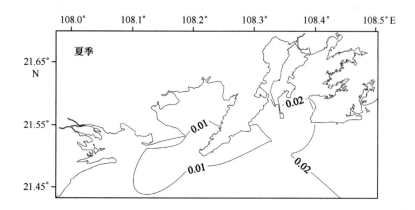

图 3-25　2010 年夏季防城港湾和珍珠湾海区海水无机磷含量分布（mg/L）

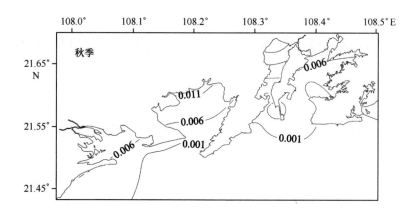

图 3-26　2010 年秋季防城港湾和珍珠湾海区海水无机磷含量分布（mg/L）

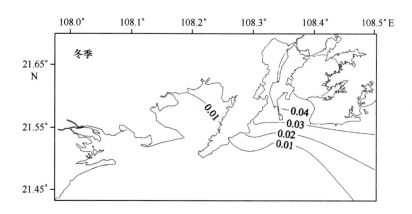

图 3-27　2010 年冬季防城港湾和珍珠湾海区海水无机磷含量分布（mg/L）

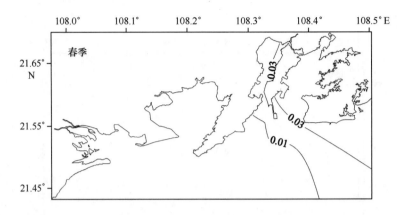

图 3 - 28　2011 年春季防城港湾和珍珠湾海区海水无机磷含量分布（mg/L）

（8）无机氮

无机氮是水生生物生长的又一种重要的营养物质。主要包括氨氮、亚硝酸氮、硝酸氮。海水中无机氮含量的分布及变化与生物的生长活动、河流径流、城市污水排放等诸多因素有着密切关系。

2010 年夏季，防城港湾无机氮含量变化范围为 0.01 ~ 0.58 mg/L，平均为 0.12 mg/L，符合一类海水水质标准，其中 14.3% 站位无机氮含量符合二类海水水质标准；秋季，无机氮含量变化范围为 0.03 ~ 0.40 mg/L，平均为 0.09 mg/L，符合一类海水水质标准，14.3% 站位符合二类海水水质标准；冬季，无机氮含量变化范围为 0.04 ~ 0.55 mg/L，平均为 0.20 mg/L，符合一类海水水质标准，其中 28.6% 站位符合二类海水水质标准；2011 年春季，无机氮含量变化范围为 0.09 ~ 0.45 mg/L，平均为 0.220 mg/L，符合二类海水水质标准，其中 42.9% 的站位符合一类海水水质标准。各季节均为湾内高湾外低，秋、冬、春三季等值线水舌均朝向西南（图 3 - 29 ~ 3 - 32）。

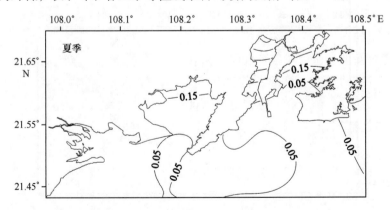

图 3 - 29　2010 年夏季防城港湾和珍珠湾海区海水无机氮含量分布（mg/L）

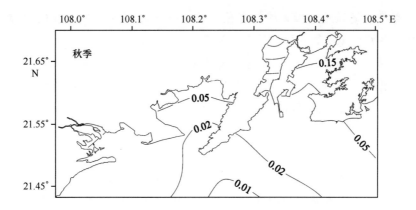

图 3 – 30　2010 年秋季防城港湾和珍珠湾海区海水无机氮含量分布（mg/L）

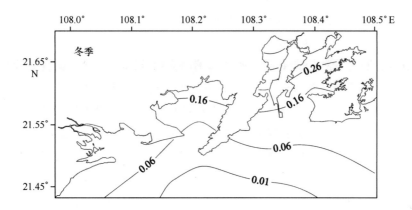

图 3 – 31　2010 年冬季防城港湾和珍珠湾海区海水无机氮含量分布（mg/L）

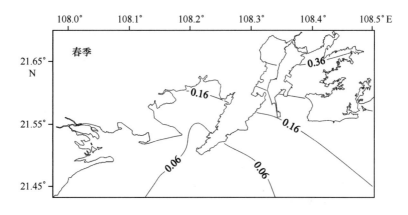

图 3 – 32　2011 年春季防城港湾和珍珠湾海区海水无机氮含量分布（mg/L）

全年，防城港湾无机氮含量变化范围为 0. 06 ~ 0. 50 mg/L，平均为 0. 16 mg/L，平均含量符合一类海水水质标准。

2011 年冬季，防城港东湾无机氮含量变化范围为 0.02 ~ 0.12 mg/L，平均含量为 0.041 mg/L，各站位无机氮含量均符合一类海水水质标准。

2012 年秋季，防城港湾无机氮含量变化范围为 0.04 ~ 0.43 mg/L，平均为 0.14 mg/L，101 站最高，503 站最低。西湾平均为 0.17 mg/L，东湾平均为 0.12 mg/L，均符合一类海水水质标准，分别有 25.0% 和 15.4% 站位无机氮含量符合二类海水水质标准。

（9）铜

水体中铜的浓度变化，从一个侧面反映出城市工业废水和生活污水的排放情况。同时也反映出来自水体挟带的悬浮泥沙、岩石碎风化产物的状况。其可以为解释海洋化学行为、评价海水污染水平提供依据。

2010 年夏季，防城港湾铜含量变化范围为 1.3 ~ 6.2 μg/L，平均为 3.2 μg/L，符合一类海水水质标准，其中 14.3% 的站位铜含量符合二类海水水质标准，分布趋势在湾内不明显，在湾外由西北向东南递增；秋季，铜含量变化范围为 0.6 ~ 2.4 μg/L，平均为 1.6 μg/L，总的分布趋势由湾内西北向湾外东南递减；冬季，铜含量变化范围为 0.4 ~ 1.3 μg/L，平均为 1.0 μg/L，总的分布趋势为自湾内向湾外递增，湾外由东向西递减；2011 年春季，铜含量变化范围为 2.1 ~ 8.0 μg/L，平均为 3.9 μg/L，符合一类海水水质标准，其中 14.3% 的站位铜含量符合二类海水水质标准，总的分布趋势为自湾内西北向湾外东南方向逐渐递减（图 3 - 33 ~ 3 - 36）。全年，防城港湾铜含量变化范围为 1.3 ~ 3.7 μg/L，平均为 2.4 μg/L。各季节铜平均含量均符合一类水质标准。

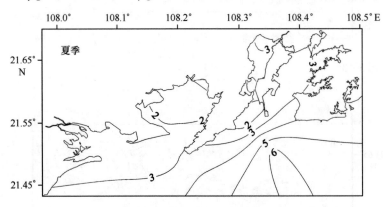

图 3 - 33　2010 年夏季防城港湾和珍珠湾海区海水铜含量分布（μg/L）

2011 年冬季，防城港东湾铜含量变化范围为未检出 ~ 3.2 μg/L，平均含量为 0.8 μg/L，各站位铜含量均符合一类海水水质标准。

2012 年秋季，防城港湾铜含量变化范围为未检出 ~ 1.8 μg/L，平均含量为 0.7 μg/L，701 站最高，404 站未检出。西湾平均为 0.9 μg/L，东湾平均为 0.6 μg/L。

本次调查，各站位铜含量均符合一类海水水质标准。

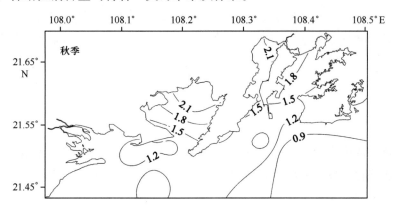

图 3-34　2010 年秋防城港湾和珍珠湾海区海水铜含量分布（μg/L）

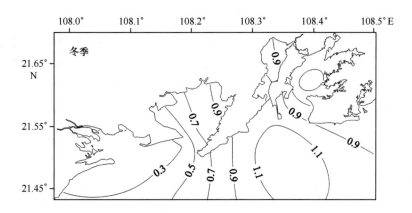

图 3-35　2010 年冬季防城港湾和珍珠湾海区海水铜含量分布（μg/L）

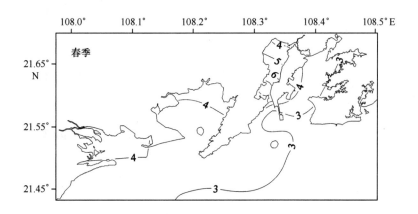

图 3-36　2011 年春季防城港湾和珍珠湾海区海水铜含量分布（μg/L）

（10）铅

铅是评价海洋环境水平的重要指标之一。铅不但来源于城市的工业废水，而且来源于海上运输工具的燃料、防护层。铅含量的增加，不仅直接影响海洋生物的生长，同时也可以通过食物链，而影响到人类的健康。

2010 年夏季，防城港湾铅含量变化范围为未检出 ~ 4.1 μg/L，平均为 1.5 μg/L，符合二类海水水质标准，其中 42.9% 的站位铅含量符合一类海水水质标准，最大值出现在防城江口，在湾外 11 号和 12 站位之间有一高值区；秋季，铅含量变化范围为未检出 ~ 5.8 μg/L，平均为 2.5 μg/L，为二类海水，只有 14.3% 的站位铅含量符合一类海水水质标准，防城江口 6 号站位未检出，最大值西湾的 8 号站位，在湾外 13 号站位亦有一高值区；冬季，铅含量变化范围为未检出 ~ 5.8 μg/L，平均为 1.5 μg/L，为二类海水，其中 57.3% 的站位铅含量符合一类海水水质标准，在 11 号站位有一高值区；2011 年春季，铅含量变化范围为未检出 ~ 6.4 μg/L，平均为 3.3 μg/L，为二类海水，只有 28.6% 的站位铅含量符合一类海水水质标准，西湾含量高于东湾含量。全年，防城港湾铅含量变化范围为 1.6 ~ 2.8 μg/L，平均为 2.2 μg/L（图 3 – 37 ~ 3 – 40）。

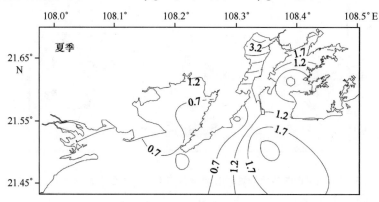

图 3 – 37　2010 年夏季防城港湾和珍珠湾海区海水铅含量分布（μg/L）

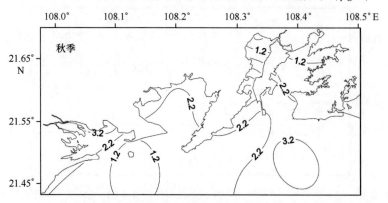

图 3 – 38　2010 年秋季防城港湾和珍珠湾海区海水铅含量分布（μg/L）

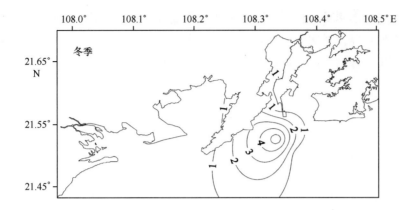

图 3 - 39　2010 年冬季防城港湾和珍珠湾海区海水铅含量分布（μg/L）

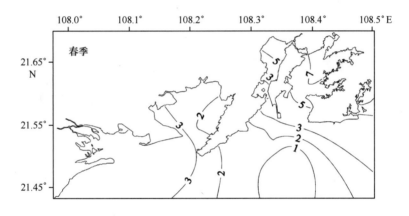

图 3 - 40　2011 年春季防城港湾和珍珠湾海区海水铅含量分布（μg/L）

　　2011 年冬季，防城港东湾铅含量变化范围为未检出 ~ 7.4 μg/L，平均含量为 1.0 μg/L，平均含量符合一类海水水质标准，31.8% 的站位铅含量符合二类海水水质标准。

　　2012 年秋季，防城港湾铅含量变化范围为未检出 ~ 10.8 μg/L，平均含量为 2.7 μg/L，701 站最高，201 站未检出。西湾平均为 3.8 μg/L，东湾平均为 2.0 μg/L。本次调查，西湾、东湾铅平均含量符合二类海水水质标准，分别有 50% 和 47.2% 的站位符合一类海水水质标准。

　　（11）锌

　　海水中锌主要来源于河流、矿山、工业排污和生活污染，同时水体携带的悬浮泥沙、岩石碎屑和风化产物也是海水中锌来源的重要渠道。其含量的变化对评价水体质量具有一定的意义。

　　2010 年夏季，防城港湾锌含量变化范围为 20.0 ~ 41.0 μg/L，平均为 30.7 μg/L，为二类海水，只有 14.3% 的站位锌含量符合一类海水水质标准，最大值出现在防城江口，含量分布趋势不明显；秋季，锌含量变化范围为未检出～12.0 μg/L，各站位均达到一类海水水质标准，平均含量为 6.7 μg/L，其中 07 号站位未检出，总的分布趋势为东低西高；冬季，各站位锌含量相差较大，变化范围为 7.0～112.2 μg/L，平均含量为 33.0 μg/L，为二类海水，其中 57.1% 的站位锌含量符合一类海水水质标准，在 09 号和 11 号站位之间有一高值区；2011 年春季，锌含量变化范围为 4.4～11.2 μg/L，各站位均为一类海水，平均为 7.6 μg/L，高值区出现在防城江口（图 3-41～3-44）。全年，防城港湾锌含量变化范围为 8.2～40.6 μg/L，平均为 19.5 μg/L。

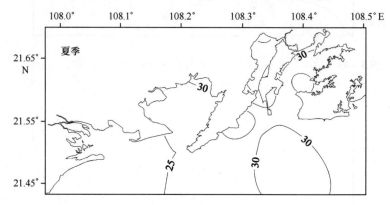

图 3-41 2010 年夏季防城港湾和珍珠湾海区海水锌含量分布（μg/L）

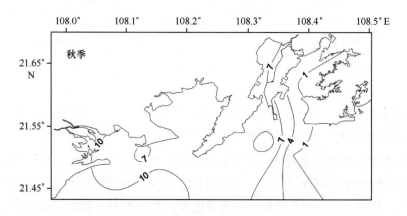

图 3-42 2010 年秋季防城港湾和珍珠湾海区海水锌含量分布（μg/L）

2011 年冬季，防城港东湾锌含量变化范围为 3.9～27.2 μg/L，平均含量为 10.3 μg/L，平均含量均符合一类海水水质标准，仅 9.0% 的站位锌含量达到二类海水水质标准。

2012 年秋季，防城港湾锌含量变化范围为 1.3～26.9 μg/L，平均含量为 8.4 μg/L，503 站锌含量达到二类海水水质标准，803 站锌含量最低。西湾平均为 8.9 μg/L，东湾

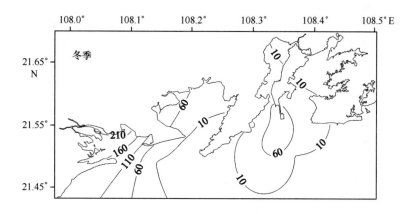

图 3 - 43 2010 年冬季防城港湾和珍珠湾海区海水锌含量分布（μg/L）

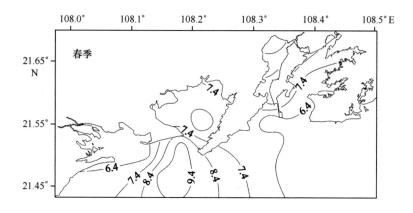

图 3 - 44 2011 年春季防城港湾和珍珠湾海区海水锌含量分布（μg/L）

平均为 8.0 μg/L，东西湾锌平均含量均符合一类海水水质标准。

（12）总铬

2010 年夏季，防城港湾总铬含量变化范围为未检出～0.2 μg/L，平均为0.1 μg/L；最大值出现在防城江口的 06 号站位，湾外 11 和 12 号站位均检出为 0.1 μg/L，其他站位均未检出；秋季，总铬含量各站位间相差较大，变化范围为未检出～84.6 μg/L，平均为 12.2 μg/L，其中在防城江口未检出，最大值出现在 08 号站位；冬季，总铬含量变化范围为 0.1～3.1 μg/L，平均为 0.7 μg/L，分布趋势为自湾内向湾外递减；2011年春季，总铬含量变化范围为 0.3～0.6 μg/L，平均为 0.5 μg/L；分布趋势为自东向西递减（见图 3 - 45～3 - 48）。全年，防城港湾总铬含量变化范围为 0.2～21.4 μg/L，平均为 3.4 μg/L，各季节各站位总铬含量均未出现超一类海水现象。

2011 年冬季，防城港东湾各站位总铬均未检出。

2012 年秋季，防城港湾总铬含量变化范围为未检出～0.5 μg/L，平均含量为 0.2

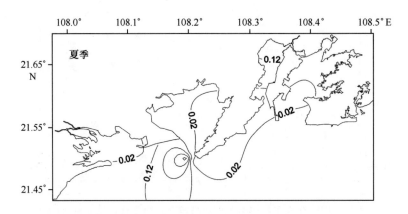

图 3 - 45　2010 年夏季防城港湾和珍珠湾海区海水总铬含量分布（μg/L）

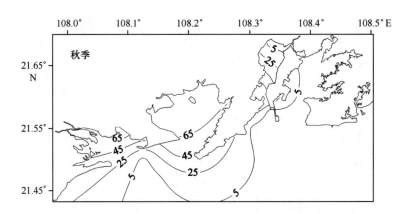

图 3 - 46　2010 年秋季防城港湾和珍珠湾海区海水总铬含量分布（μg/L）

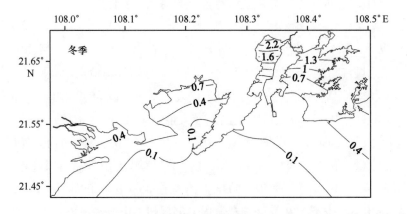

图 3 - 47　2010 年冬季防城港湾和珍珠湾海区海水总铬含量分布（μg/L）

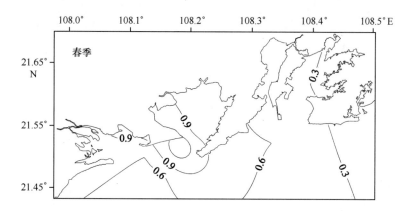

图 3-48 2011 年春季防城港湾和珍珠湾海区海水总铬含量分布（μg/L）

μg/L，101 和 603 两个站位含量最高，东西湾均有多个站位未检出。西湾平均为 0.2 μg/L，东湾平均为 0.1 μg/L。本次调查，西湾、东湾各站位总铬含量均符合一类海水水质标准。

（13）镉

镉是海水中痕量重金属之一。其来源与其他重金属相同。

2010 年夏季，防城港湾镉含量变化范围为 0.05～0.11 μg/L，平均为 0.07 μg/L，含量自湾内向湾外西南递增；秋季，除了 09 号站位镉含量为 0.02 μg/L 外，其他站位均未检出；冬季，镉含量变化范围为 0.02～0.15 μg/L，平均为 0.06 μg/L，湾内含量相差不大，在东湾和西湾交界的 09 号站位含量最大，湾外自 9 号站位向南递减；2011 年春季，镉含量变化范围为 0.07～0.12 μg/L，平均为 0.09 μg/L，在东湾和西湾交界的 09 号站位含量最大，但各站位含量相差不大（图 3-49～3-52）。全年，防城港湾镉含量变化范围为 0.04～0.09 μg/L，平均为 0.06 μg/L，各季节各站位镉含量均符合一类海水水质标准。

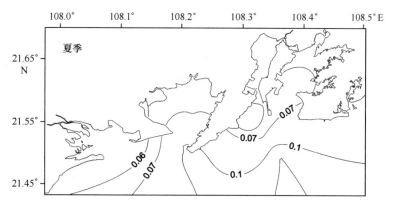

图 3-49 2010 年夏季防城港湾和珍珠湾海区海水镉含量分布（μg/L）

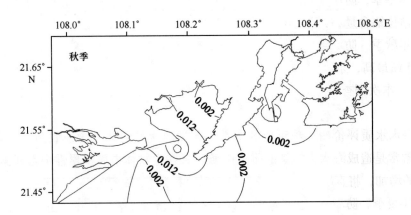

图 3 – 50　2010 年秋季防城港湾和珍珠湾海区海水镉含量分布（μg/L）

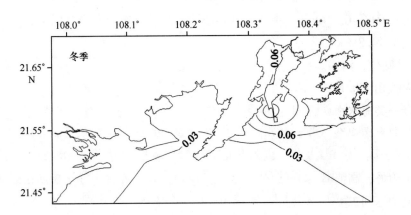

图 3 – 51　2010 年冬季防城港湾和珍珠湾海区海水镉含量分布（μg/L）

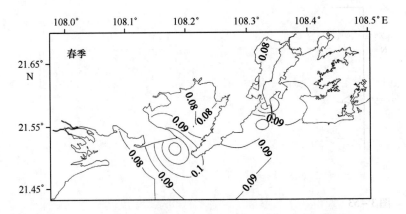

图 3 – 52　2011 年春季防城港湾和珍珠湾海区海水镉含量分布（μg/L）

2011 年冬季，防城港东湾镉含量变化范围为未检出 ~ 0. 14 μg/L，平均含量为 0. 03 μg/L，各站位镉含量均符合一类海水水质标准。

2012 年秋季，防城港湾镉含量变化范围为未检出 ~ 0. 05 μg/L，平均含量为 0. 02 μg/L，403 站最高，东西湾均有多个站位未检出。西湾平均为 0. 01 μg/L，东湾平均为 0. 03 μg/L。本次调查，各站位镉含量均符合一类海水水质标准。

（14）汞

汞是海水水质评价的一项重要的参数。人类的生产活动（含汞农药、工业废水、废渣等）常常是造成海水汞污染的重要来源。汞在生物体中属积累性中毒元素。海水中汞浓度的增加，将直接影响海洋食物链，最终危及人类的健康。

2010 年夏季，防城港湾汞含量变化范围为 0. 036 ~ 0. 237 μg/L，平均含量为 0. 103 μg/L，为二类海水，其中 42. 9% 的站位汞含量符合一类海水水质标准，最大值出现在防城江口，含量分布由湾内向湾外递减，在湾口 11 号站位有一高值区；秋季，汞含量变化范围为 0. 048 ~ 0. 174 μg/L，平均含量为 0. 098 μg/L，超一类海水水质标准，为二类海水，其中 14. 3% 的站位汞含量符合一类海水水质标准，最大值出现在东湾和西湾交界的 09 号站位，湾内含量相差不大，湾外自 09 号站位向东南递减；冬季，汞含量变化范围为未检出 ~ 0. 160 μg/L，平均含量为 0. 060 μg/L，为二类海水，42. 9% 的站位汞含量符合一类海水水质标准，其中在防城江口未检出，湾内含量相差不大，含量在湾外由西北向东南递增；2011 年春季，汞含量变化范围为 0. 045 ~ 0. 113 μg/L，平均含量为 0. 075 μg/L，为二类海水，其中 14. 3% 的站位汞含量符合一类海水水质标准，湾内含量大于湾外，高值区分别出现在防城江口和东湾和西湾交界的 09 号站位。各季节汞平均含量均达到二类海水水质标准，防城港湾全年汞含量变化范围为 0. 064 ~ 0. 114 μg/L，平均为 0. 084 μg/L（图 3 - 53 ~ 3 - 56），为二类海水。

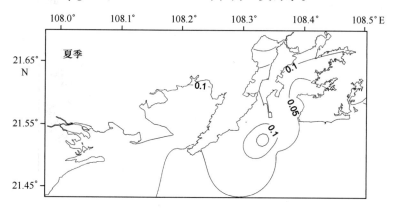

图 3 - 53　2010 年夏季防城港湾和珍珠湾海区海水汞含量分布（μg/L）

2011 年冬季，防城港东湾汞含量变化范围为 0. 007 ~ 0. 143 μg/L，平均含量为

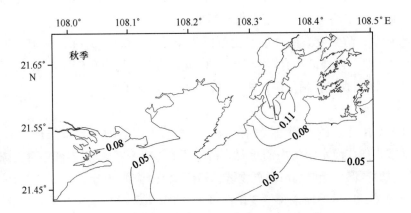

图 3 - 54　2010 年秋季防城港湾和珍珠湾海区海水汞含量分布（μg/L）

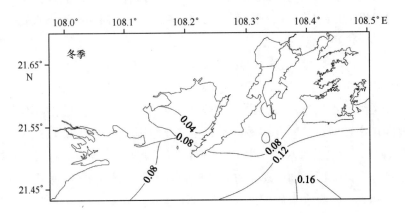

图 3 - 55　2010 年冬季防城港湾和珍珠湾海区海水汞含量分布（μg/L）

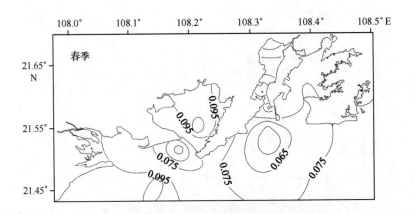

图 3 - 56　2011 年春季防城港湾和珍珠湾海区海水汞含量分布（μg/L）

0.075 μg/L, 平均含量符合二类海水水质标准, 其中 40.9% 的站位符合一类海水水质标准。

2012 年秋季, 防城港湾汞含量变化范围为 0.023 ~ 0.148 μg/L, 平均含量为 0.072 μg/L, 602 站最高, 404 站最低。西湾平均为 0.058 μg/L, 东湾平均为 0.081 μg/L。本次调查, 西湾、东湾汞平均含量均达到二类海水水质标准, 分别有 37.5% 和 30.8% 的站位汞含量达到一类海水水质标准。

（15）砷

砷是海水中痕量重金属之一, 其来源与其他重金属相同, 它和其他重金属一样, 是海水水质状况中较为关注的项目。

2010 年夏季, 防城港湾砷含量变化范围为 0.49 ~ 1.48 μg/L, 平均为 0.82 μg/L, 含量的分布是从港湾向西南降低; 秋季, 砷含量变化范围为 0.47 ~ 1.71 μg/L, 平均为 1.01 μg/L, 在湾内的 08 号站位和湾外的 11 号站位均有一高值区; 冬季, 砷含量变化范围为 0.48 ~ 0.89 μg/L, 平均为 0.66 μg/L, 含量分布为湾外大于湾内; 2011 年春季, 砷含量变化范围为 0.70 ~ 1.20 μg/L, 平均为 0.94 μg/L, 湾顶含量较高, 另外在湾外的 11 号站位有一高值区（图 3 - 57 ~ 3 - 60）。全年, 防城港湾砷含量变化范围为 0.64 ~ 1.14 μg/L, 平均为 0.86 μg/L, 各季节砷平均含量均符合一类海水水质标准。

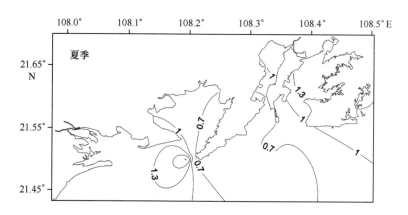

图 3 - 57　2010 夏季防城港湾和珍珠湾海区海水砷含量分布（μg/L）

2011 年冬季, 防城港东湾砷含量变化范围为 0.15 ~ 0.73 μg/L, 平均含量为 0.52 μg/L, 各站位砷含量均符合一类海水水质标准。

2012 年秋季, 防城港湾砷含量变化范围为 0.84 ~ 2.33 μg/L, 平均含量为 1.28 μg/L, 403 站最高, 401 站最低。西湾平均为 1.18 μg/L, 东湾平均为 1.33 μg/L, 本次调查, 西湾、东湾各站位砷含量均符合一类海水水质标准。

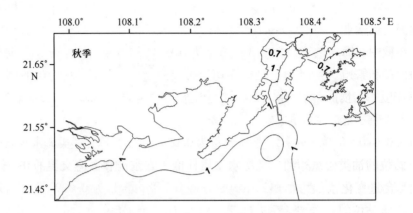

图 3 – 58　2010 秋季防城港湾和珍珠湾海区海水砷含量分布（μg/L）

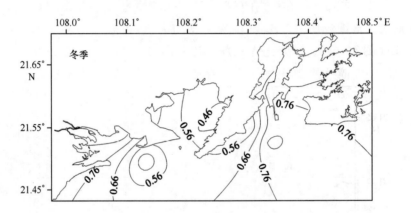

图 3 – 59　2010 冬季防城港湾和珍珠湾海区海水砷含量分布（μg/L）

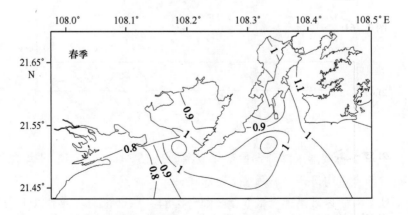

图 3 – 60　2011 年春季防城港湾和珍珠湾海区海水砷含量分布（μg/L）

（16）油类

随着海上运输业、捕捞业和陆源石油工业的迅速发展及大量生物残骸中脂类的分解于海洋环境中，海洋环境受到了不同程度的油类污染，使水质恶化，严重影响到海洋生物的生存和繁殖。当今，油类污染已越来越受到沿海各国及地区的高度重视。

2010年夏季，防城港湾海区油类含量变化范围为0.010~0.043 mg/L，各站位均符合一类海水水质标准，平均含量为0.024 mg/L，在11号站有最大值；秋季，油类含量变化范围为0.010~0.066 mg/L，平均含量为0.021 mg/L，符合一类海水水质标准，仅有14.3%站位的油类含量达到二类海水水质标准，在东湾和西湾交界的09号位最大；冬季，油类含量变化范围为0.017~0.086 mg/L，平均含量为0.029 mg/L，为一类海水，仅14.3%站位的油类含量达到二类海水，防城江口最大，含量分布趋势为由湾内向湾外递减；2011年春季，油类含量变化范围为0.020~0.090 mg/L，平均含量为0.044 mg/L，为一类海水，仅28.6%站位的油类含量达到二类海水，同样在防城江口油类含量最大，含量分布趋势为由湾内向湾外递减。全年，防城港湾油类含量平均为0.030 mg/L（图3-61~3-64），各季节油类平均含量均符合一类海水水质标准。

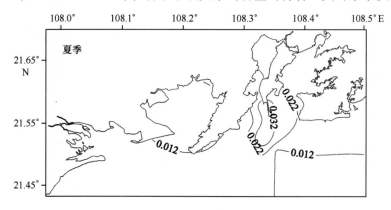

图3-61　2010年夏季防城港湾和珍珠湾海区海水油类含量分布（mg/L）

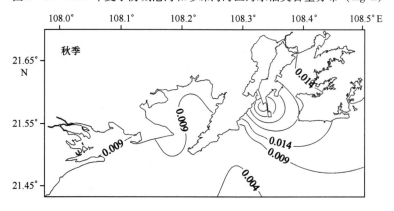

图3-62　2010年秋季防城港湾和珍珠湾海区海水油类含量分布（mg/L）

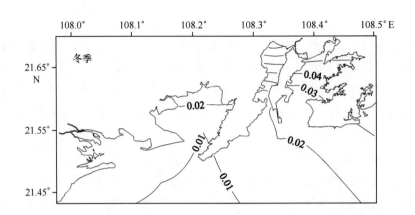

图 3 – 63　2010 年冬季防城港湾和珍珠湾海区海水油类含量分布（mg/L）

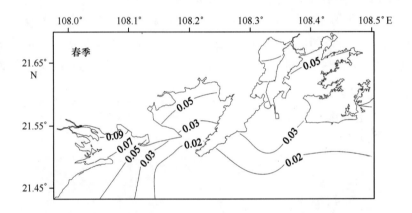

图 3 – 64　2011 年春季防城港湾和珍珠湾海区海水油类含量分布（mg/L）

2011 年冬季，防城港东湾油类含量变化范围为 0.019 ~ 0.185 mg/L，平均含量为 0.049 mg/L，符合一类海水水质标准，其中 27.3% 的站位油类含量达到二类海水水质标准。

2012 年秋季，防城港湾油类含量变化范围为 0.010 ~ 0.157 mg/L，平均含量为 0.030 mg/L；西湾平均为 0.048 mg/L，东湾平均为 0.020 mg/L。本次调查，西湾、东湾油类平均含量符合一类海水水质标准，分别有 25.0% 和 7.7% 的站位油类含量达到二类海水水质标准。

（17）农药残余

本次调查中狄氏剂均未有检出，滴滴涕在大部分站位均未有检出，故忽略不计。2010 年夏季，防城港湾海域多氯联苯含量各测站相差不大，平均为 0.02 ng/L；秋季，防城港湾有 3 个站位检测到多氯联苯，平均为 0.01 ng/L；冬季各站位均未检测到多氯联苯；春季，防城港湾多氯联苯含量范围为未检出 ~ 0.15 ng/L，平均为 0.04 ng/L，在

12 号站位检测到最大值。综上所述，整个防城港湾海域农药残余含量较低。

3.2 珍珠湾水质调查结果与评价

2010 年 6 月、9 月、12 月、2011 年 3 月珍珠湾 4 个航次水质调查结果与水质指标的污染指数统计见表 3-5、表 3-6。

（1）pH 值

2010 年夏季，珍珠湾附近海域 pH 值变化范围为 8.02~8.19，平均为 8.13；秋季 pH 值变化范围为 8.06~8.17，平均为 8.11；冬季 pH 值变化范围为 8.10~8.17，平均为 8.13。2011 年春季 pH 值变化范围为 8.01~8.28，平均为 8.08，pH 值各季节总的空间分布趋势均为由北向南逐渐升高。全年，pH 值变化范围为 8.05~8.17，平均为 8.11（见图 3-1~3-4），各季节各站位 pH 值均符合一类海水水质标准。从 pH 值分布来看均有近岸低外海高的特点。

（2）溶解氧（DO）

2010 年夏季，珍珠湾附近海域溶解氧含量变化范围为 6.00~6.57 mg/L，平均为 6.39 mg/L，高值区出现在白龙尾附近的 05 号站位，总的分布趋势为自东向西递减；秋季，溶解氧含量变化范围为 5.51~6.85 mg/L，平均为 6.34 mg/L；冬季溶解氧含量变化范围为 7.27~8.09 mg/L，平均为 7.73 mg/L，总的分布趋势亦为由北向南逐渐升高；2011 年春季珍珠湾溶解氧含量变化范围为 7.87~9.18 mg/L，平均为 8.34 mg/L，总的分布趋势亦为由东向西逐渐升高（见图 3-5~3-8）。

全年珍珠湾海区溶解氧含量变化范围为 6.83~7.41 mg/L，平均为 7.20 mg/L，各季节各站位溶解氧含量均符合一类海水水质标准。

（3）化学需氧量（COD）

2010 年夏季，珍珠湾附近海域 COD 含量变化范围为 1.19~1.50 mg/L，平均为 1.33 mg/L，高值区出现在白龙尾附近的 05 号站位，总的分布趋势为自东向西递减；秋季，COD 含量变化范围为 0.41~0.79 mg/L，平均为 0.57 mg/L，分布趋势为近岸高外海低、西部高东部低；冬季，COD 含量变化范围为 0.81~1.52 mg/L，平均为 1.00 mg/L，总的分布趋势为近岸高外海低，等值线水舌偏向西北；2011 年春季珍珠湾 COD 含量变化范围为 0.61~0.89 mg/L，平均为 0.72 mg/L，总的分布趋势为由西北向东南逐渐降低（见图 3-9~3-12）。

全年，珍珠湾海区 COD 含量变化范围为 0.80~1.08 mg/L，平均为 0.91 mg/L，各季节各站位 COD 均符合一类海水水质标准。

（4）生化需氧量（BOD$_5$）

2010 年夏季，珍珠湾附近海域 BOD$_5$ 含量变化范围为 0.96~1.60 mg/L，平均为 1.33 mg/L，为二类海水，其中 20.0% 的站位达到一类海水水质标准，分布趋势亦为自

表3-5　2010年珍珠湾4个航次水质调查结果

项目	春季航次(2011年)		夏季航次		秋季航次		冬季航次		全年均值
	范围	均值	范围	均值	范围	均值	范围	均值	
pH	8.01~8.28	8.08	8.02~8.19	8.13	8.06~8.17	8.11	8.10~8.17	8.13	8.11
溶解氧/mg·L⁻¹	7.87~9.18	8.34	6.00~6.57	6.39	5.51~6.85	6.34	7.27~8.09	7.73	7.20
COD/mg·L⁻¹	0.61~0.89	0.72	1.19~1.50	1.33	0.41~0.79	0.57	0.81~1.52	1.00	0.91
BOD_5/mg·L⁻¹	0.53~1.01	0.66	0.96~1.60	1.33	0.05~1.08	0.45	0.39~0.99	0.76	0.80
悬浮物/mg·L⁻¹	0.5~5.0	1.8	5.8~19.5	9.6	0.1~2.6	0.7	2.1~35.0	9.9	5.5
硅酸盐/mg·L⁻¹	0.08~0.58	0.21	0.04~0.50	0.22	0.18~0.30	0.23	0.09~0.86	0.32	0.25
无机磷/mg·L⁻¹	b~0.010	b	b~0.010	b	b~0.010	b	b~0.010	b	b
无机氮/mg·L⁻¹	0.05~0.14	0.08	0.01~0.09	0.06	0.02~0.04	0.03	0.02~0.14	0.05	0.05
铜/μg·L⁻¹	2.9~4.2	3.5	1.8~3.5	2.5	1.0~2.3	1.5	0.1~0.8	0.4	2.0
铝/μg·L⁻¹	1.9~4.3	3.3	b~1.1	0.6	b~3.8	1.7	b	b	1.4
锌/μg·L⁻¹	5.5~9.9	7.4	22.0~28.0	25.8	7.0~12.0	8.8	b~230.0	50.5	23.1
总铬/μg·L⁻¹	0.5~1.5	0.9	b~0.5	0.1	b~84.9	44.0	b~0.5	0.20	11.30
镉/μg·L⁻¹	0.08~0.13	0.09	0.05~0.11	0.08	b~0.03	0.01	0.02~0.06	0.03	0.05
汞/μg·L⁻¹	0.047~0.112	0.088	0.038~0.084	0.053	0.039~0.096	0.066	0.024~0.123	0.066	0.068
砷/μg·L⁻¹	0.70~1.18	0.90	0.69~1.04	1.08	0.72~1.18	0.92	0.36~0.96	0.60	0.88
油类/mg·L⁻¹	0.018~0.098	0.037	0.004~0.017	0.012	0.004~0.013	0.009	0.010~0.015	0.012	0.017

注:b为未检出。

西北向东南递减；秋季 BOD$_5$ 含量变化范围为 0.05 ~ 1.08 mg/L，平均为 0.45 mg/L，为一类海水，其中 20.0% 的站位达到二类海水水质标准，空间分布趋势不明显；冬季 BOD$_5$ 含量变化范围为 0.39 ~ 0.99 mg/L，平均为 0.76 mg/L，为一类海水，在湾口有一高值区。2011 年春季珍珠湾 BOD$_5$ 含量变化范围为 0.53 ~ 1.01 mg/L，平均为 0.66 mg/L，为一类海水，其中 20.0% 的站位达到二类海水水质标准，分布趋势为由湾内向湾外东南方向递减（见图 3 - 13 ~ 3 - 16）。全年，珍珠湾附近海域 BOD$_5$ 含量变化范围为 0.58 ~ 0.92 mg/L，平均含量为 0.80 mg/L，全年平均符合一类海水水质标准。

表 3 - 6　2010 年珍珠湾 4 个航次各项水质指标污染指数

项目	春季航次（2011 年）		夏季航次		秋季航次		冬季航次		全年均值
	范围	均值	范围	均值	范围	均值	范围	均值	
COD	0.31 ~ 0.45	0.36	0.60 ~ 0.75	0.67	0.21 ~ 0.40	0.29	0.41 ~ 0.76	0.50	0.46
BOD$_5$	0.53 ~ 1.01	0.66	0.96 ~ 1.60	1.33	0.05 ~ 1.08	0.45	0.39 ~ 0.99	0.76	0.80
无机磷	0.00 ~ 0.67	b	b ~ 0.67	b	b ~ 0.67	b	b ~ 0.67	b	b
无机氮	0.25 ~ 0.70	0.40	0.05 ~ 0.45	0.30	0.10 ~ 0.20	0.15	0.10 ~ 0.70	0.25	0.25
铜	0.58 ~ 0.84	0.70	0.36 ~ 0.70	0.50	0.20 ~ 0.46	0.30	0.02 ~ 0.16	0.08	0.40
铅	1.90 ~ 4.30	3.30	b ~ 1.10	0.60	b ~ 3.80	1.70	b	b	1.40
锌	0.28 ~ 0.50	0.37	1.10 ~ 1.40	1.29	0.35 ~ 0.60	0.44	b ~ 11.50	2.53	1.16
总铬	0.01 ~ 0.03	0.02	b ~ 0.01	b	b ~ 1.70	0.88	b ~ 0.01	b	0.23
镉	0.08 ~ 0.13	0.09	0.05 ~ 0.11	0.08	b ~ 0.03	0.01	0.02 ~ 0.06	0.03	0.05
汞	0.94 ~ 2.24	1.76	0.76 ~ 1.68	1.06	0.78 ~ 1.92	1.32	0.48 ~ 2.46	1.32	1.36
砷	0.04 ~ 0.06	0.05	0.03 ~ 0.05	0.05	0.04 ~ 0.06	0.05	0.02 ~ 0.05	0.03	0.04
油类	0.36 ~ 1.96	0.74	0.08 ~ 0.34	0.24	0.10 ~ 0.26	0.18	0.20 ~ 0.30	0.24	0.34

注：b 为未检出。

（5）悬浮物

2010 年夏季悬浮物含量变化范围为 5.8 ~ 19.5 mg/L，超标率为 20.0%，平均含量为 9.6 mg/L，高值区出现在白龙尾附近的 05 号站位，总的分布趋势为湾内高、湾外低；秋季悬浮物含量变化范围为 0.1 ~ 2.6 mg/L，平均含量为 0.7 mg/L，含量的分布趋势为近岸向外海递减；冬季，悬浮物含量变化范围为 2.1 ~ 35.0 mg/L，平均含量为 9.9 mg/L，为一类海水，其中 20.0% 的站位达到二类海水水质标准，分布趋势为由西北向东南递减；2011 年春季，珍珠湾悬浮物含量变化范围为 0.5 ~ 5.0 mg/L，平均含量为 1.8 mg/L，分布趋势为由近岸向外海递减（见图 3 - 17 ~ 3 - 20）。全年，珍珠湾附近海域悬浮物含量变化范围为 2.6 ~ 11.5 mg/L，平均为 55 mg/L。全年及各季节悬浮物平均含量均符合一类海水水质标准。

（6）硅酸盐

2010 年夏季，珍珠湾附近海域硅酸盐含量变化范围为 0.04 ~ 0.50 mg/L，平均为 0.22 mg/L；秋季，硅酸盐含量变化范围为 0.18 ~ 0.30 mg/L，平均为 0.23 mg/L；冬季硅酸盐含量变化范围为 0.09 ~ 0.86 mg/L，平均为 0.32 mg/L；2011 年春季硅酸盐含量变化范围为 0.08 ~ 0.58 mg/L，平均为 0.21 mg/L。各个季节海区硅酸盐含量的分布趋势均为自西北向东南逐渐降低（见图 3 - 21 ~ 3 - 24）。全年珍珠湾附近海域硅酸盐含量变化范围为 0.12 ~ 0.56 mg/L，平均为 0.25 mg/L。

（7）无机磷

2010 年夏季，珍珠湾附近海域各站位无机磷含量差异不大，平均为 0.010 mg/L。整个海区无机磷含量空间分布趋势不明显；秋季 01 号站位和 04 号站位无机磷含量为 0.010 mg/L，其他站位均未检出；冬季和春季除了 01 号站位无机磷含量为 0.010 mg/L 外，其他站位均未检出（见图 3 - 25 ~ 3 - 28）。全年，珍珠湾附近海域无机磷含量非常低，大部分站位均未检出无机磷。

（8）无机氮

2010 年夏季，珍珠湾附近海域无机氮含量变化范围为 0.01 ~ 0.09 mg/L，平均为 0.06 mg/L；秋季，无机氮含量变化范围为 0.02 ~ 0.04 mg/L，平均为 0.03 mg/L；冬季无机氮含量变化范围为 0.02 ~ 0.14 mg/L，平均为 0.05 mg/L；2011 年春季，珍珠湾无机氮含量变化范围为 0.05 ~ 0.14 mg/L，平均为 0.08 mg/L。各季节无机氮含量均为近岸高外海低（见图 3 - 29 ~ 3 - 32）。全年，珍珠湾附近海域无机氮含量变化范围为 0.04 ~ 0.10 mg/L，平均为 0.05 mg/L。全年及各季节各站位无机氮含量均符合一类海水水质标准。

（9）铜

2010 年夏季，珍珠湾附近海域铜含量变化范围为 1.8 ~ 3.5 μg/L，平均为 2.5 μg/L，空间分布趋势不明显；秋季，铜含量变化范围为 1.0 ~ 2.3 μg/L，平均为 1.5 μg/L，铜含量分布自东北向西南递减；冬季，铜含量变化范围为 0.1 ~ 0.8 μg/L，平均为 0.4 μg/L，总的分布趋势为自东向西递减；2011 年春季，铜含量变化范围为 2.9 ~ 4.2 μg/L，平均为 3.5 μg/L，分布趋势不明显（见图 3 - 33 ~ 3 - 36）。全年，珍珠湾附近海域铜含量变化范围为 1.8 ~ 2.2 μg/L，平均为 2.0 μg/L，各季节各站位铜含量均符合一类海水水质标准。

（10）铅

2010 年夏季，珍珠湾附近海域铅含量变化范围为未检出 ~ 1.1 μg/L，超标率为 20.0%，平均含量为 0.6 μg/L，含量分布趋势不明显；秋季，铅含量变化范围为未检出~3.8 μg/L，平均含量为1.7 μg/L，为二类海水，其中40.0%的站位符合一类海水水质标准；冬季，铅含量各站位均未检出；2011年春季，铅含量变化范围为1.9~4.1 μg/L，各站位达到二类海水水质标准，平均含量为3.3 μg/L，总的分布趋势为由东向西递增。全年，珍珠湾附近海域铅含量变化范围为1.1~1.8 μg/L，平均为1.4 μg/L（见图3-37~3-40），达到二类海水水质标准，秋季和2011年春季铅含量均达到二类海水水质标准。

（11）锌

2010年夏季，珍珠湾附近海域锌含量变化范围为22.0~28.0 μg/L，各站位达到二类海水水质标准，平均含量为25.8 μg/L，含量空间分布趋势不明显，各站位含量相差不大；秋季，锌含量变化范围为7.0~12.0 μg/L，各站位均达到一类海水水质标准，平均含量为8.8 μg/L，湾外含量比湾内高；冬季，锌含量变化范围为未检出~230.0 μg/L，超标率为20.0%，平均含量为50.5 μg/L，在西北角有一高值区；2011年春季，锌含量变化范围为5.5~9.9 μg/L，各站位均达到一类海水水质标准，平均含量为7.4 μg/L，各站位含量相差不大（见图3-41~3-44）。全年，珍珠湾附近海域锌含量变化范围为10.5~66.9 μg/L，平均为23.1 μg/L，为二类海水。

（12）总铬

2010年夏季，珍珠湾附近海域总铬含量变化范围为未检出~0.5 μg/L，平均为0.1 μg/L，在5号站位有一高值区；秋季，总铬含量各站位间相差较大，变化范围为未检出~84.9 μg/L，平均为44.0 μg/L，总的分布趋势为自湾内向湾外递减；冬季，总铬含量变化范围为未检出~0.5 μg/L，平均为0.2 μg/L，分布趋势为自湾内向湾外递减；2011年春季，总铬含量变化范围为0.5~1.5 μg/L，平均为0.9 μg/L，高值区出现在湾口的5号站位（见图3-45~3-48）。全年，珍珠湾附近海域总铬含量变化范围为0.2~21.4 μg/L，平均含量为11.3 μg/L，各季节各站位总铬含量均未出现超一类海水水质现象。

（13）镉

2010年夏季，珍珠湾附近海域镉含量变化范围为0.05~0.11 μg/L，平均为0.08 μg/L，含量自西北向东南递增；秋季，除了1号站位和5号站位镉含量为0.03 μg/L外，其他站位均未检出，平均为0.01 μg/L；冬季，镉含量变化范围0.02~0.06 μg/L，平均为0.03 μg/L，各站位含量相差不大；2011年春季，镉含量变化范围为0.08~0.13 μg/L，平均为0.09 μg/L，最大值在5号站位，其他各站位均为0.08 μg/L（见图3-49~3-52）。全年，珍珠湾附近海域镉含量变化范围为0.05~0.07 μg/L，平均为0.05 μg/L，各季节各站位镉含量均未出现超一类海水水质现象。

（14）汞

2010年夏季，珍珠湾附近海域汞含量变化范围为0.038~0.084 μg/L，平均含量为

0.053 μg/L，为二类海水，其中40%的站位汞含量符合一类海水水质标准；秋季，汞含量变化范围为0.039～0.096 μg/L，平均含量为0.066 μg/L，为二类海水，其中20%的站位汞含量符合一类海水水质标准，最大值出现在1号站位；冬季，汞含量变化范围0.024～0.123 μg/L，平均含量为0.066 μg/L，为二类海水，其中60%的站位汞含量符合一类海水水质标准，分布趋势为湾内向湾外递增；2011年春季，汞含量变化范围为0.047～0.112 μg/L，平均含量为0.088 μg/L，为二类海水，其中20%的站位汞含量符合一类海水水质标准，在3号和4号站位分别出现一高值区（见图3-53～3-56）。全年，珍珠湾附近海域汞含量变化范围为0.051～0.079 μg/L，平均含量为0.068 μg/L，为二类海水，各季节汞平均含量均达到二类海水水质标准。

（15）砷

2010年夏季，珍珠湾附近海域砷含量变化范围为0.69～1.04 μg/L，平均含量为1.08 μg/L，东部含量低于西部；秋季砷含量变化范围为0.72～1.18 μg/L，平均含量为0.92 μg/L，湾外含量大于湾内；冬季，砷含量变化范围0.36～0.96 μg/L，平均含量为0.60 μg/L，湾内含量低，湾外含量分布西部大于东部；2011年春季，砷含量变化范围为0.70～1.18 μg/L，平均含量为0.90 μg/L，在湾口5号站位有一高值区（见图3-57～3-60）。全年，珍珠湾附近海域砷含量变化范围为0.72～1.02 μg/L，平均为0.88 μg/L，各季节各站位砷含量均符合一类海水水质标准。

（16）油类

2010年夏季，珍珠湾附近海域油类含量变化范围为0.004～0.017 mg/L，平均含量为0.012 mg/L，整个海区含量相差不大；秋季，油类含量变化范围为0.004～0.013 mg/L，平均为0.009 mg/L，和夏季相同，整个海区含量亦相差不大；冬季，油类含量变化范围0.010～0.015 mg/L，平均含量为0.012 mg/L，湾内高，湾外低；2011年春季，油类含量变化范围为0.018～0.098 mg/L，平均含量为0.037 mg/L，湾内高，湾外低（见图3-61～3-64）。全年，珍珠湾附近海域油类含量变化范围为0.012～0.056 mg/L，平均为0.017 mg/L，符合一类海水水质标准。

（17）农药残余

本次调查中狄氏剂均未有检出，滴滴涕在大部分站位均未有检出，故忽略不计。2010年夏季，珍珠湾海区多氯联苯含量各测站相差不大，平均为0.02 ng/L；秋季，珍珠湾海区只有2个站位检测到多氯联苯，平均为0.02 ng/L；冬季各站位均未检测到多氯联苯；春季，珍珠湾多氯联苯含量范围为未检出～0.15 ng/L，平均为0.04 ng/L，在4号站检测到最大值。全年整个珍珠湾农药残余含量较低。

3.3 企沙半岛沿岸水质调查结果与评价

2011年9月、2011年12月、2012年3月、2012年6月企沙半岛沿岸4个航次水质调查结果统计分别见表 3−7。

2011−2012 年企沙半岛沿岸 4 个航次各项水质指标的污染指数统计见表 3−8。

（1）pH 值

2011 年秋季，企沙半岛沿岸 pH 值变化范围为 7.82~8.11，平均为 7.98；冬季，pH 值变化范围为 8.09~8.22，平均为 8.15；2012 年春季，pH 值变化范围为 7.97~8.16，平均为 8.07；夏季，pH 值变化范围为 7.58~8.21，平均为 7.88。全年 pH 值变化范围为 7.87~8.17，平均为 8.02。在 4 个季度中冬季 pH 值最高，这可能由于冬季径流较少，pH 值受淡水的影响较小，同时浮游植物大量繁殖，消耗了大量的 CO_2，使 pH 值偏高（图 3−65）。各季节 pH 值均符合一类海水水质标准。

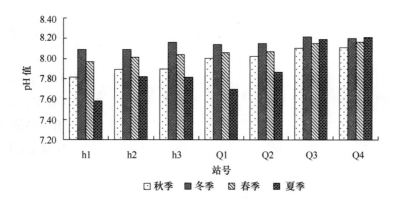

图 3−65　2011−2012 年企沙半岛海区 pH 时空变化

（2）溶解氧（DO）

2011 年秋季，企沙半岛沿岸 DO 含量变化范围为 5.58~6.62 mg/L，平均含量为 5.80 mg/L；冬季，变化范围为 8.03~8.80 mg/L，平均含量为 8.52 mg/L；2012 年春季，DO 变化范围为 7.54~8.29 mg/L，平均含量为 7.95 mg/L；夏季，DO 变化范围为 7.54~8.29 mg/L，平均含量为 6.27 mg/L。全年变化范围为 7.87~8.17 mg/L，平均为 7.14 mg/L（见图 3−66），各季节 DO 含量均符合一类海水水质标准。

（3）化学需氧量（COD）

2011 年秋季，企沙半岛沿岸 COD 含量变化范围为 0.64~1.74 mg/L，平均含量为 0.95 mg/L；冬季，COD 含量变化范围为 0.85~2.90 mg/L，平均含量为 1.32 mg/L，为一类海水，14.3% 的站位达到二类海水；2012 年春季，COD 含量变化范围为 0.84~1.16 mg/L，平均含量为 1.04 mg/L；夏季，COD 含量变化范围为 1.21~3.84 mg/L，平均为 1.83 mg/L，为一类海水，14.3% 的站位达到二类海水。全年 COD 含量变化范围为 0.95~2.06 mg/L，平均含量为 1.28 mg/L（见图 3−67）。各季节 COD 平均含量均符合一类海水水质标准。

表 3 - 7　2011 - 2012 年企沙半岛沿岸 4 个航次水质调查结果

项目	春季航次(2012 年)		夏季航次(2012 年)		秋季航次(2011 年)		冬季航次(2011 年)		全年
	范围	均值	范围	均值	范围	均值	范围	均值	均值
pH	7.97~8.16	8.07	7.58~8.21	7.88	7.82~8.11	7.98	8.09~8.22	8.15	8.02
溶解氧/mg·L^{-1}	7.54~8.29	7.95	7.54~8.29	6.27	5.58~6.62	5.80	8.03~8.80	8.52	7.14
COD/mg·L^{-1}	0.84~1.16	1.04	1.21~3.84	1.83	0.64~1.74	0.95	0.85~2.90	1.32	1.28
BOD$_5$/mg·L^{-1}	0.78~2.71	1.36	0.29~2.86	1.78	0.43~3.08	1.18	4.94~5.75	5.33	2.41
悬浮物/mg·L^{-1}	5.5~23.3	13.7	11.4~40.2	30.3	1.4~11.1	5.6	4.1~34.1	10.0	14.9
硅酸盐/mg·L^{-1}	0.15~0.41	0.28	0.02~1.64	0.74	0.36~0.75	0.46	0.04~0.31	0.16	0.41
无机磷/mg·L^{-1}	b~0.010	0.010	0.010~0.020	0.020	b~0.010	0.010	b~0.010	0.010	0.010
无机氮/mg·L^{-1}	0.23~0.41	0.31	0.01~0.57	0.27	0.08~0.21	0.13	0.02~0.09	0.07	0.20
铜/μg·L^{-1}	2.1~3.8	3.0	0.6~2.3	1.4	1.7~3.3	2.5	b~4.8	1.3	2.0
铅/μg·L^{-1}	0.1~2.7	1.70	0.2~1.4	0.80	b~3.7	0.90	b~2.4	0.50	1.00
锌/μg·L^{-1}	9.5~61.8	28.2	11.8~18.7	14.6	b~27.9	6.1	10.0~24.4	15.1	16.0
总铬/μg·L^{-1}	0.1~0.4	0.10	0.1	0.10	0.1~0.5	0.30	b	b	0.10
镉/μg·L^{-1}	b~0.15	0.04	0.02~0.19	0.06	0.07~0.18	0.12	b~0.05	0.03	0.06
汞/μg·L^{-1}	0.023~0.085	0.049	0.047~0.157	0.116	0.033~0.099	0.081	0.051~0.128	0.078	0.081
砷/μg·L^{-1}	0.26~0.79	0.41	0.06~1.17	0.67	0.27~0.85	0.70	0.39~0.74	0.57	0.59
油类/mg·L^{-1}	0.019~0.078	0.036	0.019~0.271	0.064	0.014~0.054	0.031	00.015~0.040	0.049	0.045

注:b 为未检出。

表 3-8 2011~2012 年企沙半岛沿岸 4 个航次各项水质指标污染指数

| 项目 | 春季航次（2012 年） | | 夏季航次（2012 年） | | 秋季航次（2011 年） | | 冬季航次（2011 年） | | 全年 |
	范围	均值	范围	均值	范围	均值	范围	均值	均值
COD	0.42~0.58	0.52	0.61~1.92	0.92	0.32~0.87	0.48	0.43~1.45	0.66	0.64
BOD_5	0.78~2.71	1.36	0.29~2.86	1.78	0.43~3.08	1.18	4.94~5.75	5.33	2.41
无机磷	b~0.67	0.67	0.67~1.33	1.33	b~0.67	0.67	b~0.67	0.67	0.67
无机氮	1.15~2.05	1.55	0.05~2.85	1.35	0.40~1.05	0.65	0.10~0.45	0.35	1.00
铜	0.42~0.76	0.60	0.12~0.46	0.28	0.34~0.66	0.50	b~0.96	0.26	0.40
铅	0.10~2.70	1.70	0.20~1.40	0.80	b~3.70	0.90	b~2.40	0.50	1.00
锌	0.48~3.09	1.41	0.59~0.94	0.73	b~1.40	0.31	0.50~1.22	0.76	0.80
总铬	b~0.01	b	b	b	b~0.01	0.01	b	b	b
镉	0.00~0.15	0.04	0.02~0.19	0.06	0.07~0.18	0.12	b~0.05	0.03	0.06
汞	0.46~1.70	0.98	0.94~3.14	2.32	0.66~1.98	1.62	1.02~2.56	1.56	1.62
砷	0.01~0.04	0.02	0.00~0.06	0.03	0.01~0.04	0.04	0.02~0.04	0.03	0.03
油类	0.38~1.56	0.72	0.38~5.42	1.28	0.28~1.08	0.62	0.30~0.80	0.98	0.90

注：b 为未检出。

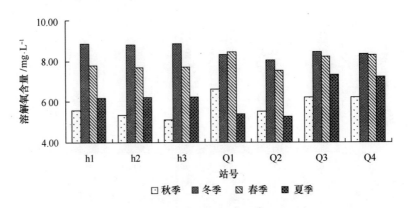

图 3 - 66　2011 - 2012 年企沙半岛海区溶解氧含量时空变化

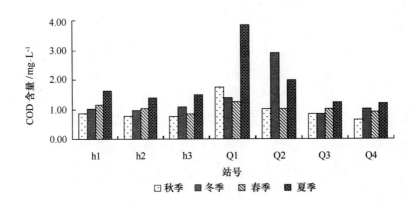

图 3 - 67　2011 - 2012 年企沙半岛海区 COD 含量时空变化

（4）生化需氧量（BOD₅）

2011 年秋季，企沙半岛沿岸 BOD₅ 含量变化范围为 0.43 ~ 3.08 mg/L，平均含量为 1.18 mg/L，为二类海水，其中 57.1% 站位的 BOD₅ 含量符合一类海水水质标准；冬季，BOD₅ 含量变化范围为 4.94 ~ 5.75 mg/L，平均含量为 5.33 mg/L，各站位 BOD₅ 含量均达到四类海水水质标准；2012 年春季，BOD₅ 含量变化范围为 0.78 ~ 2.71 mg/L，平均为 1.36 mg/L，为二类海水，其中 42.9% 站位的 BOD₅ 含量符合一类海水水质标准；夏季，BOD₅ 含量变化范围为 0.29 ~ 2.86 mg/L，平均含量为 1.78 mg/L，为二类海水，其中 28.6% 的站位符合一类海水水质标准。全年 BOD₅ 含量变化范围为 1.96 ~ 2.97 mg/L，平均含量为 2.41 mg/L（见图 3 - 68）。各季节除冬季外，BOD₅ 平均含量均达到二类海水水质标准；冬季 BOD₅ 含量达到四类海水水质标准，这表明该海区的有机污染严重。

（5）悬浮物

2011 年秋季，企沙半岛沿岸悬浮物含量变化范围为 1.4 ~ 11.1 mg/L，平均含量为

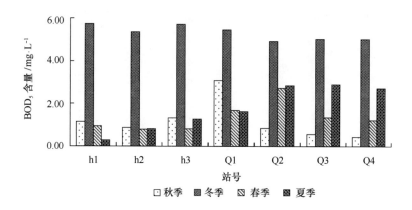

图 3 - 68　2011 - 2012 年企沙半岛海区 BOD$_5$ 含量时空变化

5. 6 mg/L，为一类海水，其中 14.3% 的站位悬浮物含量达到二类海水水质标准；冬季，悬浮物含量变化范围为 4. 1 ~ 34. 1 mg/L，超标率为 14.3%，平均含量为 10. 0 mg/L；2012 年春季，悬浮物含量变化范围为 5. 5 ~ 23. 3 mg/L，平均含量为 13. 7 mg/L，为一类海水，其中 14.3% 的站位达到二类海水水质标准；夏季，悬浮物含量变化范围为 11. 4 ~ 40. 2 mg/L，各站位均符合一类海水水质标准，平均含量为 30. 3 mg/L。全年悬浮物含量变化范围为 9. 9 ~ 13. 0 mg/L，平均含量为 14. 9 mg/L，符合二类海水水质标准（图 3 - 69），2011 年秋季和冬季悬浮物平均含量符合一类海水水质标准。

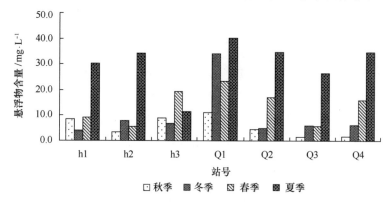

图 3 - 69　2011 - 2012 年企沙半岛海区悬浮物含量时空变化

（6）硅酸盐

2011 年秋季，企沙半岛海区硅酸盐含量变化范围为 0. 36 ~ 0. 75 mg/L，平均为 0. 46 mg/L；冬季，硅酸盐含量变化范围为 0. 04 ~ 0. 31 mg/L，平均为 0. 16 mg/L；2012 年春季，硅酸盐含量变化范围为 0. 15 ~ 0. 41 mg/L，平均为 0. 28 mg/L；夏季，硅酸盐含量变化范围为 0. 02 ~ 1. 64 mg/L，平均为 0. 74 mg/L。全年硅酸盐含量变化范围为 0. 15 ~ 0. 72，平均为 0. 41 mg/L（见图 3 - 70）。

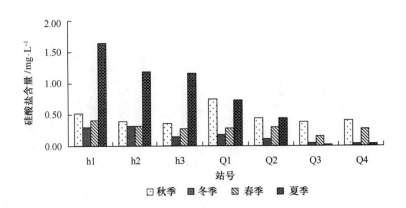

图 3 - 70 2011 - 2012 年企沙半岛海区硅酸盐含量时空变化

（7）无机磷

4 次调查，企沙半岛海区中无机磷含量较低，大部分站位均未检出无机磷，2011年秋季、冬季、2012 年春季，平均含量均为 0.010 mg/L，夏季，各站位无机磷含量在0.010~0.020 mg/L 之间。全年无机磷含量变化范围为未检出~0.020 mg/L，平均为0.010 mg/L。

除春、夏两季无机磷部分站位达到二类水质标准外，其余站位以及秋冬两季各站位无机磷含量均符合一类海水水质标准。从各季节磷的分布来看，主要表现为近岸高、外海低的特征，这可能与生物的生长活动、河流径流、城市污染排放有关。

（8）无机氮

2011 年秋季，企沙半岛海区无机氮含量变化范围为 0.05~0.21 mg/L，平均含量为0.13 mg/L，28.6% 的站位符合二类海水水质；冬季，无机氮含量变化范围为 0.02~0.09 mg/L，平均含量为 0.07 mg/L，均符合一类海水水质标准；2012 年春季，无机氮含量变化范围为 0.23~0.41 mg/L，平均含量为 0.31 mg/L，各站位无机氮含量均在二类海水水质标准以上，其中企沙 2 号站位达到 3 类海水水质标准；夏季，无机氮含量变化范围为 0.01~0.57 mg/L，平均含量为 0.27 mg/L，达到二类海水水质标准，其中42.9% 站位符合一类海水水质标准（见图 3 - 71）。全年无机氮含量变化范围为 0.08~0.32 mg/L，平均含量为 0.20 mg/L。

（9）铜

2011 年秋季，企沙半岛海区铜含量变化范围为 1.7~3.3 μg/L，平均为 2.5 μg/L；冬季，铜含量变化范围为未检出~4.8 μg/L，平均含量为 1.3 μg/L；2012 年春季，铜含量变化范围为 2.1~3.8 μg/L，平均含量为 3.0 μg/L；夏季，铜含量变化范围为 0.6~2.3 μg/L，平均含量为 1.4 μg/L。全年铜含量变化范围为 1.4~2.8 μg/L，平均为2.0 μg/L，各季节铜含量均符合一类海水水质标准（见图 3 - 72）。

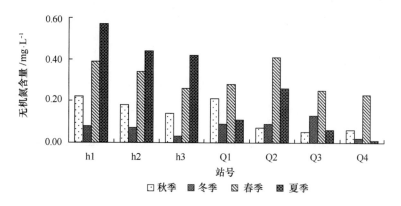

图 3 - 71　2011 - 2012 年企沙半岛海区无机氮含量时空变化

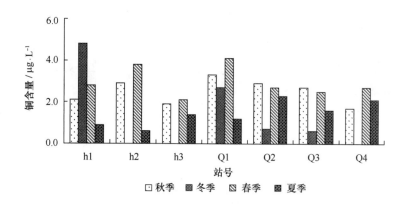

图 3 - 72　2011 - 2012 年企沙半岛海区铜含量时空变化

（10）铅

2011 年秋季，企沙半岛海区铅含量变化范围为未检出 ~ 3.7 μg/L，平均含量为 0.9 μg/L，为一类海水，其中 42.9% 的站位达到二类海水水质标准；冬季，铅含量变化范围为未检出 ~ 2.4 μg/L，平均含量为 0.5 μg/L，为一类海水，其中 14.3% 的站位达到二类海水水质标准；2012 年春季，铅含量变化范围为 0.1 ~ 2.7 μg/L，平均含量为 1.7 μg/L，为二类海水，其中 28.6% 的站位符合一类海水水质标准；夏季，铅含量变化范围为 0.2 ~ 1.4 μg/L，平均含量为 0.8 μg/L，为一类海水，其中 28.6% 的站位达到二类海水水质标准。全年铅含量变化范围为 0.4 ~ 1.6 μg/L，平均含量为 1.0 μg/L，符合一类海水水质标准（见图 3 - 73）。

（11）锌

2011 年秋季，企沙半岛海区锌含量变化范围为未检出 ~ 27.9 μg/L，平均含量为 6.1 μg/L，为一类海水，其中 14.3% 的站位达到二类海水水质标准；冬季，锌含量变化范围为 10.0 ~ 24.4 μg/L，平均含量为 15.1 μg/L；2012 年春季，锌含量变化范围为

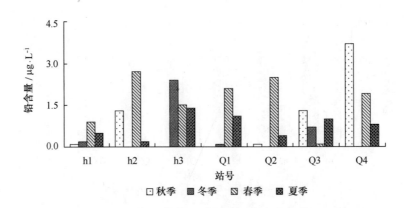

图 3-73 2011-2012 年企沙半岛海区铅含量时空变化

9.5~61.8 μg/L，平均含量为 28.2 μg/L，为二类海水，其中有 57.1% 的站位符合一类海水水质标准；夏季，锌含量变化范围为 11.8~18.7 μg/L，平均含量为 14.6 μg/L，各站均符合一类海水水质标准（图 3-74）。全年锌含量变化范围为 10.7~23.0 μg/L，平均含量为 16.0 μg/L，符合一类海水水质标准。

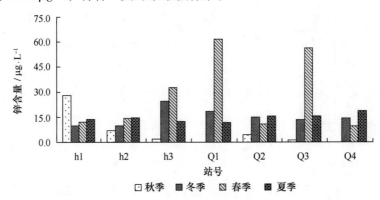

图 3-74 2011-2012 年企沙半岛海区锌含量时空变化

（12）总铬

2011 年秋季，企沙半岛海区总铬含量变化范围为 0.1~0.5 μg/L，平均含量为 0.3 μg/L；冬季，总铬在各站位均未检出；2012 年春季，总铬仅在红沙 h2 号和企沙 Q4 号站检出，分别为 0.4 μg/L 和 0.1 μg/L，平均含量为 0.1 μg/L；夏季，珍珠湾附近海域总铬在红沙 h3 号、企沙的 Q1 号和 Q3 号站有检出，均为 0.1 μg/L（见图 3-75）。全年总铬含量变化范围为 0.1~0.2 μg/L，平均为 0.1 μg/L，各季节总铬含量均符合一类海水水质标准。

（13）镉

2011 年秋季，企沙半岛海区镉含量变化范围为 0.07~0.18 μg/L，平均含量为

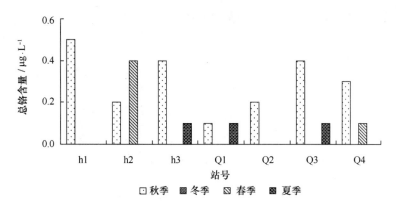

图3-75　2011-2012年企沙半岛海区总铬含量时空变化

0.12 μg/L；冬季，镉含量变化范围为未检出~0.05 μg/L，平均含量为0.03 μg/L；
2012年春季，镉含量变化范围为未检出~0.15 μg/L，平均含量为0.04 μg/L；夏季，
镉含量变化范围为0.02~0.19 μg/L，平均含量为0.06 μg/L（图3-76）。全年镉含量
变化范围为0.03~0.11 μg/L，平均含量为0.06 μg/L，各季节镉含量均符合一类海水
水质标准。

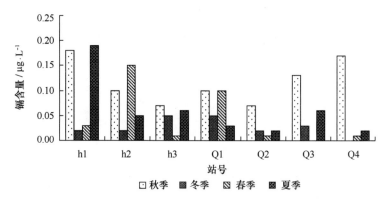

图3-76　2011-2012年企沙半岛海区镉含量时空变化

（14）汞

2011年秋季，企沙半岛海区汞含量变化范围为0.033~0.099 μg/L，平均含量为
0.081 μg/L，为二类海水，其中14.3%的站位汞含量符合一类海水水质标准；冬季，
汞含量变化范围为0.051~0.128 μg/L，平均含量为0.078 μg/L，为二类海水，其中有
57.1%的站位符合一类海水水质标准；2012年春季，汞含量变化范围为0.023~0.085
μg/L，平均含量为0.049 μg/L，为一类海水，其中42.9%的站位达到二类海水水质标
准；夏季，汞含量变化范围为0.047~0.157 μg/L，平均含量为0.116 μg/L，为二类海
水，仅有14.3%的站位汞含量符合一类海水水质标准（见图3-77）。全年汞含量变化

范围为 0.053 ~ 0.104 μg/L, 平均含量为 0.081 μg/L, 为二类海水。

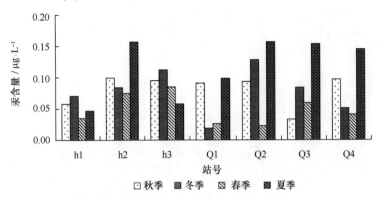

图 3 - 77　2011 - 2012 年企沙半岛海区汞含量时空变化

（15）砷

2011 年秋季, 企沙半岛海区砷含量变化范围为 0.27 ~ 0.85 μg/L, 平均含量为 0.70 μg/L; 冬季, 砷含量变化范围为 0.39 ~ 0.74 μg/L, 平均含量为 0.57 μg/L; 2012 年春季, 砷含量变化范围为 0.26 ~ 0.79 μg/L, 平均含量为 0.41 μg/L; 夏季, 砷含量变化范围为 0.06 ~ 1.17 μg/L, 平均含量为 0.67 μg/L（图 3 - 78）。全年砷含量变化范围为 0.25 ~ 0.80 μg/L, 平均含量为 0.59 μg/L, 各季节各站位砷含量均符合一类海水水质标准。

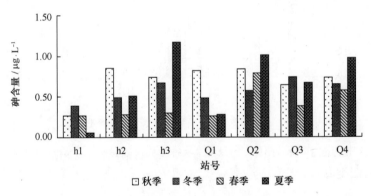

图 3 - 78　2011 - 2012 年企沙半岛海区砷含量时空变化

（16）油类

2011 年秋季, 企沙半岛海区油类含量变化范围为 0.014 ~ 0.054 mg/L, 平均含量为 0.031 mg/L; 冬季, 油类含量变化范围为 0.015 ~ 0.040 mg/L, 平均含量为 0.049 mg/L; 2012 年春季, 油类含量变化范围为 0.019 ~ 0.078 mg/L, 平均含量为 0.036 mg/L; 夏季, 油类含量变化范围为 0.019 ~ 0.271 mg/L, 平均含量为 0.064 mg/L

（见图 3 – 79）。全年油类含量变化范围为 0.016 ~ 0.108 mg/L，平均含量为 0.045 mg/L，各季节企沙的 Q1 号和 Q2 号站含量均较高。

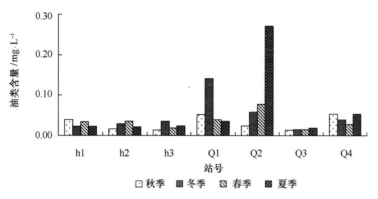

图 3 – 79　2011 – 2012 年企沙半岛海区油类含量时空变化

（17）农药残余

调查中狄氏剂、多氯联苯均未有检出；滴滴涕在大部分站位均未有检出，故忽略不计。

3.4　水质现状小结

综上所述，调查海域海水中的 pH 值、溶解氧均符合一类海水水质标准。调查结果显示，pH 值的分布及变化主要受到河流径流的影响，其次与生物的活动亦有一定的关系。溶解氧的分布及变化主要受温度和盐度的影响，各季节均表现为近岸低外海高的特征。

调查海域 COD 含量多数符合一类海水水质标准，存在部分站位达到二类水质标准。COD 含量高值区主要在防城江口和近岸处，可能是因防城港市近岸的工业和城市人类活动所致。

调查海区中，企沙半岛海区 BOD_5 含量各季节均达到二类海水水质标准，其中冬季 BOD_5 含量为四类海水，全年均值高于其他两个海区，防城港湾海区 BOD_5 含量在夏季和秋季达到二类海水水质标准，珍珠湾海区在夏季 BOD_5 含量达到二类海水水质标准。全年企沙半岛海区 BOD_5 均比其他海区较高，表明该海区的有机污染比其他海区严重。

春季和夏季，企沙半岛海区悬浮物达到二类海水水质标准；防城港湾海区悬浮物含量在夏季达到二类海水水质标准外，其余季节均达到一类海水水质标准；珍珠湾海区悬浮物含量各季节均符合一类海水水质标准。夏季悬浮物的分布主要受河流径流的影响较大。

营养盐主要受生物的生长活动、河流径流、城市污染排放的影响。3 个海区各季节无机磷含量除了防城港湾海区夏季达二类海水水质标准外，其余各季节均符合一类海水水质标准。

3个海区中，无机氮含量在企沙半岛海区含量最高，春季和夏季均达到二类海水水质标准。受径流的影响，防城江口各季节均较高。

调查海域海水中砷、镉、总铬均符合一类海水水质标准；除防城港湾海区春、夏两季存在部分站位达到二类海水水质标准外，其余调查海域海水中铜均符合一类海水水质标准。

本次调查，防城港市海域主要的重金属污染来自铅、汞、锌。

铅在春季平均含量最大，整个防城港海域铅含量达到二类海水水质标准；夏季，防城港湾海区铅含量达到二类海水水质标准；秋季，珍珠湾海区和防城港湾海区铅含量达到二类海水水质标准；冬季在防城港湾海区铅含量也达到二类海水水质标准。

春季，红沙与企沙海区锌含量达到二类海水水质标准，其他区域均符合一类海水水质标准；夏季除防城港湾、珍珠湾海区锌含量达到二类海水水质标准外，其他区域均符合一类海水水质标准；秋季，整个防城港海域锌含量符合一类海水水质标准；冬季，防城港湾、珍珠湾海区锌含量符合二类海水水质标准，红沙和企沙海区锌含量符合一类海水水质标准。

调查海域海水中汞的潜在生态危害较大，除了春季企沙和红沙海区汞含量符合一类海水水质标准外，其他季节各海区汞含量均达到二类海水水质标准。

油类污染在防城港湾和珍珠湾海区不严重，夏季，在红沙和企沙海区油类含量较大，油类含量达到二类海水水质标准。

调查海域海水中农药残余均符合一类海水水质标准。

第4章 海洋沉积物质量现状

4.1 防城港湾和珍珠湾附近海域沉积物调查结果与评价

2010 年防城港湾和珍珠湾两次沉积物质量调查结果统计如表 4 – 1 所示。沉积物评价采用单因子评价法，评价标准采用一类海洋沉积物质量标准（GB 18668 – 2000）。沉积物质量各项指标的污染指数如表 4 – 2 所示。

表 4 – 1 2010 年防城港湾和珍珠湾附近海域沉积物质量调查结果统计

项目	夏季		冬季		全年	
					防城港湾	珍珠湾
	范围	均值	范围	均值	均值	均值
铜/10^{-6}	2.7 ~ 50.9	13.6	2.6 ~ 38.9	15.3	20.2	2.9
铅/10^{-6}	4.9 ~ 97.7	22.8	5.7 ~ 60.1	25.0	32.3	7.1
锌/10^{-6}	16.0 ~ 156.0	48.0	12.3 ~ 113.6	34.8	54.4	15.5
总铬/10^{-6}	8.1 ~ 65.2	24.5	6.9 ~ 47.9	21.2	29.9	8.7
镉/10^{-6}	0.01 ~ 0.45	0.10	0.02 ~ 0.44	0.21	0.18	0.10
砷/10^{-6}	2.83 ~ 15.89	7.42	2.88 ~ 26.93	10.19	11.41	3.59
汞/10^{-6}	0.010 ~ 0.140	0.040	0.003 ~ 0.148	0.060	0.068	0.015
油类/10^{-6}	6.1 ~ 1 292.9	299	2.8 ~ 943.7	219.6	355.7	67.8
硫化物/10^{-6}	0.15 ~ 5.35	1.41	b ~ 58.96	12.89	8.51	4.42
有机碳/10^{-2}	0.06 ~ 2.22	0.56	0.07 ~ 2.54	0.73	0.91	0.11
多氯联苯/10^{-6}	b ~ 0.009 0	0.003 0	0.001 0 ~ 0.005 0	0.002 0	0.003 0	0.002 0
狄氏剂/10^{-6}	b	b	b	b	b	b
滴滴涕/10^{-6}	b ~ 0.011 2	0.002 5	b ~ 0.030 8	0.006 8	0.006 8	0.003

注：b 为未检出。

表4－2　2010年防城港湾和珍珠湾附近海域沉积物污染指数

项目	夏季		冬季		全年	
					防城港湾	珍珠湾
	范围	均值	范围	均值	均值	均值
铜	0.08～1.45	0.39	0.07～1.11	0.44	0.58	0.08
铅	0.08～1.63	0.38	0.10～1.00	0.42	0.54	0.12
锌	0.11～1.04	0.32	0.08～0.76	0.23	0.36	0.10
总铬	0.10～0.82	0.31	0.09～0.60	0.27	0.37	0.11
镉	0.02～0.90	0.20	0.04～0.88	0.42	0.36	0.20
砷	0.14～0.79	0.37	0.14～1.35	0.51	0.57	0.18
汞	0.05～0.70	0.20	0.02～0.74	0.30	0.34	0.08
油类	0.01～2.59	0.60	0.01～1.89	0.44	0.71	0.14
硫化物	b～0.02	b	b～0.20	0.04	0.03	0.01
有机碳	0.03～1.11	0.28	0.04～1.27	0.37	0.46	0.06
多氯联苯	b～0.45	0.15	0.05～0.25	0.10	0.15	0.10
狄氏剂	b	b	b	b	b	b
滴滴涕	0.00～0.56	0.13	0.00～1.54	0.34	0.34	0.15

注：b为未检出。

（1）铜

夏季，珍珠湾附近海域防城港湾和珍珠湾附近海域沉积物中铜含量的变化范围为 $2.7 \times 10^{-6} \sim 50.9 \times 10^{-6}$，平均值为 13.6×10^{-6}，符合一类海洋沉积物质量标准，其中防城港湾的06号站铜含量达到二类海洋沉积物质量标准（见图4－1）。

冬季，防城港湾和珍珠湾附近海域沉积物中铜含量的变化范围为 $2.6 \times 10^{-6} \sim 38.9 \times 10^{-6}$，平均值为 15.3×10^{-6}，符合一类海洋沉积物质量标准，其中防城港湾的06号和08号站达到二类海洋沉积物质量标准（见图4－1）。

全年，防城港湾和珍珠湾附近海域沉积物中铜含量的变化范围为 $2.8 \times 10^{-6} \sim 43.4 \times 10^{-6}$，平均值为 14.4×10^{-6}，其中珍珠湾平均值为 2.9×10^{-6}，防城港湾平均值为 20.2×10^{-6}，均符合一类海洋沉积物质量标准。

（2）铅

夏季，防城港湾和珍珠湾附近海域沉积物中铅含量的变化范围为 $4.9 \times 10^{-6} \sim 97.7 \times 10^{-6}$，平均值为 22.8×10^{-6}，符合一类海洋沉积物质量标准，其中防城港湾的06号站铅含量达到二类海洋沉积物质量标准。

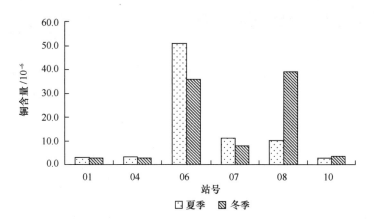

图 4 – 1　防城港湾和珍珠湾附近海域沉积物中铜含量分布状况

冬季，防城港湾和珍珠湾附近海域沉积物中铅含量的变化范围为 $5.7 \times 10^{-6} \sim 60.1 \times 10^{-6}$，平均值为 25.0×10^{-6}，符合一类海洋沉积物质量标准，其中防城港湾 08 号站铅含量达到二类海洋沉积物质量标准（图 4 – 2）。

全年，防城港湾和珍珠湾附近海域沉积物中铅含量的变化范围为 $5.8 \times 10^{-6} \sim 71.5 \times 10^{-6}$，平均值为 23.9×10^{-6}，其中珍珠湾平均值为 7.1×10^{-6}，防城港湾平均值为 32.3×10^{-6}，均符合一类海洋沉积物质量标准。

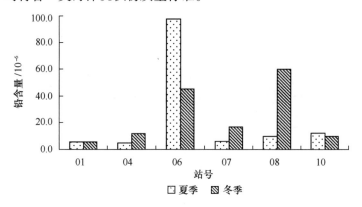

图 4 – 2　防城港湾和珍珠湾附近海域铅含量分布状况

（3）锌

夏季，防城港湾和珍珠湾附近海域沉积物中锌含量的变化范围为 $16.0 \times 10^{-6} \sim 156.0 \times 10^{-6}$，平均值为 48.0×10^{-6}，符合一类海洋沉积物质量标准，其中防城港湾的 06 号站达到二类海洋沉积物质量标准。冬季，防城港湾和珍珠湾附近海域沉积物中锌含量的变化范围为 $12.3 \times 10^{-6} \sim 113.6 \times 10^{-6}$，平均值为 34.8×10^{-6}，各站位锌含量符合一类海洋沉积物质量标准（见图 4 – 3）。全年，防城港湾和珍珠湾附近海域沉积物中锌含量的变化范围为 $14.2 \times 10^{-6} \sim 75.3 \times 10^{-6}$，平均值为 41.4×10^{-6}，其中珍珠湾平均值为 15.5×10^{-6}，防城港湾平均值为 54.4×10^{-6}，均符合一类海洋沉积物质量标准。

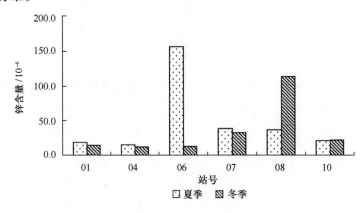

图 4-3　防城港湾和珍珠湾附近海域锌含量分布状况

（4）总铬

夏季，防城港湾和珍珠湾附近海域沉积物中总铬含量的变化范围为 $8.1 \times 10^{-6} \sim 65.2 \times 10^{-6}$，平均值为 24.5×10^{-6}，各站位总铬含量均符合一类海洋沉积物质量标准（图 4-4）。

冬季，防城港湾和珍珠湾附近海域沉积物中总铬含量的变化范围为 $6.9 \times 10^{-6} \sim 47.9 \times 10^{-6}$，平均值为 21.2×10^{-6}（图 4-4）。

全年，防城港湾和珍珠湾附近海域沉积物中总铬含量的变化范围为 $9.0 \times 10^{-6} \sim 56.6 \times 10^{-6}$，平均值为 22.8×10^{-6}，其中珍珠湾平均值为 8.7×10^{-6}，防城港湾平均值为 29.9×10^{-6}，各站位总铬含量均符合一类海洋沉积物质量标准。

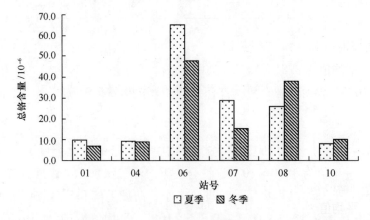

图 4-4　防城港湾和珍珠湾附近海域沉积物中总铬含量分布状况

（5）镉

夏季，防城港湾和珍珠湾附近海域沉积物中镉含量的变化范围为 0.01×10^{-6} ~ 0.45×10^{-6}，平均值为 0.10×10^{-6}（图 4-5）。

冬季，防城港湾和珍珠湾附近海域沉积物中镉含量的变化范围为 0.02×10^{-6} ~ 0.44×10^{-6}，平均值为 0.21×10^{-6}（图 4-5）。

全年，防城港湾和珍珠湾附近海域沉积物中镉含量的变化范围为 0.02×10^{-6} ~ 0.45×10^{-6}，平均值为 0.15×10^{-6}，其中珍珠湾平均值为 0.10×10^{-6}，防城港湾平均值为 0.18×10^{-6}，各站位镉含量均符合一类海洋沉积物质量标准。

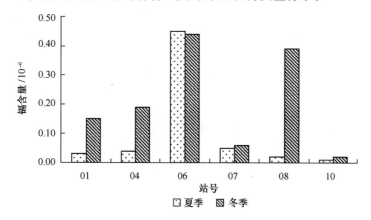

图 4-5　防城港湾和珍珠湾附近海域沉积物中镉含量分布状况

（6）砷

夏季，防城港湾和珍珠湾附近海域沉积物中砷含量的变化范围为 2.83×10^{-6} ~ 15.89×10^{-6}，平均值为 7.42×10^{-6}（见图 4-6）。

冬季，防城港湾和珍珠湾附近海域沉积物中砷含量的变化范围为 2.88×10^{-6} ~ 26.93×10^{-6}，平均值为 10.19×10^{-6}（见图 4-6）。

全年，防城港湾和珍珠湾附近海域沉积物中砷含量的变化范围为 3.06×10^{-6} ~ 21.41×10^{-6}，平均值为 8.81×10^{-6}，其中珍珠湾平均值为 3.59×10^{-6}，防城港湾平均值为 11.41×10^{-6}，各站位砷含量均符合一类海洋沉积物质量标准。

（7）汞

夏季，防城港湾和珍珠湾附近海域沉积物中汞含量的变化范围为 0.010×10^{-6} ~ 0.140×10^{-6}，平均值为 0.040×10^{-6}（见图 4-7）。

冬季，防城港湾和珍珠湾附近海域沉积物中汞含量的变化范围为 0.003×10^{-6} ~ 0.148×10^{-6}，平均值为 0.060×10^{-6}（见图 4-7）。

全年，防城港湾和珍珠湾附近海域沉积物中汞含量的变化范围为 0.007×10^{-6} ~ 0.144×10^{-6}，平均值为 0.050×10^{-6}，其中珍珠湾平均值为 0.015×10^{-6}，防城港湾平

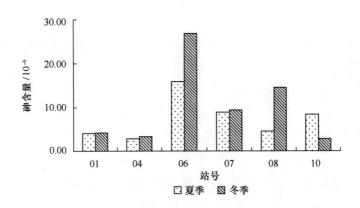

图 4 - 6　防城港湾和珍珠湾附近海域沉积物中砷含量分布状况

均值为 0.068×10^{-6}，各站位汞含量均符合一类海洋沉积物质量标准。

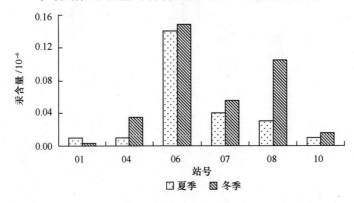

图 4 - 7　防城港湾和珍珠湾附近海域沉积物中汞含量分布状况

（8）油类

夏季，防城港湾和珍珠湾附近海域沉积物中油类含量的变化范围为 6.1×10^{-6} ~ $1\,292.9 \times 10^{-6}$，平均值为 299.0×10^{-6}，符合一类海洋沉积物质量标准，但防城江口 06 号站油类含量达到三类海洋沉积物质量标准（见图 4 - 8）。

冬季，防城港湾和珍珠湾附近海域沉积物中油类含量的变化范围为 2.8×10^{-6} ~ 943.7×10^{-6}，平均值为 219.6×10^{-6}，符合一类海洋沉积物质量标准，其中 08 号站油类含量达到二类海洋沉积物质量标准（见图 4 - 8）。

全年，防城港湾和珍珠湾附近海域沉积物中油类含量的变化范围为 4.5×10^{-6} ~ 749.9×10^{-6}，平均值为 259.7×10^{-6}，其中珍珠湾平均值为 67.8×10^{-6}，防城港湾平均值为 355.7×10^{-6}，除 06 号（夏季）和 08 号（冬季）站油类含量达到二类海洋沉积物质量标准外，其余站位均符合一类海洋沉积物质量标准。

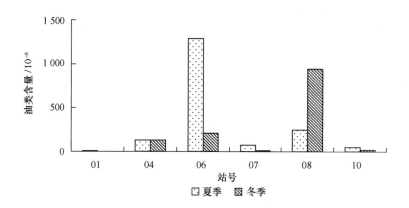

图 4 - 8　防城港湾和珍珠湾附近海域沉积物中油类含量分布状况

（9）硫化物

夏季，防城港湾和珍珠湾附近海域沉积物中硫化物含量的变化范围为 0.15×10^{-6} ~ 5.35×10^{-6}，平均值为 1.41×10^{-6}（图 4 - 9）。

冬季，防城港湾和珍珠湾附近海域沉积物中硫化物含量的变化范围为未检出 ~ 58.96×10^{-6}，平均值为 12.89×10^{-6}（图 4 - 9）。

全年，防城港湾和珍珠湾附近海域沉积物中硫化物含量的变化范围为 0.08×10^{-6} ~ 29.97×10^{-6}，平均值为 7.15×10^{-6}，其中珍珠湾平均值为 4.42×10^{-6}，防城港湾平均值为 8.51×10^{-6}，各站位硫化物含量均符合一类海洋沉积物质量标准。

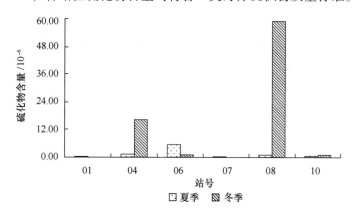

图 4 - 9　防城港湾和珍珠湾附近海域沉积物中硫化物含量分布状况

（10）有机碳

夏季，防城港湾和珍珠湾附近海域沉积物中有机碳含量的变化范围为 0.06×10^{-2} ~ 2.22×10^{-2}，平均值为 0.56×10^{-2}（见图 4 - 10）。

冬季，防城港湾和珍珠湾附近海域沉积物中有机碳含量的变化范围为 0.07×10^{-2}

$\sim 2.54 \times 10^{-2}$，平均值为 0.73×10^{-2}（图 4 – 10）。

全年，防城港湾和珍珠湾附近海域沉积物中有机碳含量的变化范围为 0.09×10^{-2} $\sim 2.38 \times 10^{-2}$，平均值为 0.64×10^{-2}，其中珍珠湾平均值为 0.11×10^{-2}，防城港湾平均值为 0.91×10^{-2}，各站位有机碳含量均符合一类海洋沉积物质量标准。

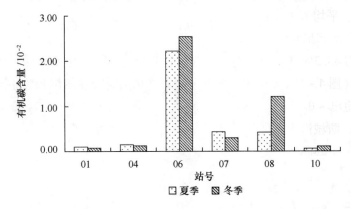

图 4 – 10　防城港湾和珍珠湾附近海域沉积物中有机碳含量分布状况

（11）多氯联苯

夏季，防城港湾和珍珠湾附近海域沉积物中多氯联苯含量的变化范围为未检出 $\sim$ $0.009\ 0 \times 10^{-6}$，平均值为 $0.003\ 0 \times 10^{-6}$，检出率为 50%。

冬季，防城港湾和珍珠湾附近海域沉积物中多氯联苯含量的变化范围为 $0.001\ 0 \times 10^{-6} \sim 0.005\ 0 \times 10^{-6}$，平均值为 $0.002\ 0 \times 10^{-6}$，检出率为 100%（图 4 – 11）。

全年，防城港湾和珍珠湾附近海域沉积物中多氯联苯含量的变化范围为未检出 $\sim$ $0.006\ 0 \times 10^{-6}$，平均值为 $0.003\ 0 \times 10^{-6}$，其中珍珠湾平均值为 $0.002\ 0 \times 10^{-6}$，防城港湾平均值为 $0.003\ 0 \times 10^{-6}$，各站位多氯联苯含量均符合一类海洋沉积物质量标准。

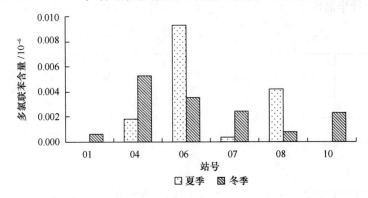

图 4 – 11　防城港湾和珍珠湾附近海域沉积物中多氯联苯含量分布状况

（12）狄氏剂

调查中各海区沉积物中狄氏剂均未检出。

（13）滴滴涕

夏季，防城港湾和珍珠湾附近海域沉积物中滴滴涕含量的变化范围为未检出 ~ $0.011\ 2 \times 10^{-6}$，平均值为 $0.002\ 5 \times 10^{-6}$，检出率为 50%；冬季，防城港湾和珍珠湾附近海域沉积物中滴滴涕含量的变化范围为未检出 ~ $0.030\ 8 \times 10^{-6}$，平均值为 $0.006\ 8 \times 10^{-6}$，检出率为 83.3%，符合一类海洋沉积物质量标准，其中 6 号站达到二类海洋沉积物质量标准（图 4 - 12）。全年，防城港湾和珍珠湾附近海域沉积物中滴滴涕含量的变化范围为未检出 ~ $0.021\ 0 \times 10^{-6}$，平均值为 $0.004\ 6 \times 10^{-6}$，其中珍珠湾平均值为 $0.003\ 0 \times 10^{-6}$，防城港湾平均值为 $0.006\ 8 \times 10^{-6}$。

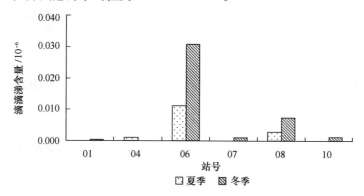

图 4 - 12　防城港湾和珍珠湾附近海域沉积物中滴滴涕含量分布状况

4.2　企沙半岛沿岸沉积物调查结果与评价

2011 年企沙半岛沿岸两次沉积物质量调查结果统计如表 4 - 3 所示。

表 4 - 3　2011 年企沙半岛沿岸沉积物质量调查结果统计

项目	春季		秋季		全年	
					红沙	企沙
	范围	均值	范围	均值	均值	均值
铜/10^{-6}	5.7 ~ 206.1	59.6	6.8 ~ 50.7	23.3	7.8	75.1
铅/10^{-6}	6.3 ~ 36.8	16.6	10.6 ~ 40.7	23.8	8.7	31.6
锌/10^{-6}	43.7 ~ 250.2	101.2	25.9 ~ 83.5	56.3	38.2	119.4
总铬/10^{-6}	13.9 ~ 49.6	33.3	8.7 ~ 92.7	42.1	15.9	59.5
镉/10^{-6}	0.01 ~ 0.42	0.14	0.03 ~ 0.35	0.14	0.04	0.24
砷/10^{-6}	3.64 ~ 16.05	10.33	3.25 ~ 12.15	7.09	5.00	12.42

续表

项目	夏季		冬季		全年	
					红沙	企沙
	范围	均值	范围	均值	均值	均值
汞/10⁻⁶	0.021 ~ 0.115	0.067	0.020 ~ 0.110	0.049	0.031	0.086
油类/10⁻⁶	5.1 ~ 436.0	189.7	3.5 ~ 653.2	296.0	6.6	479.1
硫化物/10⁻⁶	b ~ 307.15	93.11	b ~ 131.16	50.67	14.54	129.24
有机碳/10⁻²	0.14 ~ 0.76	0.42	0.16 ~ 1.28	0.64	0.19	0.87
多氯联苯/10⁻⁶	0.0010 ~ 0.0036	0.0023	b ~ 0.0034	0.0014	0.002	0.0016
狄氏剂/10⁻⁶	b	b	b	b	b	b
滴滴涕/10⁻⁶	0.0033 ~ 0.0290	0.0092	b ~ 0.0217	0.0072	0.0004	0.0159

注：b 为未检出。

沉积物评价采用单因子评价法，评价标准采用一类海洋沉积物质量标准（GB 18668－2002）。沉积物质量各项指标的污染指数如表 4－4 所示。

表 4－4　2011 年企沙半岛沿岸沉积物污染指数

项目	夏季		冬季		全年	
					红沙	企沙
	范围	均值	范围	均值	均值	均值
铜	0.16 ~ 5.89	1.70	0.19 ~ 1.45	0.67	0.22	2.15
铅	0.11 ~ 0.61	0.28	0.18 ~ 0.68	0.40	0.15	0.53
锌	0.29 ~ 1.67	0.67	0.17 ~ 0.56	0.38	0.25	0.80
总铬	0.17 ~ 0.62	0.42	0.11 ~ 1.16	0.53	0.20	0.74
镉	0.02 ~ 0.84	0.28	0.06 ~ 0.70	0.28	0.08	0.48
砷	0.18 ~ 0.80	0.52	0.16 ~ 0.61	0.35	0.25	0.62
汞	0.11 ~ 0.58	0.34	0.10 ~ 0.55	0.25	0.16	0.43
油类	0.01 ~ 0.87	0.38	0.01 ~ 1.31	0.59	0.01	0.96
硫化物	b ~ 1.02	0.31	b ~ 0.44	0.17	0.05	0.43
有机碳	0.07 ~ 0.38	0.21	0.08 ~ 0.64	0.32	0.10	0.44
多氯联苯	0.05 ~ 0.18	0.12	b ~ 0.17	0.07	0.10	0.08

注：b 为未检出。

（1）铜

2011 年春季，企沙半岛海区沉积物中铜含量的变化范围为 $5.7 \times 10^{-6} \sim 206.1 \times 10^{-6}$，平均值为 59.6×10^{-6}，符合二类海洋沉积物质量标准，其中企沙 Q2 号站位达到四类海洋沉积物质量标准（图 4 – 13）。

秋季，企沙半岛海区沉积物中铜含量的变化范围为 $6.8 \times 10^{-6} \sim 50.7 \times 10^{-6}$，平均值为 23.3×10^{-6}，符合一类海洋沉积物质量标准，其中企沙 Q2 号站位达到二类海洋沉积物质量标准（图 4 – 13）。

全年，企沙半岛海区沉积物中铜含量的变化范围为 $6.3 \times 10^{-6} \sim 128.4 \times 10^{-6}$，平均值为 41.5×10^{-6}，其中红沙海域平均值为 7.8×10^{-6}，企沙海域平均值为 75.1×10^{-6}，平均含量符合一类海洋沉积物质量标准。

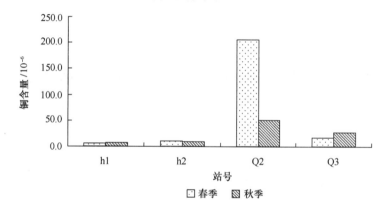

图 4 – 13　企沙半岛海区沉积物中铜含量分布状况

（2）铅

2011 年春季，企沙半岛海区沉积物中铅含量的变化范围为 $6.3 \times 10^{-6} \sim 36.8 \times 10^{-6}$，平均值为 16.6×10^{-6}，符合一类海洋沉积物质量标准（见图 4 – 14）。

秋季，企沙半岛海区沉积物中铅含量的变化范围为 $10.6 \times 10^{-6} \sim 40.7 \times 10^{-6}$，平均值为 23.8×10^{-6}，符合一类海洋沉积物质量标准（见图 4 – 14）。

全年，企沙半岛海区沉积物中铅含量的变化范围为 $8.5 \times 10^{-6} \sim 38.8 \times 10^{-6}$，平均值为 20.2×10^{-6}，其中红沙海域平均值为 8.7×10^{-6}，企沙海域平均值为 31.6×10^{-6}，均符合一类海洋沉积物质量标准。

（3）锌

2011 年春季，企沙半岛海区沉积物中锌含量的变化范围为 $43.7 \times 10^{-6} \sim 250.2 \times 10^{-6}$，平均值为 101.2×10^{-6}，符合一类海洋沉积物质量标准，其中企沙 Q2 号站达到二类沉积物质量标准。秋季，企沙半岛海区沉积物中锌含量的变化范围为 $25.9 \times 10^{-6} \sim 83.5 \times 10^{-6}$，平均值为 56.3×10^{-6}，均符合一类海洋沉积物质量标准

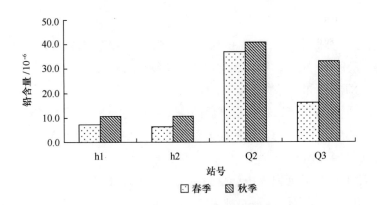

图 4 – 14　企沙半岛海区沉积物中铅含量分布状况

（见图 4 – 15）。

全年，企沙半岛海区沉积物中锌含量的变化范围为 $35.7 \times 10^{-6} \sim 166.9 \times 10^{-6}$，平均值为 78.8×10^{-6}，其中红沙海域平均值为 38.2×10^{-6}，企沙海域平均值为 119.4×10^{-6}，年平均含量均符合一类海洋沉积物质量标准。

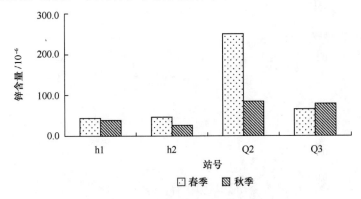

图 4 – 15　企沙半岛海区沉积物中锌含量分布状况

（4）总铬

2011 年春季，企沙半岛海区沉积物中总铬含量的变化范围为 $13.9 \times 10^{-6} \sim 49.6 \times 10^{-6}$，平均值为 33.3×10^{-6}。秋季，企沙半岛海区沉积物中总铬含量的变化范围为 $8.7 \times 10^{-6} \sim 92.7 \times 10^{-6}$，平均值为 42.1×10^{-6}，符合一类海洋沉积物质量标准，其中企沙 Q1 号站位达到二类海洋沉积物质量标准（见图 4 – 16）。全年，企沙半岛海区沉积物中总铬含量的变化范围为 $11.3 \times 10^{-6} \sim 71.2 \times 10^{-6}$，平均值为 37.7×10^{-6}，其中红沙海域平均值为 15.9×10^{-6}，企沙海域平均值为 59.5×10^{-6}，年平均含量符合一类海洋沉积物质量标准。

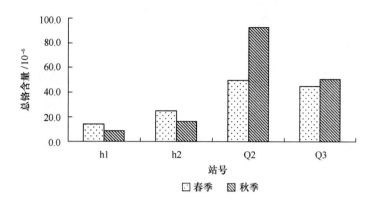

图 4 - 16　企沙半岛海区沉积物中总铬含量分布状况

（5）镉

2011 年春季，企沙半岛海区沉积物中镉含量的变化范围为 $0.01 \times 10^{-6} \sim 0.42 \times 10^{-6}$，平均值为 0.14×10^{-6}。秋季，企沙半岛海区沉积物中镉含量的变化范围为 $0.03 \times 10^{-6} \sim 0.35 \times 10^{-6}$，平均值为 0.14×10^{-6}（图 4 - 17）。全年，企沙半岛海区沉积物中镉含量的变化范围为 $0.02 \times 10^{-6} \sim 0.27 \times 10^{-6}$，平均值为 0.14×10^{-6}，其中红沙海域平均值为 0.04×10^{-6}，企沙海域平均值为 0.24×10^{-6}，均符合一类海洋沉积物质量标准。

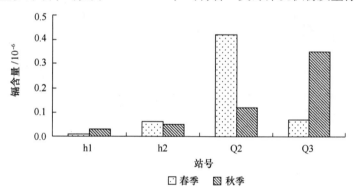

图 4 - 17　企沙半岛海区沉积物中镉含量分布状况

（6）砷

2011 年春季，企沙半岛海区沉积物中砷含量的变化范围为 $3.64 \times 10^{-6} \sim 16.05 \times 10^{-6}$，平均值为 10.33×10^{-6}，各站位砷含量符合一类海洋沉积物质量标准（见图 4 - 18）。

秋季，企沙半岛海区沉积物中砷含量的变化范围为 $3.25 \times 10^{-6} \sim 12.15 \times 10^{-6}$，平均值为 7.09×10^{-6}，各站位砷含量符合一类海洋沉积物质量标准（见图 4 - 18）。

全年，企沙半岛海区沉积物中砷含量的变化范围为 $3.45 \times 10^{-6} \sim 14.10 \times 10^{-6}$，平均值为 8.71×10^{-6}，其中红沙海域平均值为 5.00×10^{-6}，企沙海域平均值为 $12.42 \times$

10^{-6}，均符合一类海洋沉积物质量标准。

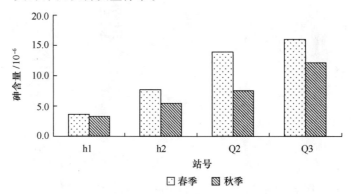

图 4 - 18　企沙半岛海区沉积物中砷含量分布状况

（7）汞

2011 年春季，企沙半岛海区沉积物中汞含量的变化范围为 $0.021 \times 10^{-6} \sim 0.115 \times 10^{-6}$，平均值为 0.067×10^{-6}，各站汞含量符合一类海洋沉积物质量标准（图 4 - 19）。

秋季，企沙半岛海区沉积物中汞含量的变化范围为 $0.020 \times 10^{-6} \sim 0.110 \times 10^{-6}$，平均值为 0.049×10^{-6}，各站汞含量符合一类海洋沉积物质量标准（图 4 - 19）。

全年，企沙半岛海区沉积物中汞含量的变化范围为 $0.021 \times 10^{-6} \sim 0.100 \times 10^{-6}$，平均值为 0.058×10^{-6}，其中红沙海域平均值为 0.031×10^{-6}，企沙海域平均值为 0.086×10^{-6}，均符合一类海洋沉积物质量标准。

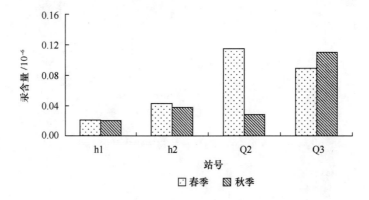

图 4 - 19　企沙半岛海区沉积物中汞含量分布状况

（8）油类

2011 年春季，企沙半岛海区沉积物中油类含量的变化范围为 $5.1 \times 10^{-6} \sim 436.0 \times 10^{-6}$，平均值为 189.7×10^{-6}；秋季，企沙半岛海区沉积物中油类含量的变化范围为 $3.5 \times 10^{-6} \sim 653.2 \times 10^{-6}$，平均值为 296.0×10^{-6}，符合一类海洋沉积物质量标准，其中企沙 Q2 号和 Q3 号站达到二类海洋沉积物质量标准（见图 4 - 20）。

全年，企沙半岛海区沉积物中油类含量变化范围为 $4.3 \times 10^{-6} \sim 544.6 \times 10^{-6}$，平均值为 242.8×10^{-6}，其中红沙海域平均值为 6.6×10^{-6}，企沙海域平均值为 479.1×10^{-6}。

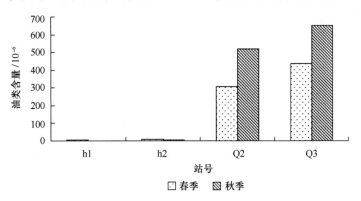

图 4 – 20　企沙半岛海区沉积物中油类含量分布状况

（9）硫化物

2011 年春季，企沙半岛海区沉积物中硫化物含量的变化范围为未检出 $\sim 307.15 \times 10^{-6}$，平均值为 93.11×10^{-6}；秋季，企沙半岛海区沉积物中硫化物含量的变化范围为未检出 $\sim 131.16 \times 10^{-6}$，平均值为 50.67×10^{-6}，各站硫化物含量符合一类海洋沉积物质量标准（图 4 –21）。全年，企沙半岛海区沉积物中硫化物含量的变化范围为未检出 $\sim 219.16 \times 10^{-6}$，平均值为 71.89×10^{-6}，其中红沙海域平均值为 14.54×10^{-6}，企沙海域平均值为 129.24×10^{-6}，均符合一类海洋沉积物质量标准。

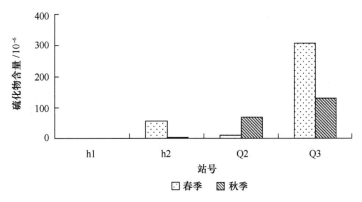

图 4 – 21　企沙半岛海区沉积物中硫化物含量分布状况

（10）有机碳

2011 年春季，企沙半岛海区沉积物中有机碳含量的变化范围为 $0.14 \times 10^{-2} \sim 0.76 \times 10^{-2}$，平均值为 0.42×10^{-2}；秋季，企沙半岛海区沉积物中有机碳含量的变化范围为 $0.16 \times 10^{-2} \sim 1.28 \times 10^{-2}$，平均值为 0.64×10^{-2}（见图 4 –22）。全年，企沙半岛海

区沉积物中有机碳含量的变化范围为 $0.15 \times 10^{-2} \sim 0.92 \times 10^{-2}$，平均值为 0.53×10^{-2}，其中红沙海域平均值为 0.19×10^{-2}，企沙海域平均值为 0.87×10^{-2}，均符合一类海洋沉积物质量标准。

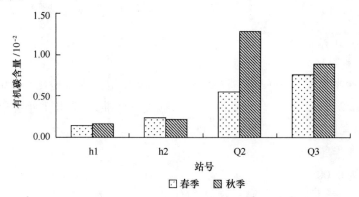

图 4 - 22　企沙半岛海区沉积物中有机碳含量分布状况

（11）多氯联苯

2011 年春季，企沙半岛海区沉积物中多氯联苯含量的变化范围为 $0.001\,0 \times 10^{-6} \sim 0.003\,6 \times 10^{-6}$，平均值为 $0.002\,3 \times 10^{-6}$，检出率为 100%，各站多氯联苯含量符合一类海洋沉积物质量标准（图 4 - 23）。

秋季，企沙半岛海区沉积物中多氯联苯含量的变化范围为未检出 $\sim 0.003\,4 \times 10^{-6}$，平均值为 $0.001\,4 \times 10^{-6}$，各站多氯联苯含量符合一类海洋沉积物质量标准（图 4 - 23）。

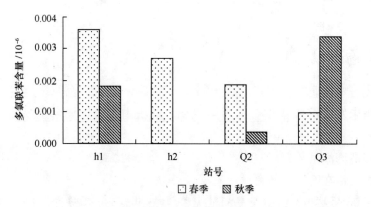

图 4 - 23　企沙半岛海区沉积物中多氯联苯含量分布状况

全年，企沙半岛海区沉积物中多氯联苯含量的变化范围为 $0.001\,1 \times 10^{-6} \sim 0.002\,7 \times 10^{-6}$，平均值为 $0.001\,8 \times 10^{-6}$，其中红沙海域平均值为 $0.002\,0 \times 10^{-6}$，企沙海域平均值为 $0.001\,6 \times 10^{-6}$，均符合一类海洋沉积物质量标准。

（12）狄氏剂

调查中各海区沉积物中狄氏剂均未检出。

（13）滴滴涕

2011 年春季，企沙半岛海区沉积物中滴滴涕含量的变化范围为 $0.003\ 3 \times 10^{-6} \sim$ $0.029\ 0 \times 10^{-6}$，平均值为 $0.009\ 2 \times 10^{-6}$，符合一类海洋沉积物质量标准，其中企沙 Q2 号站滴滴涕含量达到二类海洋沉积物标准（图 4 – 24）。

秋季，企沙半岛海区沉积物中滴滴涕含量的变化范围为未检出 $\sim 0.021\ 7 \times 10^{-6}$，平均值为 $0.007\ 2 \times 10^{-6}$，符合一类海洋沉积物质量标准，与 2011 年春季一样，企沙 Q2 号站滴滴涕含量达到二类海洋沉积物标准（图 4 – 24）。

全年，企沙半岛海区沉积物中滴滴涕含量的变化范围为 $0.000\ 2 \times 10^{-6} \sim 0.025\ 4 \times 10^{-6}$，平均值为 $0.008\ 2 \times 10^{-6}$，其中红沙海域平均值为 $0.000\ 4 \times 10^{-6}$，企沙海域平均值为 $0.015\ 9 \times 10^{-6}$。

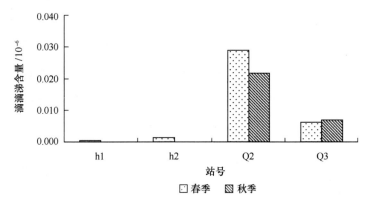

图 4 – 24　企沙半岛海区沉积物中滴滴涕含量分布状况

4.3　沉积物现状小结

综上所述，本次调查，沉积物重金属污染主要出现在防城港湾、红沙和企沙海区近岸，珍珠湾未发现沉积物重金属污染现象。沉积物中重金属污染物主要为铜、铅、锌、总铬。

铜在防城港湾海区 06 号和 08 号站位，在企沙半岛海区的 2 号站均达到二类海洋沉积物质量标准。铅在防城港湾海区 06 号和 08 号站达到二类海洋沉积物质量标准。锌在防城港湾海区 06 号站位，企沙半岛海区的 02 号站均达到二类海洋沉积物质量标准。总铬在企沙 Q1 号站达到二类海洋沉积物质量标准。

沉积物油类污染主要出现在防城港湾、企沙半岛海区近岸，珍珠湾未发现沉积物油类污染现象。在防城港湾海区 06 号、08 号站以及红沙与企沙半岛海区的 Q2 号、Q3 号站沉积物油类含量均达到二类海洋沉积物质量标准。

沉积物中农药残余均符合一类海洋沉积物质量标准。

第5章 海洋生物与生物体质量现状

2010年6月、9月、12月、2011年3月对防城港湾及珍珠湾邻近海域进行了4个航次生态现状调查，2011年9月、12月、2012年3月、6月对企沙半岛邻近海域进行了4个航次生态现状调查，内容包括叶绿素a含量、浮游细菌数量分布、浮游植物数量分布、种类组成、群落结构和多样性特征等。分别对红沙、北仑河口、防城港湾海域潮间带动物进行了调查。采集了防城港湾、珍珠湾、企沙半岛海区中的鱼类、甲壳类和软体动物类，对其进行生物体质量分析。本章通过对这些生态要素进行计算分析，旨在阐明防城港海域海洋生物生态环境的基本状况，为防城港海域的合理开发和可持续性发展提供科学依据。

5.1 海洋生物现状

5.1.1 叶绿素a

5.1.1.1 防城港湾海区叶绿素a含量分布及变化

2010年夏季，防城港湾叶绿素a含量变化范围为0.54~11.63 μg/L，平均为4.19 μg/L；秋季，防城港湾叶绿素a含量变化范围为0.87~8.61 μg/L，平均为1.01 μg/L；冬季，防城港湾叶绿素a含量变化范围为3.51~30.46 μg/L，平均为8.62 μg/L；春季，防城港湾叶绿素a含量变化范围为1.83~11.62 μg/L，平均为3.77 μg/L。各季节叶绿素a含量除秋季最大值出现在东湾的7号站外，其他季节最大值均出现在防城江口的6号站位，含量分布均为湾内大于湾外。全年，防城港湾叶绿素a含量变化范围为2.10~14.55 μg/L，平均为5.14 μg/L，各季节叶绿素a含量为冬季最高，夏季次之，秋季含量最低（见表5-1、图5-1~5-4）。

表5-1 防城港海域叶绿素a含量变化　　　　　　　　　　　　　　单位：μg/L

海区	夏季		秋季		冬季		春季		全年
	变化范围	平均值	变化范围	平均值	变化范围	平均值	变化范围	平均值	平均
防城港湾	0.54~11.63	4.19	0.87~8.61	1.01	3.51~30.46	8.62	1.83~11.62	3.77	5.14
珍珠湾	2.84~11.77	6.24	0.37~2.80	1.57	2.38~4.62	2.40	1.07~2.74	1.90	3.03
企沙和红沙	2.14~8.42	5.74	0.49~4.21	3.10	1.56~6.92	4.41	1.80~4.89	2.82	4.02

5.1.1.2　珍珠湾海区叶绿素 *a* 含量分布及变化

2010 年夏季，珍珠湾附近海区叶绿素 *a* 含量变化范围为 2.84 ~ 11.77 μg/L，平均为 6.24 μg/L，在湾口有最大值；秋季，珍珠湾附近海区叶绿素 *a* 含量变化范围为 0.37 ~ 2.80 μg/L，平均为 1.57 μg/L；冬季，珍珠湾附近海区叶绿素 *a* 含量变化范围 2.38 ~ 4.62 μg/L，平均为 2.40 μg/L；春季，珍珠湾叶绿素 *a* 含量变化范围为 1.07 ~ 2.74 μg/L，平均为 1.90 μg/L（图 5 - 1 ~ 5 - 4）。全年，珍珠湾海区叶绿素 *a* 含量变化范围为 2.15 ~ 4.69 μg/L，平均为 3.03 μg/L，各季节叶绿素 *a* 含量均由北向南递减。

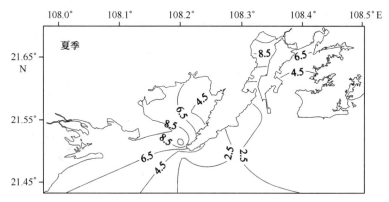

图 5 - 1　2010 年夏季防城港湾和珍珠湾海区叶绿素 *a* 含量分布（μg/L）

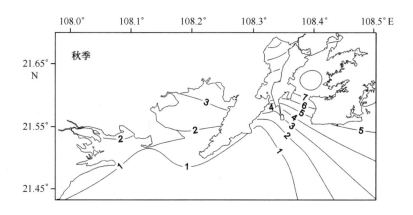

图 5 - 2　2010 年秋季防城港湾和珍珠湾海区叶绿素 *a* 含量分布（μg/L）

5.1.1.3　企沙半岛海区叶绿素 *a* 含量分布及变化

2011 年秋季，企沙半岛海区叶绿素 *a* 含量变化范围为 0.49 ~ 4.21 μg/L，平均为 3.10 μg/L；冬季，叶绿素 *a* 含量变化范围为 1.56 ~ 6.92 μg/L，平均为 4.41 μg/L；2012 年春季，叶绿素 *a* 含量变化范围为 1.80 ~ 4.89 μg/L，平均为 2.82 μg/L；2012 年夏季，叶绿素 *a* 含量变化范围为 2.14 ~ 8.42 μg/L，平均为 5.74 μg/L（见图 5 - 5）。

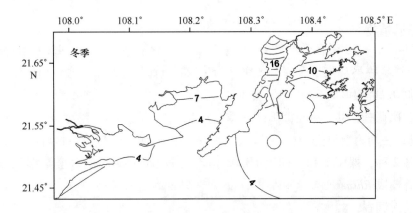

图 5 - 3　2010 年冬季防城港湾和珍珠湾海区叶绿素 a 含量分布（μg/L）

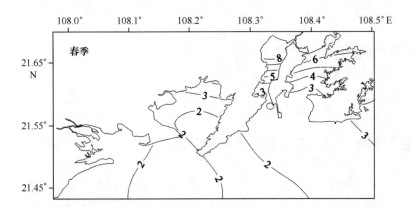

图 5 - 4　2011 年春季防城港湾和珍珠湾海区叶绿素 a 含量分布（μg/L）

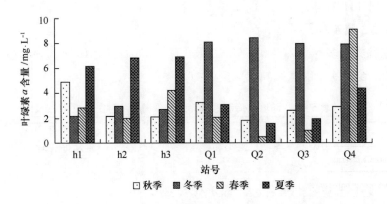

图 5 - 5　2011 - 2012 年企沙半岛海区叶绿素 a 含量时空变化

全年叶绿素 a 含量变化范围为 3.07 ~ 6.09 μg/L，平均为 4.02 μg/L，夏季含量最高，冬季次之，春季最低。

5.1.2　浮游植物

5.1.2.1　种类组成

（1）防城港湾和珍珠湾海区

夏季航次调查，共鉴定出浮游植物5门50属104种（含变种、变型），其中硅藻33属80种，占所有物种数的76.92%；甲藻12属19种，占所有物种数的18.27%，绿藻和金藻各2种，裸藻1种。硅藻门中，角毛藻属 *Chaetoceros* 的种类最多，共19种；其次为根管藻属 *Rhizosolenia*，有7种；舟形藻 *Navicula* 有6种。

秋季航次调查，共鉴定出浮游植物4门43属83种（含变种、变型），其中硅藻29属65种，占所有物种数的78.31%；甲藻10属14种，占所有物种数的16.87%，蓝藻和金藻各2种。硅藻门中，根管藻属 *Rhizosolenia* 的种类最多，共11种；其次为角毛藻属 *Chaetoceros* 和舟形藻属 *Navicula*，各7种。

冬季航次调查，共鉴定出浮游植物5门44属86种（含变种、变型），其中硅藻32属72种，占所有物种数的83.72%；甲藻8属10种，占所有物种数的11.63%，金藻2种，蓝藻和裸藻各1种。硅藻门中，根管藻属 *Rhizosolenia* 的种类最多，共9种；其次为舟形藻属 *Navicula*，有7种；角毛藻属 *Chaetoceros* 有6种。

春季航次调查，共鉴定出浮游植物4门40属71种（含变种、变型），其中硅藻26属57种（包含变种、变型），占所有物种数的80.28%；甲藻8属8种，占所有物种数的11.27%，金藻和绿藻各3属3种。硅藻门中，舟形藻属 *Navicula* 的种类最多，共10种；菱形藻属 *Chaetoceros* 和双眉藻属 *Amphorae* 次之，有5种。

全年4个航次，共鉴定出浮游植物6门70属175种（含变种、变型），以硅藻门为主，共45属141种，占所有物种数80.57%；甲藻15属23种，占所有物种数13.14%，绿藻3属4种，蓝藻和金藻各3属3种，裸藻1种。硅藻门中，角毛藻属 *Chaetoceros* 的种类最多，共24种；其次为舟形藻 *Navicula*，有16种；根管藻属 *Rhizosolenia* 有13种。全年4个航次共发现赤潮生物52种。

表5-2　防城港湾和珍珠湾海区浮游植物种类组成

种类	夏季	秋季	冬季	春季
异角毛藻 *Chaetoceros diversus*	+	+	+	
窄面角毛藻 *Chaetoceros paradoxus*			+	+
克尼角毛藻 *Chaetoceros knipowitschii*	+			
平滑角毛藻 *Chaetoceros laevis*	+			
窄隙角毛藻* *Chaetoceros affinis*	+			

种类	夏季	秋季	冬季	春季
丹麦角毛藻 *Chaetoceros danicus*	+			
大西洋角毛藻那不勒斯变种 *Chaetoceros atlanticus* var. *neapolitana*	+			
罗氏角毛藻 *Chaetoceros lauderi*	+	+		
饶胞角毛藻 *Chaetoceros cinctus*				
短胞角毛藻 *Chaetoceros brevis*	+			
齿角毛藻 *Chaetoceros denticulatus* f. *denticulatus*			+	
双胞角毛藻 *Chaetoceros didymus*	+			
秘鲁角毛藻 * *Chaetoceros peruvianum*	+		+	
海洋角毛藻 *Chaetoceros pelagicus*	+			
拟旋链角毛藻 * *Chaetoceros pseudocurvisetus*	+	+	+	
放射角毛藻 *Chaetoceros radians*	+			
垂缘角毛藻 * *Chaetoceros laciniosus*	+			
远距角毛藻 *Chaetoceros distan*	+	+		
卡氏角毛藻 *Chaetoceros castracanei*				+
扁面角毛藻 * *Chaetoceros compressu*	+			
范氏角毛藻 *Chaetoceros vanheurckii*	+	+		
印度角毛藻 *Chaetoceros indicus*		+		
洛氏角毛藻 * *Chaetoceros cellulosum*	+	+	+	+
小角毛藻 *Chaetoceros minutissimus*	+			+
翼鼻状藻 *Proboscia alata*		+	+	
刚毛根管藻 * *Rhizosolenia setigera*	+	+	+	
柔弱根管藻 * *Rhizosolenia delicatula*	+	+	+	
厚刺根管藻 *Rhizosolenia crassispin*				
脆根管藻 * *Rhizosolenia fragillissima*	+	+	+	+
中华根管藻 *Rhizosolenia sinensis*	+	+	+	
斯托根管藻 * *Rhizosolenia stolterfothii*	+	+	+	
覆瓦根管藻 *Rhizosolenia imbricata*			+	
覆瓦根管藻细茎变种 *Rhizosolenia imbricata* var. *schrubsolei*		+	+	+
笔尖形根管藻 * *Rhizosolenia styliformis*		+	+	+

种类	夏季	秋季	冬季	春季
螺端根管藻 *Rhizosolenia cochlea*		+		
翼根管藻印度变型 * *Rhizosolenia alata* f. *indica*		+		
翼根管藻纤细变型 * *Rhizosolenia alata* f. *gracillima*		+	+	
距端根管藻 *calcar-avis* f. *lata*	+			
众毛辐杆藻 *Bacteriastrum comosum*				+
众毛辐杆藻刚刺变种 *Bacteriastrum comosum* var. *comomsum*			+	
叉状辐杆藻 *Bacteriastrum furcatum*	+		+	
优美辐杆藻 *Bacteriastrum delicatulum*	+	+	+	
透明辐杆藻 *Bacteriastrum hyalinum*	+	+		
货币舟形藻 *Navicula mummularia*			+	
十字舟形藻 *Navicula crucicula*			+	
柔软舟形藻 *Navicula mollis*	+	+	+	+
小头舟形藻 *Navicula capitata*	+	+		
直舟形藻 *Navicula directa*	+	+	+	+
饱满舟形藻 *Navicula satura*				+
盔状舟形藻 *Navicula corymbosa*			+	
细微舟形藻 *Navicula parva*				
带状舟形藻 *Navicula zostereti*	+			+
肩部舟形藻小型变种 *Navicula humerosa* var. *minor*		+		
似菱舟形藻 *Navicula perrhombus*		+		
方格舟形藻 *Navicula cancellata*				+
帕维舟形藻 *Navicula pavillardi*	+	+	+	+
海洋舟形藻 *Navicula marina*				+
盾形舟形藻 *Navicula scutiformis*		+		
多枝舟形藻 *Navicula ramosissima*	+		+	
艾希斜纹藻 *Pleurosigma aestuarii*	+	+	+	
端尖斜纹藻 *Pleurosigma acutum*			+	
长斜纹藻 *Pleurosigma elongatum*			+	
镰刀斜纹藻 *Pleurosigma falx*	+	+		

种类	夏季	秋季	冬季	春季
舟形斜纹藻 *Pleurosigma naviculaceum*	+			
柔弱井字藻 *Eunotogramma debile*		+	+	
平滑井字藻 *Eunotogramma laevis*		+	+	
柱状小环藻 *Cyclotella stylorum*				+
微小小环藻 *Cyclotella caspia*	+	+	+	
条纹小环藻 *Cyclotella striata*	+	+	+	+
截端双眉藻 *Amphora terroris*			+	+
变异双眉藻 *Amphora commutata*			+	+
卵形双眉藻 *Amphora ovalis*	+	+		+
简单双眉藻 *Amphora exigua*				+
咖啡形双眉藻 *Amphora coffeaeformis*	+		+	+
狭窄双眉藻 *Amphora angusta*	+	+	+	
琼氏圆筛藻 *Coscinodiscus jonesianus*		+		
小圆筛藻 *Coscinodiscus minor*	+	+		
细弱圆筛藻 *Coscinodiscus subtilis*	+	+		
碎片菱形藻 *Nitzschia frustulum*	+		+	+
溢缩菱形藻 *Nitzschia constricta*				+
海洋菱形藻 *Nitzschia marina*				+
长菱形藻 *Nitzschia longissima*	+			
洛氏菱形藻 *Nitzschia lorenzian*	+		+	+
新月菱形藻 *Nitzschia closterium*	+	+	+	+
中肋骨条藻 * *Skeletonema costatum*	+	+	+	+
江河骨条藻 *Skeletonema potamos*			+	+
热带骨条藻 *Skeletonema tropicum*	+	+		
霍氏半管藻 *Hemiaulus hauckii*	+	+	+	
中华半管藻 *Hemiaulus sinensis*	+	+		
掌状冠盖藻 * *Stephanopyxis palmeriana*	+	+	+	
塔形冠盖藻 *Stephanopyxis turris*	+			
中华盒形藻 * *Biddulphia sinensis*			+	

续表

种类	夏季	秋季	冬季	春季
活动盒形藻 *Bidduiphia mobiliensis*	+	+	+	
高盒形藻 *Bidduiphia regia*	+	+		
正盒形藻 *Bidduiphia biddulphiana*	+			
太阳双尾藻 *Ditylum sol*		+	+	
布氏双尾藻 * *Ditylum brightwell*	+	+	+	+
长角弯角藻 *Eucampia cornuta*		+		+
短角弯角藻 * *Eucampia zodiacus*	+	+	+	+
环纹娄氏藻 *Lauderia annulata*	+	+	+	
薄壁几内亚藻 * *Guinardia flaccida*	+	+	+	+
蜂腰双壁藻 *Diploneis bombus*	+			+
星冠盘藻 *Stephanodiscus astraes var. astraes*	+	+	+	+
双菱藻 *Surirella* sp.			+	
直链念珠藻 *Melosira moniliformis*				+
唐氏藻 *Donkinia* sp.	+	+	+	+
柔弱伪菱形藻 *Pseudo-nitzschia delicatissima*			+	
小伪菱形藻 *Pseudo-nitzschia sicula*			+	
尖刺伪菱形藻 * *Pseudo-nitzschia pungens*	+	+	+	
菱形海线藻 * *Thalassionema nitzschioides*	+	+	+	+
佛氏海线藻 * *Thalassionema frauenfeldii*	+	+	+	
具槽帕拉藻 * *Paralia sulcat*	+	+	+	
泰晤士旋鞘藻 *Helicotheca tamesis*	+		+	
短柄曲壳藻变狭变种 *Achnanthes brevipes var. angustata*				+
丹麦细柱藻 * *Leptocylindrus danicus*	+		+	+
日本星杆藻 * *Asterionella japonica*	+	+	+	+
优美旭氏藻矮小变型 *Schroederella delicatula f. schoderi*		+	+	
优美旭氏藻 *Schroederella delicatula*	+		+	
平片针杆藻渐尖变种 *Synedra tabulata var. acuminata*				+
平片针杆藻小形变种 *Synedra tabulata var. parva*				+
平片针杆藻 *Synedra tabulata*				+

种类	夏季	秋季	冬季	春季
针杆藻 *Synedra* sp.	+	+	+	
矮小胸膈藻 *Mastogloia pumila*				+
微小胸膈藻亚头状变种 *Mastogloia pusilla* var. *subcapitata*				+
脆杆藻 *Fragilaria* sp.				+
海生斑条藻 *Grammatophora marine*				+
短锲形藻 *Licmophora abbreviata*				+
楔形藻 *Licmophora* sp.	+			
马鞍藻 *Campylodiscus*	+			
大洋角管藻 *Cerataulina pelagica*			+	+
大角管藻 *Cerataulina daemon*	+	+		+
三角褐指藻 *Phaeodactylum tricornutum*	+			
海链藻 *Thalassiosira* sp.			+	
圆海链藻* *Thalassiosira rotula*			+	
环状辐裥藻 *Actinoptychus annulatus*		+		
双尖菱板藻 *Hantzschia amphioxys*		+		
柔弱布纹藻 *Gyrosigma tenuissimum*			+	+
结节布纹藻 *Gyrosigma nodiferum*			+	
长尾布纹藻 *Gyrosigma macrum*			+	
簇生布纹藻薄喙变种 *Gyrosigma fasciola* var. *tenuirostris*	+			
斯氏布纹藻 *Gyrosigma spencerii*	+			+
渐尖鳍藻* *Dinophysis acuminata*			+	
具尾鳍藻* *Dinophysis caudata*		+		
锥状斯克里普藻* *Scrippsiella trochoidea*	+		+	
塔玛亚历山大藻* *Alexandrium amarense*	+	+	+	+
短凯伦藻* *Karenia breve*	+	+		
米氏凯伦藻* *Karenia mikimotoi*	+	+		+
梭甲藻* *Ceratium fusus*	+	+		
血红哈卡藻* *Akashiwo sanguineum*	+			+
具刺膝沟藻* *Gonyaulax spinifera*	+	+		

续表

种类	夏季	秋季	冬季	春季
春膝沟藻 * Gonyaulax verior	+	+		
裸甲藻 Gymnodinium sp.	+	+	+	+
锥形原多甲藻 * Protoperidinium conicum	+			
透明原多甲藻 * Protoperidinium pellucidum	+		+	
歧散原多甲藻 * Protoperidinium divergens	+		+	
海洋原甲藻 * Prorocentrum micans	+	+	+	+
微小原甲藻 * Prorocentrum minimum	+	+	+	
反曲原甲藻 * Prorocentrum sigmoides	+			
具毒刚比甲藻 * Gambierdiscus toxicus	+	+		+
螺旋环沟藻 * Gyrodinium spirale			+	
三角角藻 * Ceratium tripos	+			
叉状角藻 * Ceratium furca	+	+	+	+
哈曼褐多沟藻 * Pheopolykrikos hartmannii				+
夜光藻 * Noctiluca scintillans	+	+		
赤潮异湾藻 * Heterosiga akashiwo		+	+	+
海洋卡盾藻 * Chattonella marina	+	+		+
球形棕囊藻 * Phaeoecystis globosa	+			+
小球藻 Chlorella sp.				+
螺旋弓形藻 Schroederia spiralis				+
针形纤维藻 Ankistrodesmusacicularis				+
镰形纤维藻 Ankistrodesmus falcatus	+			
四球藻 Westella botryoides	+			
绿色裸藻 Euglena viridis	+		+	
鱼腥藻 Anabaena sp.			+	
螺旋藻 Spirulina sp.		+		
红海颤藻 Oscillatoria erythraea		+		

注：＊表示赤潮生物。

（2）企沙半岛海区

夏季航次调查，共鉴定出浮游植物 6 门 32 属 45 种（含变种、变型），其中硅藻 21

属 32 种，占所有物种数的 71.11%；甲藻 4 属 6 种，占所有物种数的 13.33%，金藻 3 属 3 种，蓝藻 2 属 2 种，绿藻和裸藻各 1 种。硅藻门中，舟形藻 *Navicula* 的种类最多，共 5 种；甲藻中，原甲藻属 *Prorocentrum* 种类最多，有 3 种。

秋季航次调查，共鉴定出浮游植物 4 门 27 属 40 种（含变种、变型），其中硅藻 18 属 30 种，占所有物种数的 75.00%；甲藻 6 属 7 种，占所有物种数的 17.50%，绿藻 2 种。蓝藻 1 种。硅藻门中，根管藻属 *Rhizosolenia* 的种类最多，共 6 种。

冬季航次调查，共鉴定出浮游植物 4 门 26 属 45 种（含变种、变型），其中硅藻 22 属 40 种，占所有物种数的 88.89%；甲藻 2 属 3 种，占所有物种数的 6.67%，蓝藻和裸藻各 1 种。硅藻门中，根管藻属 *Rhizosolenia* 的种类最多，共 9 种。

春季航次调查，共鉴定出浮游植物 4 门 40 属 68 种（含变种、变型），其中硅藻 28 属 53 种（包含变种、变型），占所有物种数的 77.94%；甲藻 9 属 12 种，占所有物种数的 17.65%，金藻 2 属 2 种，蓝藻 1 种。硅藻门中，角毛藻属 *Chaetoceros* 和的根管藻属 *Rhizosolenia* 种类最多，各 8 种。

全年 4 个航次，共鉴定出浮游植物 6 门 57 属 116 种（含变种、变型），以硅藻门为主，共 37 属 89 种，占所有物种数的 76.72%；甲藻 11 属 18 种，占所有物种数的 15.52%，金藻和蓝藻各 3 属 3 种，绿藻 2 属 2 种，裸藻 1 种。硅藻门中，根管藻属 *Rhizosolenia* 的种类最多，共 11 种；其次为角毛藻属 *Chaetoceros*，有 10 种；舟形藻 *Navicula* 有 8 种。全年 4 个航次共发现赤潮生物 43 种。

表 5-3　企沙半岛海区浮游植物种类组成

种类	夏季	秋季	冬季	春季
双胞角毛藻 *Chaetoceros didymus*				+
扁面角毛藻* *Chaetoceros compressu*				+
远距角毛藻 *Chaetoceros distan*				+
洛氏角毛藻* *Chaetoceros cellulosum*	+		+	+
范氏角毛藻 *Chaetoceros van heurckii*				+
平滑角毛藻 *Chaetoceros laevis*				+
窄面角毛藻 *Chaetoceros paradoxus*				+
拟旋链角毛藻* *Chaetoceros pseudocurvisetus*	+	+	+	+
秘鲁角毛藻* *Chaetoceros peruvianum*			+	
卡氏角毛藻 *Chaetoceros castracanei*			+	
环纹娄氏藻 *Lauderia annulata*			+	+
中华半管藻 *Hemiaulus sinensis*				+

续表

种类	夏季	秋季	冬季	春季
霍氏半管藻 *Hemiaulus hauckii*				+
唐氏藻 *Donkinia* sp.				+
长角弯角藻 *Eucampia cornuta*			+	
短角弯角藻 * *Eucampia zodiacus*		+		+
大洋角管藻 *Cerataulina pelagica*	+		+	+
大角管藻 *Cerataulina daemon*				+
布氏双尾藻 * *Ditylum brightwell*			+	+
太阳双尾藻 *Ditylum sol*	+		+	
柔弱拟菱形藻 *Pseudo-nitzschia delicatissima*			+	
尖刺拟菱形藻 * *Pseudo-nitzschia pungens*	+		+	+
微小小环藻 *Cyclotella caspia*	+	+		
条纹小环藻 *Cyclotella striata*	+	+	+	+
脆杆藻 *Fragilaria* sp.				+
柏氏根管藻 *Rhizosolenia bergonii*	+			
圆柱根管藻 *Rhizosolenia cylindrus*			+	
柔弱根管藻 * *Rhizosolenia delicatula*		+	+	
斯托根管藻 * *Rhizosolenia stolterfothii*		+	+	+
翼根管藻纤细变型 * *Rhizosolenia alata* f. *gracillima*		+	+	+
脆根管藻 * *Rhizosolenia fragillissima*			+	+
中华根管藻 *Rhizosolenia sinensis*				+
刚毛根管藻 * *Rhizosolenia setigera*		+		+
覆瓦根管藻 *Rhizosolenia imbricata*		+	+	
厚刺根管藻 *Rhizosolenia crassispin*			+	+
覆瓦根管藻细茎变种 *Rhizosolenia imbricata* var. *schrubsolei*		+	+	+
翼鼻状藻 *Proboscia alata*			+	+
似菱舟形藻 *Navicula perrhombus*				+
方格舟形藻 *Navicula cancellata*		+		
柔软舟形藻 *Navicula mollis*	+			+
直舟形藻 *Navicula directa*	+		+	

续表

种类	夏季	秋季	冬季	春季
细微舟形藻 *Navicula parva*	+		+	
盾形舟形藻 *Navicula scutiformis*	+			
帕维舟形藻 *Navicula pavillardi*	+		+	+
舟形藻 *Navicula* sp.			+	
江河骨条藻 *Skeletonema potamos*	+	+		
中肋骨条藻* *Skeletonema costatum*	+		+	+
热带骨条藻 *Skeletonema tropicum*				+
正盒形藻 *Bidduiphia biddulphiana*	+			
中华盒形藻* *Bidduiphia sinensis*	+	+		+
叉状辐杆藻 *Bacteriastrum furcatum*	+			
优美辐杆藻 *Bacteriastrum delicatulum*				+
透明辐杆藻 *Bacteriastrum hyalinum*				+
优美旭氏藻 *Schroederella delicatula*		+	+	
优美旭氏藻矮小变型 *Schroederella delicatulaf. schoderi*		+	+	
琼氏圆筛藻* *Coscinodiscus jonesianus*		+		
小圆筛藻 *Coscinodiscus minor*				+
中心圆筛藻* *Coscinodiscus centralis*		+		+
细弱圆筛藻 *Coscinodiscus subtilis*		+		+
菱形海线藻* *Thalassionema nitzschioides*	+	+	+	+
长海毛藻 *Thalassiothrix longissima*	+			
佛氏海线藻* *Thalassionema frauenfeldii*			+	
尖布纹藻 *Gyrosigma acuminatum*				+
斯氏布纹藻 *Gyrosigma spencerii*	+	+	+	
洛氏菱形藻 *Nitzschia lorenzian*		+	+	
新月菱形藻 *Nitzschia closterium*	+	+	+	+
艾希斜纹藻 *Pleurosigma aestuarii*				+
镰刀斜纹藻 *Pleurosigma falx*	+			+
斜纹藻 *Pleurosigma* sp.				
端尖斜纹藻 *Pleurosigma acutum*	+			

续表

种类	夏季	秋季	冬季	春季
圆海链藻 * *Thalassiosira rotula*			+	
狭窄双眉藻 *Amphora angusta*	+	+		
卵形双眉藻 *Amphora ovalis*				+
变异双眉藻 *Amphora commutata*				+
嘴端井字藻 *Amphora rostratum*		+		
柔弱井字藻 *Eunotogramma debile*		+		
平滑井字藻 *Eunotogramma laevis*		+		
短柄曲壳藻变狭变种 *Achnanthes brevipes* var. *angustata*		+		
具槽帕拉藻 * *Paralia sulcat*	+	+		
楔形藻 *Licmophora* sp.			+	
泰晤士旋鞘藻 *Helicotheca tamesis*				+
蜂腰双壁藻 *Diploneis bombus*			+	
针杆藻 *Synedra* sp.	+			+
直链念珠藻 *Melosira moniliformis*	+			
塔形冠盖藻 *Stephanopyxis turris*			+	
薄壁几内亚藻 * *Guinardia flaccida*	+		+	+
日本星杆藻 * *Asterionella japonica*				+
星冠盘藻 *Stephanodiscus astraes* var. *astraes*	+	+		+
丹麦细柱藻 * *Leptocylindrus danicus*		+		
血红哈卡藻 * *Akashiwo sanguineum*		+		
锥状斯克里普藻 * *Scrippsiella trochoidea*				+
链状亚历山大藻 * *Alexandrium catenella*			+	
塔玛亚历山大藻 * *Alexandrium amarense*	+	+	+	+
春膝沟藻 * *Gonyaulax verior*	+	+		+
卵甲藻 *Exuviella* sp.			+	
链状裸甲藻 * *Gymnodinium catenatum*		+		
裸甲藻 *Gymnodinium* sp.	+			+
具尾鳍藻 * *Dinophysis caudata*				+
夜光藻 * *Noctiluca scintillans*				+

种类	夏季	秋季	冬季	春季
米氏凯伦藻 * *Karenia mikimotoi*				+
东海原甲藻 * *Prorocentrum donghaiense*	+			
海洋原甲藻 * *Prorocentrum micans*	+			+
微小原甲藻 * *Prorocentrum minimum*	+	+		+
三角棘原甲藻 * *Prorocentrum triestinum*				+
梭角藻 * *Ceratium fusus*				+
三角角藻 * *Ceratium tripos*		+		
叉状角藻 * *Ceratium furca*		+		+
赤潮异湾藻 * *Heterosiga akashiwo*	+			+
海洋卡盾藻 * *Chattonella marina*	+			+
小等刺硅鞭藻 * *Dictyocha fibula*				
螺旋藻 *Spirulina* sp.				+
红海颤藻 * *Oscillatoria erythraea*	+	+		
水华束丝藻 *Aphanizomenon flosaquae*	+		+	
小球藻 *Chlorella* sp.		+		
四角十字藻 *Crucigenia quadrata*	+	+		
绿色裸藻 *Euglena viridis*	+		+	

注： * 表示赤潮生物。

5.1.2.2 种群特征

防城港海区浮游植物主要分为3个类群：（1）广布性浮游植物，主要包括硅藻门的角毛藻属 *Chaetoceros*、菱形海线藻 *Thalassionema nitzschioides*、尖刺拟菱形藻 *Pseudonitzschia pungens*、骨条藻 *Skeletonema* spp.、洛氏角毛藻 *Chaetoceros lauderi* 和丹麦细柱藻等，种类多，密度大，构成了该海区的重要生态类群；（2）暖水性种类为硅藻门的距端根管藻、平滑角毛藻 *Chaetoceros* laevis 和甲藻门的原多甲藻 *Protoperidinium* spp. 等；（3）温带性种类主要为甲藻门的原甲藻 *Prorocentrum* spp. 。

5.1.2.3 数量平面分布

（1）防城港湾海区

夏季，防城港湾的浮游植物数量变化范围为 $57.20 \times 10^4 \sim 650.82 \times 10^4$ cell/L，平均密度为 206.03×10^4 cell/L，最大值在东湾和西湾交界的9号站位，湾外数量高于湾内；秋季，浮游植物数量变化范围为 $5.09 \times 10^4 \sim 114.89 \times 10^4$ cell/L，平均密度为

41.49×10^4 cell/L，在湾内 8 号站位有一高值区，分布趋势为由湾内向湾外递减；冬季，浮游植物数量变化范围为 $2.50 \times 10^4 \sim 38.98 \times 10^4$ cell/L，平均密度为 11.18×10^4 cell/L，最大值出现在防城江口，浮游植物分布趋势不明显；春季，浮游植物数量变化范围为 $1.35 \times 10^4 \sim 13.63 \times 10^4$ cell/L，平均密度为 9.20×10^4 cell/L，浮游植物数量由东向西递增（表 5 − 4，图 5 − 6 ~ 5 − 9）。全年，防城港湾浮游植物数量变化范围为 $1.35 \times 10^4 \sim 650.82 \times 10^4$ cell/L，平均为 66.98 $\times 10^4$ cell/L。

表 5 −4　防城港海域浮游植物数量变化　　　　单位：10^4 cell/L

海区	春季		夏季		秋季		冬季		全年
	变化范围	平均值	变化范围	平均值	变化范围	平均值	变化范围	平均值	平均
防城港湾	1.35 ~ 13.63	9.20	57.20 ~ 650.82	206.03	5.09 ~ 114.89	41.49	2.50 ~ 38.98	11.18	66.98
珍珠湾	2.44 ~ 54.47	14.09	2.58 ~ 198.81	99.35	4.14 ~ 15.54	8.07	1.14 ~ 9.47	4.15	31.12
企沙半岛	6.40 ~ 15.20	9.30	1.03 ~ 24.41	7.45	0.52 ~ 9.03	5.01	2.50 ~ 12.58	8.79	7.64

（2）珍珠湾海区

夏季，珍珠湾海区的浮游植物数量变化范围为 $2.58 \times 10^4 \sim 198.81 \times 10^4$ cell/L，平均密度为 99.35×10^4 cell/L，在湾口外西侧有一高值区；秋季，浮游植物数量变化范围为 $4.14 \times 10^4 \sim 15.54 \times 10^4$ cell/L，平均密度为 8.07×10^4 cell/L，分布趋势为由湾顶向湾外递减；冬季，浮游植物数量变化范围为 $1.14 \times 10^4 \sim 9.47 \times 10^4$ cell/L，平均密度为 4.15×10^4 cell/L，最大值出现在 2 号站位，浮游植物分布趋势不明显；春季，浮游植物数量变化范围为 $2.44 \times 10^4 \sim 54.47 \times 10^4$ cell/L，平均密度为 14.09×10^4 cell/L，浮游植物数量由东向西递增（表 5 −4，图 5 − 6 ~ 5 − 9）。全年，珍珠湾浮游植物数量变化范围为 $1.14 \times 10^4 \sim 198.81 \times 10^4$ cell/L，平均为 31.12×10^4 cell/L。

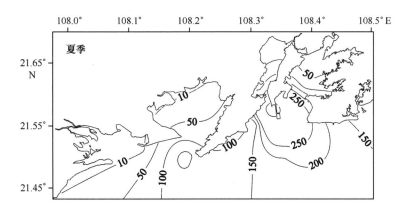

图 5 − 6　2010 年夏季防城港湾和珍珠湾海区浮游植物数量分布（10^4cell/L）

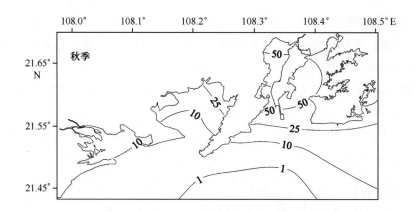

图 5 - 7　2010 年秋季防城港湾和珍珠湾海区浮游植物数量分布（10^4cell/L）

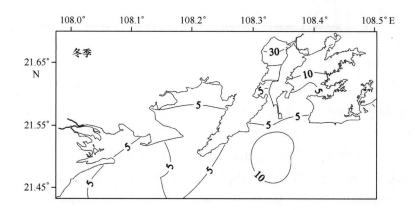

图 5 - 8　2010 年冬季防城港湾和珍珠湾海区浮游植物数量分布（10^4cell/L）

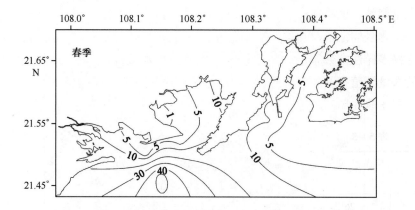

图 5 - 9　2011 年春季防城港湾和珍珠湾海区浮游植物数量分布（10^4cell/L）

（3）企沙半岛海区

秋季，浮游植物数量含量变化范围为 $0.52 \times 10^4 \sim 9.03 \times 10^4 cell/L$，平均为 $5.01 \times 10^4 cell/L$；冬季，浮游植物数量变化范围为 $2.50 \times 10^4 \sim 12.58 \times 10^4 cell/L$，平均为 $8.79 \times 10^4 cell/L$；春季，浮游植物数量含量变化范围为 $6.40 \times 10^4 \sim 15.20 \times 10^4 cell/L$，平均为 $9.30 \times 10^4 cell/L$；夏季，浮游植物数量变化范围为 $1.03 \times 10^4 \sim 24.41 \times 10^4 cell/L$，平均为 $7.45 \times 10^4 cell/L$（见图 5 – 10）。全年浮游植物数量含量变化范围为 $4.79 \times 10^4 \sim 9.87 \times 10^4 cell/L$，平均为 $7.64 \times 10^4 cell/L$，春季数量高，冬季次之，春季最低。

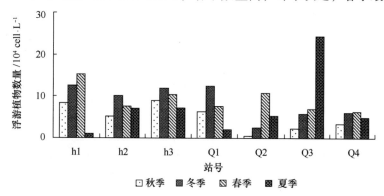

图 5 – 10　2011 – 2012 年企沙半岛海区浮游植物数量时空变化

5.1.2.4　多样性分析

（1）防城港湾和珍珠湾海区

防城港湾和珍珠湾海区的浮游植物种类数（S）、生物量（N）、多样性指数（H'）、均匀度指数（J）、优势度（D）如表 5 – 5 ~ 5 – 8 所示。从中可以看出，夏季防城港湾外海的生物多样性相对来说比近岸低，且浮游植物数量较高，说明外海有个别种类的浮游植物大量繁殖，该季度近岸浮游植物群落稳定性比外海高；秋季整个防城港湾和珍珠湾海区生物多样性指数和均匀度指数都比较高，浮游植物群落稳定性较好；冬季，防城江口生物多样性指数很低，物种较少，而浮游植物数量却是最高的，这与个别种浮游植物的大量繁殖有关。春季的 03 与 06 号站位存在同样的问题。以上分析可知，春季、夏季、和冬季在局部海域存在一定的赤潮风险。

表 5 – 5　防城港湾及珍珠湾海区浮游植物生物学指标统计（6 月份）

站号	浮游植物种类数（S）	生物量（N）/个·L^{-1}	多样性指数（H'）	均匀度指数（J）	优势度（D）
01	26	25 800	3.97	0.84	0.34
02	46	1 988 000	2.60	0.47	0.71

站号	浮游植物种类数 (S)	生物量 (N) /个·L⁻¹	多样性指数 (H')	均匀度指数 (J)	优势度 (D)
03	44	1 221 000	2.91	0.53	0.68
04	37	425 000	3.40	0.65	0.52
05	49	1 307 000	2.94	0.52	0.65
06	27	226 000	2.60	0.55	0.70
07	40	572 000	2.84	0.54	0.64
08	35	1 275 000	2.92	0.57	0.47
09	26	6 508 000	1.66	0.35	0.80
10	31	1 176 000	1.67	0.34	0.80
11	46	2 597 000	1.98	0.36	0.80
12	46	2 068 200	2.29	0.41	0.74

表 5－6　防城港湾及珍珠湾浮游植物生物学指标统计（9月份）

站号	浮游植物种类数 (S)	生物量 (N) /个·L⁻¹	多样性指数 (H')	均匀度指数 (J)	优势度 (D)
01	33	155 000	3.64	0.72	0.51
02	29	45 000	4.32	0.89	0.19
03	21	44 700	3.78	0.86	0.28
04	35	117 000	3.53	0.69	0.52
05	23	41 000	3.74	0.83	0.37
06	33	323 000	2.33	0.46	0.75
07	43	575 000	2.82	0.52	0.67
08	38	1 149 000	2.10	0.40	0.78
09	46	498 000	3.18	0.58	0.58
10	43	207 000	3.57	0.66	0.47
11	26	102 000	3.87	0.82	0.32
12	28	51 000	3.94	0.82	0.38

表5-7 防城港湾及珍珠湾浮游植物生物学指标统计（12月份）

站号	浮游植物种类数（S）	生物量（N）/个·L⁻¹	多样性指数（H'）	均匀度指数（J）	优势度（D）
01	13	19 000	3.51	0.95	0.30
02	23	95 000	1.97	0.44	0.77
03	22	50 000	3.65	0.82	0.40
04	13	11 000	3.40	0.92	0.26
05	22	33 000	4.07	0.91	0.26
06	13	390 000	0.35	0.09	0.99
07	23	41 000	3.87	0.86	0.38
08	14	32 000	3.15	0.83	0.49
09	18	25 000	3.76	0.90	0.28
10	24	261 000	4.23	0.92	0.13
11	41	171 800	3.41	0.64	0.39
12	17	97 000	2.91	0.71	0.57

表5-8 防城港湾及珍珠湾海区浮游植物生物学指标统计（3月份）

站号	浮游植物种类数（S）	生物量（N）/个·L⁻¹	多样性指数（H'）	均匀度指数（J）	优势度（D）
01	23	39 000	3.68	0.81	0.37
02	11	24 000	2.88	0.83	0.45
03	8	545 000	0.41	0.14	0.98
04	15	48 000	2.57	0.66	0.62
05	23	48 000	2.36	0.52	0.71
06	23	136 300	2.00	0.44	0.39
07	5	13 500	1.16	0.50	0.87
08	26	260 500	2.34	0.50	0.77
09	19	64 300	3.01	0.71	0.53
10	32	105 400	3.27	0.65	0.55
11	28	27 600	4.14	0.85	0.33
12	23	36 700	4.02	0.88	0.32

（2）企沙半岛海区

企沙半岛海区浮游植物种类数（S）、生物量（N）、多样性指数（H'）、优势度（D）如表5-9~5-12所示。可以看出，企沙半岛海区春季生物多样性指数和均匀度指数在4个季度中是最高，说明该海区春季浮游植物群落结构比较稳定。相对防城港湾和珍珠湾海区来说该海区各站位物种较少。

表5-9 企沙半岛海区浮游植物生物学指标统计（9月份）

站号	浮游植物种类数 （S）	生物量（N） /个·L^{-1}	多样性指数 （H'）	均匀度指数 （J）	优势度 （D）
h1	10	83 300	2.73	0.82	0.51
h2	14	51 600	3.06	0.80	0.48
h3	12	90 300	2.25	0.63	0.71
Q1	8	63 300	1.49	0.50	0.91
Q2	19	5 200	3.48	0.82	0.43
Q3	14	23 000	3.31	0.87	0.44
Q4	3	33 700	0.28	0.18	0.98

表5-10 企沙半岛海区浮游植物生物学指标统计（12月份）

站号	浮游植物种类数 （S）	生物量（N） /个·L^{-1}	多样性指数 （H'）	均匀度指数 （J）	优势度 （D）
h1	26	125 800	3.25	0.69	0.57
h2	23	101 600	3.83	0.85	0.33
h3	24	119 000	3.73	0.81	0.38
Q1	6	124 600	0.44	0.17	0.97
Q2	12	25 000	3.13	0.87	0.34
Q3	12	58 000	2.89	0.81	0.49
Q4	16	61 400	3.06	0.77	0.51

表5-11 企沙半岛海区浮游植物生物学指标统计（3月份）

站号	浮游植物种类数 （S）	生物量（N） /个·L^{-1}	多样性指数 （H'）	均匀度指数 （J）	优势度 （D）
h1	26	152 000	3.87	0.82	0.32
h2	27	76 300	3.70	0.77	0.38

站号	浮游植物种类数 （S）	生物量（N） /个·L^{-1}	多样性指数 （H'）	均匀度指数 （J）	优势度 （D）
h3	27	104 700	3.90	0.82	0.36
Q1	18	76 700	3.18	0.76	0.43
Q2	35	107 900	4.14	0.81	0.31
Q3	21	69 700	3.60	0.83	0.41
Q4	29	64 000	2.92	0.60	0.19

表 5 – 12　企沙半岛海区浮游植物生物学指标统计（6 月份）

站号	浮游植物种类数 （S）	生物量（N） /个·L^{-1}	多样性指数 （H'）	均匀度指数 （J）	优势度 （D）
h1	8	10 300	2.31	0.77	0.60
h2	10	71 200	2.17	0.65	0.70
h3	15	72 100	2.67	0.68	0.64
Q1	9	20 200	2.37	0.75	0.69
Q2	15	53 300	2.51	0.64	0.65
Q3	9	244 100	1.19	0.38	0.95
Q4	14	50 100	3.15	0.83	0.39

5.1.3　浮游细菌

5.1.3.1　防城港湾海区浮游细菌数量分布及变化

夏季，防城港湾浮游细菌数量变化范围为 $0.75 \times 10^7 \sim 4.03 \times 10^7$ cell/L，平均为 1.68×10^7 cell/L，浮游细菌数量湾内高、湾外低；秋季，浮游细菌数量变化范围为 $0.25 \times 10^7 \sim 23.80 \times 10^7$ cell/L，平均为 4.93×10^7 cell/L，在湾外 11 号站数值最大；冬季，防城港湾浮游细菌数量变化范围为 $0.30 \times 10^7 \sim 6.80 \times 10^7$ cell/L，平均为 1.33×10^7 cell/L，在东湾和西湾交界的 9 号站数值最大；春季，防城港湾浮游细菌数量变化范围为 $0.63 \times 10^7 \sim 21.20 \times 10^7$ cell/L，平均为 10.56×10^7 cell/L。全年，防城港湾浮游细菌数量变化范围为 $0.25 \times 10^7 \sim 23.80 \times 10^7$ cell/L，平均为 4.63×10^7 cell/L（见表 5－13，图 5－11 ~ 5－14）。

表 5 - 13 防城港海域浮游细菌数量变化 单位：10^7 cell/L

海区	春季		夏季		秋季		冬季		全年
	变化范围	平均值	变化范围	平均值	变化范围	平均值	变化范围	平均值	平均
防城港湾	0.63 ~ 21.20	10.56	0.75 ~ 4.03	1.68	0.25 ~ 23.80	4.93	0.30 ~ 6.80	1.33	4.63
珍珠湾	1.50 ~ 175.00	72.38	0.28 ~ 1.97	0.77	1.20 ~ 32.00	7.94	0.10 ~ 1.07	0.49	20.39
企沙半岛	1.40 ~ 27.67	10.93	1.20 ~ 16.03	7.58	0.21 ~ 3.85	1.79	0.14 ~ 1.36	0.44	5.19

5.1.3.2 珍珠湾海区浮游细菌数量分布及变化

夏季，珍珠湾附近海区浮游细菌数量变化范围为 $0.28 \times 10^7 \sim 1.97 \times 10^7$ cell/L，平均为 0.77×10^7 cell/L，分布趋势为由东向西递增；秋季珍珠湾附近海区浮游细菌数量变化范围为 $1.20 \times 10^7 \sim 32.00 \times 10^7$ cell/L，平均为 7.94×10^7 cell/L，分布趋势和夏季一样由东向西递增；冬季，珍珠湾附近海区浮游细菌数量变化范围 $0.10 \times 10^7 \sim 1.07 \times 10^7$ cell/L，平均为 0.49×10^7 cell/L，浮游细菌数量在各站点相差不大；春季，珍珠湾浮游细菌数量变化范围为 $1.50 \times 10^7 \sim 175.00 \times 10^7$ cell/L，平均为 72.38×10^7 cell/L，在湾口有一高值区。全年，珍珠湾海区浮游细菌数量变化范围为 $0.28 \times 10^7 \sim 175.0 \times 10^7$ cell/L，平均为 20.39×10^7 cell/L，各季节浮游细菌数量相差较大，春季数量最大，秋季次之，冬季最小（表 5 - 13，图 5 - 11 ~ 5 - 14）。

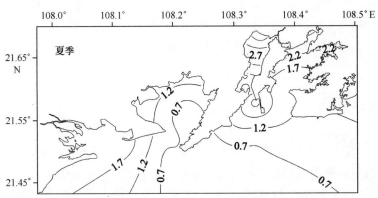

图 5 - 11 2010 年夏季防城港湾和珍珠湾海区浮游细菌数量分布（10^7 cell/L）

5.1.3.3 企沙半岛海区浮游细菌数量分布及变化

秋季，企沙半岛海区浮游细菌数量变化范围为 $0.21 \times 10^7 \sim 3.85 \times 10^7$ cell/L，平均为 1.79×10^7 cell/L；冬季，浮游细菌数量变化范围为 $0.14 \times 10^7 \sim 1.36 \times 10^7$ cell/L，平均为 0.44×10^7 cell/L；春季浮游细菌数量含量变化范围为 $1.40 \times 10^7 \sim 27.67 \times 10^7$ cell/L，平均为 10.93×10^7 cell/L；夏季浮游细菌数量变化范围为 $1.20 \times 10^7 \sim 16.03 \times$

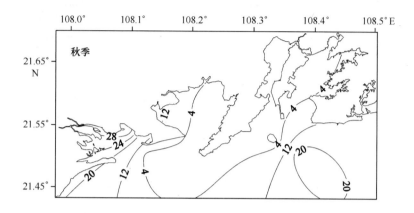

图 5 - 12　2010 年秋季防城港湾和珍珠湾海区浮游细菌数量分布 （10^7 cell/L）

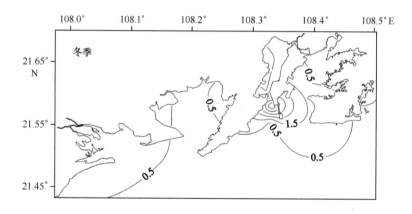

图 5 - 13　2010 年冬季防城港湾和珍珠湾海区浮游细菌数量分布 （10^7 cell/L）

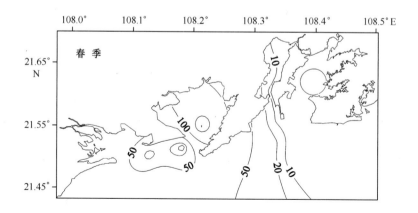

图 5 - 14　2011 年春季防城港湾和珍珠湾海区浮游细菌数量分布 （10^7 cell/L）

10^7cell/L，平均为 7.58×10^7cell/L。全年浮游细菌数量含量变化范围为 $1.45 \times 10^7 \sim$ 11.32×10^7cell/L，平均为 5.19×10^7cell/L，春季数量高，夏次之，冬季最低（表 5 - 13、图 5 - 15）。

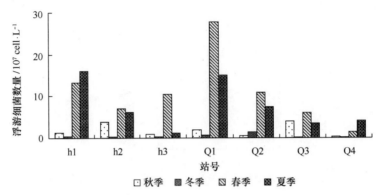

图 5 - 15　2011 - 2012 年企沙半岛海区浮游细菌数量时空变化

5.1.4　潮间带动物

5.1.4.1　北仑河口潮间带动物

（1）种类组成

2011 年 11 月采样所得样品经分类鉴定为 63 种，分别属于 7 门 42 属。均为热带、亚热带物种。其中软体动物最多，达 29 种，占总种数的 46%；甲壳动物次之，为 18 种，占总种数的 29%；多毛类 12 种，占总种数 19%；其他类 4 种，占总种数的 6%。可见软体动物、甲壳类和多毛类是滩涂潮间带动物群落的主要组成类群（图 5 - 16）。

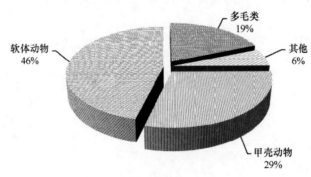

图 5 - 16　北仑河口潮间带动物类群组成

（2）群落组成

2011 年 11 月调查发现，断面 CI 有潮间带动物 11 种，其中甲壳类动物 8 种，软体动物 2 种，多毛类 1 种；断面 CII 有潮间带动物 54 种，其中甲壳类动物 32 种，软体动物 73 种，多毛类 21 种，其他动物 5 种；断面 CⅢ 有潮间带动物 29 种，其中甲壳类动物 8 种，软体动物 13 种，多毛类 6 种，其他 2 种。见图 5 - 17。

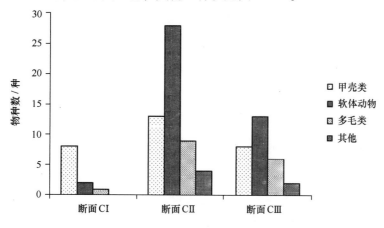

图 5 - 17　北仑河口潮间带各断面生物种类组成

（3）生物密度和生物量

2011 年 11 月各断面类群生物量及类群组成见表 5 - 14。

由表 5 - 14 可见，生物量最高的为断面 CⅢ，为 258.37 g/m²；断面 CⅡ生物量次之，为 72.60 g/m²；断面 CⅠ生物量最低，为 57.23 g/m²。生物密度最高的为断面 CⅢ，达 333.8 个/m²；断面 CⅠ和断面 CⅡ生物密度接近，分别为 134.2 个/m² 和 134.3 个/m²。通过比较发现，3 条断面的生物量由西向东依次递增，原因可能是西面靠近竹山港码头及北仑河口航道，人为扰动相对较大，生物量相对较小。而东面为红树林区，人为干扰少，生物量也相应较大。调查区 3 个断面潮间带动物的平均生物量为 129.40 g/m²。

表 5 - 14　北仑河口潮间带动物各类群生物组成

断面		甲壳类	软体动物	多毛类	其他	合计
CⅠ	生物量/g·m⁻²	41.03	16.18	0.02	—	57.23
	生物密度/个·m⁻²	40.9	91.6	1.8	—	134.2
CⅡ	生物量/g·m⁻²	3.61	65.72	1.14	2.13	72.60
	生物密度/个·m⁻²	32.0	72.7	21.3	5.3	131.3
CⅢ	生物量/g·m⁻²	25.56	231.76	0.46	0.59	258.37
	生物密度/个·m⁻²	55.1	259.1	14.2	5.3	333.8

（4）生物评价方法

采用生物多样性指数（H'）法，并结合均匀度（J）、优势度（D）、丰度（d）等群落统计学特征进行评价。调查海区内潮间带动物的种类多样性指数（H'）、种类分布均匀度（J）、优势度（D）、种类丰度（d）分别统计列于表 5 - 15 中。

表 5 - 15   北仑河口潮间带动物生态评价指数表

断面	多样性指数（H'）	均匀度指数（J）	优势度（D）	丰度指数（d）
CI	1. 89	0. 55	0. 80	1. 41
CII	4. 71	0. 82	0. 28	7. 53
CIII	2. 82	0. 58	0. 68	3. 34

从表中可看出，此次调查 3 个断面的生物多样性指数（H'）分布不均。多样性指数最高的为断面 CII，为 4.71；其次为断面 CIII，为 2.82；断面 CI 多样性指数最低，为 1.89。断面 CI 的生物多样性指数相对较低可能跟该断面最靠近河口，温度、盐度变化幅度较大，适于生存的生物种类少有关，也可能是由于该断面位于航道附近，人为扰动较大。评价结果表明，该海区的潮间带动物物种种类丰富，个体分布均匀。

5.1.4.2   防城港湾潮间带动物

（1）种类组成

2011 年 12 月采样所得样品经分类鉴定为 34 种，分别属于 7 门 7 纲 32 属，均为热带、亚热带物种。其中软体动物最多，为 14 种，占总种数的 41%；多毛类和甲壳类次之，各为 8 种，分别占总种数的 24%；其他类 4 种，占总种数的 12%。可见软体动物、多毛类和甲壳类是防城港湾滩涂潮间带动物群落的主要组成类群。具体见图 5 - 18。

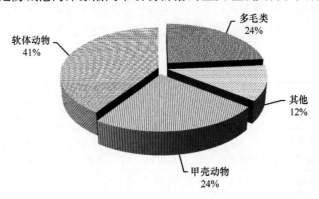

图 5 - 18   防城港湾潮间带动物类群组成

（2）群落组成

2011 年 12 月的调查发现，断面 D 有潮间带动物 20 种，其中甲壳类动物 2 种，软体动物 9 种，多毛类 7 种，其他动物 2 种；断面 E 有潮间带动物 14 种，其中甲壳类动物 3 种，软体动物 6 种，多毛类 4 种，其他动物 1 种；断面 F 有潮间带动物 11 种，其中甲壳类动物 5 种，软体动物 4 种，多毛类 1 种，其他动物 1 种。详见图 5 - 19。

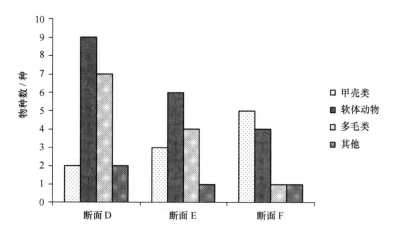

图 5-19　防城港湾潮间带各断面生物种类组成

（3）生物密度和生物量

2011 年 12 月各断面类群生物量及类群组成见表 5-16。由表可见，断面 D 的生物密度和生物量均为 3 个断面中最高，其生物平均密度高达 3 518.2 个/m²，生物量分别为 181.72 g/m²。断面 E 和断面 F 的生物密度相近，分别为 168.0 个/m² 和 165.3 个/m²。但断面 E 和断面 F 的的生物量相差较大，其中断面 E 生物量为 25.20 g/m²，断面 F 的生物量为 124.67 g/m²。断面 D 生物密度较高的原因是在该断面的高潮带站位采集到了大量的托氏琨螺 *Trochus vesriarium*，其生物密度占该断面总生物密度的 95.4%。3 条断面的生物密度和生物量由北往南依次递减，原因可能是南面为滨海公路，人为扰动较大。3 条断面的平均生物密度为 1 283.8 个/m²，平均生物量为 110.53 g/m²。

表 5-16　防城港湾潮间带动物各类群生物组成

断面		甲壳类	软体动物	多毛类	其他	合计
D	生物量/g·m⁻²	0.58	127.14	2.23	51.77	181.72
	生物密度/个·m⁻²	6.0	3 457.5	36.0	18.7	3 518.2
E	生物量/g·m⁻²	13.52	10.29	0.59	0.80	25.20
	生物密度/个·m⁻²	8.0	141.3	16.0	2.7	168.0
F	生物量/g·m⁻²	21.84	102.32	0.45	0.05	124.67
	生物密度/个·m⁻²	136.0	21.3	5.3	2.7	165.3
平均	生物量/g·m⁻²	11.98	79.92	1.09	17.54	110.53
	生物密度/个·m⁻²	50.0	1206.7	19.1	8.0	1 283.8

（4）生物评价

调查海区内潮间带动物的种类多样性指数（H'）、种类分布均匀度（J）、优势度

（D）、种类丰度（d）分别统计列于表 5 – 17 中。

表 5 – 17　防城港湾潮间带动物生态评价指数表

断面	多样性指数（H'）	均匀度指数（J）	优势度（D）	丰度指数（d）
D	0.44	0.10	0.97	1.49
E	2.15	0.56	0.71	1.55
F	1.65	0.48	0.79	1.19

从表中可看出，此次调查 3 个断面的生物多样性指数（H'）和丰度指数（d）均较低。其中断面 E 的多样性指数为 2.15，丰度指数为 1.55。断面 F 的多样性指数为 1.65，丰度指数为 1.19。断面 D 的多样性指数最低，为 0.44。均匀度指数和多样性指数呈正相关，断面 E 的均匀度指数最高，为 0.56，断面 D 的均匀度指数最低，为 0.10。断面 D 的优势度指数最高，为 0.97。评价结果表明，该海区的潮间带虽然生物量和生物密度均较大，但生物多样性较差，某一物种（托氏珸螺）在数量上占绝对优势。

5.1.4.3　红沙潮间带动物

（1）种类组成

2010 年 8 月采样所得样品经分类鉴定为 43 种，分别属于 5 门 6 纲 41 属。均为热带、亚热带物种。其中软体动物最多，达 15 种，占总种数的 35%；甲壳动物次之，为 13 种，占总种数的 30%；第三大类为多毛类，11 种，占总种数的 26%。其他类 4 种，占总种数的 12%。可见软体动物、甲壳动物和多毛类是调查区周边滩涂潮间带动物群落的主要组成类群。具体见图 5 – 20。

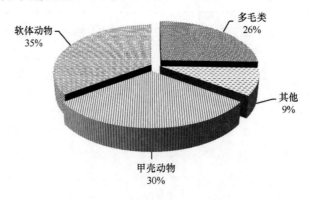

图 5 – 20　红沙潮间带动物类群组成

（2）群落组成

2010 年 8 月的调查发现，断面 G 有潮间带动物 20 种，其中软体动物 8 种，甲壳动物7种，多毛类4种，星虫1种；断面H有潮间带动物13种，其中软体动物5种，多毛类4种，甲壳动物1种，其他动物2种；断面I有潮间带动物20种，其中多毛类7种，甲壳动物6种，软体动物5种，其他动物3种。详见图5－21。

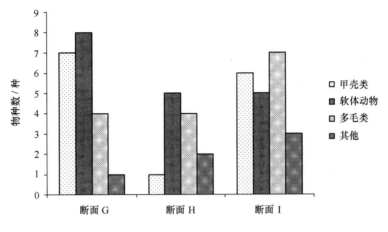

图5－21 红沙潮间带各断面生物种类组成

（3）生物密度和生物量

2010年8月各断面类群生物量及类群组成见表5－18。

表5－18 红沙潮间带动物各类群生物组成

断面		软体动物	甲壳动物	多毛类	其他	合计
G	生物量/g·m⁻²	152.34	13.88	2.06	7.15	175.43
	生物密度/个·m⁻²	53.0	43.0	4.0	4.0	103.0
H	生物量/g·m⁻²	75.96	4.69	0.41	1.40	82.47
	生物密度/个·m⁻²	23.0	2.0	23.0	7.0	55.0
I	生物量/g·m⁻²	13.86	2.70	0.96	0.48	18.01
	生物密度/个·m⁻²	8.0	22.0	7.0	3.0	39.0

从表中可以看出，3个断面之间的生物量及生物密度相差比较大，其中断面G生物量和生物密度最高，其生物量为175.43 g/m²，生物密度为103个/m²；断面H生物量和生物密度次之，其生物量为82.47 g/m²，生物密度为55个/m²；断面I生物量和生物密度最小，其生物量为18.01 g/m²，生物密度为39个/m²。

经初步分析，造成3个断面生物量和生物密度相差较大的原因可能是生境的不同和受人为活动干扰程度的不同。断面G附近有小片的红树林，底质类型为泥，且受人为活动干扰的程度较小，因此生物量和生物密度较高。断面H和断面I的底质类型均为沙，一般而言沙质滩涂的生物量和生物密度要较泥质滩涂的小。

3 个断面潮间带动物的平均生物量为 91.97 g/m^2。

（4）生物评价

生物评价采用生物多样性指数（H'）法，并结合均匀度、丰度、优势度等群落统计学特征进行。

调查海区内潮间带动物的种类多样性指数（H'）、种类分布均匀度（J）、优势度（D）、种类丰度（d）分别统计列于表 5 – 19 中。

表 5 – 19　潮间带动物生态评价指数表

断面	多样性指数（H'）	均匀度指数（J）	优势度（D）	丰度指数（d）
G	3.80	0.88	0.37	2.79
H	3.42	0.92	0.35	2.07
I	3.59	0.83	0.39	3.59

从表中可看出，此次调查 3 个断面的生物多样性指数（H'）和丰度指数（d）均较高。其中断面 G 多样性指数最高，为 3.80，断面 H 多样性指数最低，为 3.42。3 个断面的多样性指数（H'）均大于 3，显示该海区潮间带动物物种丰富，个体分布均匀。3 个断面的均匀度指数（J）较高，优势度指数（D）较低，表示该海区的潮间带动物优势种不突出。总体而言该海区潮间带生态环境保持较完好。

综上所述，潮间带动物种类和多样性指数北仑河口数最大，其次为红沙海域，防城港湾最小；生物量为北仑河口最大，防城港次之，红沙海区生物量最小。结果表明北仑河口潮间带生态环境最好，红沙海区次之，防城港湾最差。这说明人类活动对潮间带动物干扰较大。

5.2　生物体质量现状

采集了防城港湾、珍珠湾、企沙半岛中的鱼类、甲壳类和软体动物类，对其进行了重金属和油类残毒分析，结果见表 5 – 20。可见，对铜、砷、锌而言，其含量顺序是甲壳类 > 软体类 > 鱼类；对铅、镉而言，其含量从大至小的顺序是：软体类，甲壳类，鱼类；总铬在甲壳类和软体类含量相当，在鱼类体内含量略小；汞在各种经济生物体内含量相当。但油类在软体类生物中已达到二类海洋生物质量标准。

总体来说，该海域生物质量状况良好。

表 5-20　防城港湾、珍珠湾、企沙半岛海区经济生物体内重金属和油类残毒分析结果（10⁻⁶）

项目	鱼类		甲壳类		软体类	
	变化范围	平均值	变化范围	平均值	变化范围	平均值
铜	0.18~0.66	0.44	4.03~7.91	5.83	0.90~2.31	1.60
铅	0.01~0.03	0.02	0.02~0.04	0.03	0.03~0.05	0.05
锌	4.48~6.59	5.55	10.62~15.71	13.15	7.93~14.14	11.09
总铬	0.07~0.19	0.13	b~0.31	0.14	0.08~0.23	0.14
镉	b~0.01	0.01	0.05~0.14	0.09	0.21~0.86	0.54
汞	0.004~0.016	0.01	0.001~0.030	0.01	0.004~0.018	0.01
砷	0.07~0.35	0.17	0.20~0.97	0.57	0.45~0.64	0.54
油类	10~16	13	7~9	8	10~21	16

5.3　小结

在防城港市海域共发现赤潮生物 58 种。其中硅藻赤潮生物 28 种，甲藻赤潮生物 25 种，金藻 4 种，蓝藻 1 种。其中防城港湾和珍珠湾海区共有赤潮生物 52 种，企沙半岛海区共有赤潮生物 43 种。这些赤潮生物中中肋骨条藻、琼氏圆筛藻、叉状角藻、拟旋链角毛藻、夜光藻易在春夏形成赤潮，而薄壁几内亚藻、球形棕囊藻易在秋季和春季形成赤潮，以上赤潮种生物量大，一旦形成赤潮危害很大。因此防城港海域丰富的赤潮种源是赤潮发生的物质基础。在本次调查中，各海区营养盐在不同的程度上均有超标现象，春季无机氮在防城港湾、企沙半岛海区均已超一类水质标准，夏季无机氮在企沙半岛海区已超一类水质标准，依据富营养化综合评价，无机氮含量在上述季节和海区均达到富营养化程度，为赤潮生物的迅速繁殖创造了良好的物质条件。另外防城港湾是一个水体交换缓慢的海湾，湾内纳潮量大，涨潮时流速缓慢，水位徐徐上升，而落潮时，束水归槽，水位骤然下降。这一特征有利于营养盐在湾内积聚，这也有利于浮游植物的集聚现象进而引发赤潮。

潮间带动物种类和多样性指数北仑河口数最大，其次为红沙海域，防城港湾最小；潮间带动物量为仑河口最大，防城港次之，红沙海区生物量最小。结果表明北仑河口潮间带生态环境最好，红沙海区次之，防城港湾最差。这说明人类活动对潮间带动物干扰较大。

防城港市海域海洋经济生物体内重金属含量较低，未受到重金属污染，但油类在软体类生物中已达到二类海洋生物质量标准。

第6章　防城港市海洋环境专项调查

6.1　北仑河口海洋环境调查

6.1.1　海水水质

6.1.1.1　调查时间、地点及监测项目

2011 年 11 月 17 - 18 日（大潮）、11 月 23 日（小潮）在北仑河口海域进行了海水水质调查，调查期间发现有赤潮发生。调查站位见第 2 章图 2 - 2 和表 2 - 4。水质调查监测项目包括水温、盐度、pH、溶解氧、悬浮物、化学需氧量、油类、活性磷酸盐、亚硝酸盐、硝酸盐、氨氮、铜、铅、锌、镉、总铬、汞和砷共 18 项。海水水质调查结果见表 6 - 1、6 - 2。

6.1.1.2　调查结果评价

（1）评价标准

本次调查海水水质在竹山港海域执行《海水水质标准》（GB 3097 - 1997）中的第三类水质标准，在北仑河口红树林海洋保护区执行第一类水质标准，在北仑河口农渔业区执行第二类水质标准。

（2）评价方法

采用单因子标准指数法对水质环境进行评价。选择 pH、DO、COD、油类、活性磷酸盐、无机氮、铜、铅、锌、镉、总铬、汞和砷为评价因子。评价方法详见第 9 章。

（3）评价结果

水质调查结果评价见表 6 - 3、6 - 4。

从表中可以看出，2011 年 11 月 17 - 18 日大潮期的调查中，1 个站的 pH、1 个站的 COD、6 个站的油类、2 个站的活性磷酸盐、2 个站的无机氮、5 个站的铅、3 个站的锌、4 个站的汞超标；在 2011 年 11 月 23 日小潮期的调查中，有 3 个站的 pH、2 个站的溶解氧、4 个站的 COD、6 个站的油类、7 个站的活性磷酸盐、6 个站的无机氮、3 个站的铅、4 个站的锌、1 个站的汞超标。

总体而言，超标的因子主要是 COD、油类、活性磷酸盐以及无机氮等陆源性污染物，表明北仑河口海域受陆源污染物的影响较大。超标的站位主要是 B01、B02、B07、B13、B14、B18 号站。这些站位距离陆地较近，易受陆源污染物的影响，而且这些站位均处于广西海洋功能区划划定的北仑河口红树林海洋自然保护区，水质管理目标较

表6-1 海水水质调查结果(2011年11月17-18日,大潮)

站号	水温/℃	盐度	pH	DO/mg·L⁻¹	悬浮物/mg·L⁻¹	COD/mg·L⁻¹	油类/mg·L⁻¹	活性磷酸盐/mg·L⁻¹	氨氮/mg·L⁻¹	硝酸盐/mg·L⁻¹	亚硝酸盐/mg·L⁻¹	铜/μg·L⁻¹	铅/μg·L⁻¹	锌/μg·L⁻¹	镉/μg·L⁻¹	总铬/μg·L⁻¹	汞/μg·L⁻¹	砷/μg·L⁻¹
B01	25.80	16.494	7.719	7.26	6.9	2.04	0.069	0.050	0.21	0.54	0.03	1.8	3.4	25.8	0.10	0.3	0.096	0.56
B02	25.80	20.124	7.908	7.74	9.0	1.61	0.231	0.020	0.11	0.28	0.02	2.0	2.2	△	0.17	0.2	0.028	0.40
B03	25.80	25.282	7.983	8.30	8.1	1.21	0.064	0.010	0.03	0.11	0.01	2.2	0.6	△	0.08	0.4	0.039	0.53
B04	25.70	26.619	7.986	7.81	10.4	1.41	0.028	0.010	△	0.03	△	1.3	0.6	△	0.15	0.7	0.040	0.59
B05	25.80	27.032	7.993	7.78	8.1	1.15	0.013	0.010	0.02	0.04	△	1.3	△	14.3	0.05	0.3	0.074	0.55
B06	25.80	20.922	8.008	8.74	3.3	2.20	0.055	0.020	0.13	0.22	0.01	1.2	△	14.5	0.10	0.2	0.103	0.45
B07	25.40	26.664	8.055	7.98	7.6	1.89	0.104	0.010	△	0.03	△	1.2	5.4	15.8	0.04	0.6	0.025	0.68
B08	25.00	28.856	8.035	7.62	5.2	1.17	0.014	0.010	△	0.02	△	1.5	△	15.1	0.06	0.4	0.028	0.57
B09	26.00	26.469	7.993	8.11	5.6	1.43	0.108	0.010	0.03	0.07	△	1.2	5.0	16.8	0.16	0.8	0.074	0.59
B10	26.00	27.818	8.042	10.72	2.1	1.87	0.143	△	0.01	0.02	△	2.1	0.1	18.7	0.50	0.5	0.074	0.43
B11	26.00	27.866	8.065	8.61	9.4	1.33	0.033	△	0.01	0.04	△	1.2	1.7	16.9	0.04	0.3	△	0.46
B12	25.60	28.858	8.065	7.56	6.8	1.21	0.013	0.010	0.02	0.02	△	1.4	2.8	20.9	0.12	0.5	△	0.50
B13	25.60	26.178	8.018	7.91	3.4	1.79	0.028	0.010	0.04	0.05	△	2.0	0.8	16.1	0.14	0.3	0.065	0.44
B14	25.80	26.254	8.013	7.80	3.5	1.77	0.026	0.010	0.02	0.03	△	1.3	1.1	20.1	0.05	0.4	0.071	0.46
B15	25.80	28.500	8.038	7.76	6.5	1.43	0.053	0.010	0.02	0.04	△	1.5	0.1	20.0	0.04	0.3	0.050	0.30
B16	25.50	28.465	8.030	7.48	6.2	1.63	0.020	△	0.01	0.04	△	1.4	1.6	19.6	0.07	0.3	△	0.55
B17	25.60	30.159	8.065	7.46	7.9	1.17	0.030	0.010	△	0.02	△	1.3	0.6	22.9	0.11	0.2	0.055	0.64
B18	25.00	28.654	7.989	7.39	9.2	1.49	0.020	0.010	0.02	0.03	△	1.5	4.5	25.3	0.13	0.4	0.079	0.35
B19	24.95	28.591	7.991	7.51	6.5	1.35	0.025	0.020	0.03	0.04	△	2.0	0.7	28.0	0.09	0.4	0.005	0.54
B20	25.00	27.587	8.002	7.46	2.9	1.63	0.021	0.010	0.03	0.06	0.01	1.3	△	28.8	0.09	0.5	0.054	0.41

注:△为未检出。

表6-2 海水水质调查结果(2011年11月23日，小潮)

站号	水温/℃	盐度	pH	DO/mg·L⁻¹	悬浮物/mg·L⁻¹	COD/mg·L⁻¹	油类/mg·L⁻¹	活性磷酸盐/mg·L⁻¹	氨氮/mg·L⁻¹	硝酸盐/mg·L⁻¹	亚硝酸盐/mg·L⁻¹	铜/μg·L⁻¹	铅/μg·L⁻¹	锌/μg·L⁻¹	镉/μg·L⁻¹	总铬/μg·L⁻¹	汞/μg·L⁻¹	砷/μg·L⁻¹
B01	22.70	9.563	7.677	4.93	4.7	2.53	0.115	0.070	0.03	0.54	0.05	2.5	3.4	40.0	0.13	0.4	0.019	0.30
B02	22.80	11.213	7.608	5.30	6.1	2.46	0.100	0.060	0.060	0.53	0.04	1.6	1.9	25.9	0.15	0.3	0.039	0.47
B03	22.40	15.105	7.549	5.34	5.7	2.10	0.085	0.050	0.06	0.43	0.04	1.1	0.8	21.0	0.09	0.3	0.030	0.45
B04	22.40	18.148	7.806	5.84	9.8	1.74	0.064	0.040	0.19	0.38	0.03	1.2	0.2	19.0	0.09	0.3	0.055	0.44
B05	22.80	19.387	7.777	6.00	4.3	1.58	0.054	0.040	0.08	0.33	0.02	1.4	2.5	22.6	0.08	0.3	0.046	0.34
B06	22.60	20.951	7.784	5.88	3.2	1.39	0.041	0.030	0.06	0.27	0.02	1.3	0.5	16.5	0.07	0.3	0.023	0.43
B07	22.30	23.566	7.815	6.12	2.0	1.37	0.039	0.030	0.07	0.18	0.01	1.1	6.1	12.7	0.06	0.5	0.098	0.35
B08	22.20	23.442	7.841	6.87	7.3	1.45	0.050	0.020	0.12	0.16	0.01	1.1	1.2	11.3	0.10	0.4	0.063	0.46
B09	22.20	23.845	7.874	6.72	2.8	1.45	0.035	0.020	0.08	0.11	0.01	1.5	3.0	17.5	0.11	2.9	0.074	0.34
B13	22.50	17.712	7.811	6.59	27.6	3.56	0.054	0.030	0.01	0.07	0.02	0.6	△	21.4	0.07	0.5	0.020	0.65
B14	22.60	20.151	7.791	6.11	13.6	2.67	0.046	0.030	0.12	0.03	0.02	0.5	△	20.9	0.13	0.2	0.080	0.65
B15	22.90	26.553	7.848	5.93	2.2	1.47	0.017	0.020	0.10	0.02	0.01	0.8	△	14.7	0.10	0.7	0.089	0.65
B16	22.90	28.704	7.926	6.29	1.4	1.19	0.021	0.020	0.01	0.05	△	0.8	△	13.4	0.05	3.0	0.089	0.63
B17	22.20	27.705	7.919	6.91	19.6	1.33	0.082	0.010	0.05	0.03	△	0.8	△	11.2	0.05	1.2	0.041	0.63
B18	22.20	29.183	7.908	7.26	3.8	1.43	0.060	0.010	0.04	0.03	△	0.8	0.5	15.7	0.06	0.4	△	0.50
B19	22.20	28.736	7.933	7.00	3.8	1.39	0.019	0.010	0.04	0.06	△	1.1	△	10.0	0.06	0.4	△	0.80
B20	22.40	26.664	7.890	6.76	1.6	1.49	0.049	0.010	0.07	0.06	△	0.9	0.8	12.3	0.06	6.5	△	0.56

注：△为未检出。

高（第一类水质标准）。

另外，pH 超标，主要是由于淡水径流的注入，使得海水 pH 偏低；由于海水的混合作用，大潮期的水质比小潮期的水质要好。

表 6 - 3　水质质量标准指数（2011 年 11 月 17 - 18 日）

海洋功能区	站号	pH	DO	COD	油类	活性磷酸盐	无机氮	铜	铅	锌	镉	总铬	汞	砷
保护区（一类）	B01	1.23	0.41	1.02	1.38	3.33	3.90	0.36	3.40	1.29	0.10	0.01	1.92	0.03
保护区（一类）	B02	0.69	0.19	0.81	4.62	1.33	2.05	0.40	2.20	0.00	0.17	0.00	0.56	0.02
港口区（三类）	B03	0.18	0.04	0.30	0.21	0.33	0.38	0.04	0.06	0.00	0.01	0.00	0.20	0.01
保护区（一类）	B04	0.47	0.16	0.71	0.56	0.67	0.15	0.26	0.60	0.00	0.15	0.01	0.80	0.03
农渔业区（二类）	B05	0.45	0.12	0.38	0.26	0.33	0.20	0.13	0.00	0.29	0.01	0.00	0.37	0.02
港口区（三类）	B06	0.21	0.14	0.55	0.18	0.67	0.90	0.02	0.00	0.15	0.01	0.00	0.52	0.01
保护区（一类）	B07	0.27	0.10	0.95	2.08	0.67	0.15	0.24	5.40	0.79	0.04	0.01	0.50	0.03
农渔业区（二类）	B08	0.33	0.20	0.39	0.28	0.33	0.07	0.15	0.00	0.30	0.01	0.00	0.14	0.02
农渔业区（二类）	B09	0.45	0.00	0.48	2.16	0.33	0.33	0.12	1.00	0.34	0.03	0.01	0.37	0.02
农渔业区（二类）	B10	0.31	0.83	0.62	2.86	0.00	0.10	0.21	0.02	0.37	0.10	0.01	0.37	0.01
农渔业区（二类）	B11	0.24	0.16	0.44	0.66	0.00	0.17	0.12	0.34	0.34	0.01	0.00	0.00	0.02
农渔业区（二类）	B12	0.24	0.20	0.40	0.26	0.33	0.13	0.14	0.56	0.42	0.02	0.01	0.00	0.02
保护区（一类）	B13	0.38	0.12	0.90	0.56	0.67	0.45	0.40	0.80	0.81	0.14	0.01	1.30	0.02
保护区（一类）	B14	0.39	0.16	0.89	0.52	0.67	0.25	0.26	1.10	1.01	0.05	0.01	1.42	0.02

海洋 功能区	站号	pH	DO	COD	油类	活性磷 酸盐	无机氮	铜	铅	锌	镉	总铬	汞	砷
农渔业区 （二类）	B15	0.32	0.12	0.48	1.06	0.33	0.20	0.15	0.02	0.40	0.01	0.00	0.25	0.01
农渔业区 （二类）	B16	0.34	0.22	0.54	0.40	0.00	0.17	0.14	0.32	0.39	0.01	0.00	0.00	0.02
农渔业区 （二类）	B17	0.24	0.23	0.39	0.60	0.33	0.07	0.13	0.12	0.46	0.02	0.00	0.28	0.02
保护区 （一类）	B18	0.46	0.39	0.75	0.40	0.67	0.25	0.30	4.50	1.27	0.13	0.01	1.58	0.02
农渔业区 （二类）	B19	0.45	0.23	0.45	0.50	0.67	0.23	0.20	0.14	0.56	0.02	0.00	0.03	0.02
农渔业区 （二类）	B20	0.42	0.25	0.54	0.42	0.33	0.33	0.13	0.00	0.58	0.02	0.00	0.27	0.01
最小值		0.18	0.00	0.30	0.18	0.00	0.07	0.02	0.00	0.00	0.01	0.00	0.00	0.01
最大值		1.23	0.83	1.02	4.62	3.33	3.90	0.40	5.40	1.29	0.17	0.01	1.92	0.03
平均值		0.40	0.21	0.60	1.00	0.60	0.52	0.20	1.03	0.49	0.05	0.01	0.54	0.02
超标率		5%	0	5%	30%	10%	10%	0	25%	6%	0	0	20%	0

表 6 – 4　水质质量污染指数（2011 年 11 月 23 日）

海洋 功能区	站号	pH	DO	COD	油类	活性磷 酸盐	无机氮	铜	铅	锌	镉	总铬	汞	砷
保护区 （一类）	B01	1.35	2.61	1.27	2.30	4.67	3.10	0.50	3.40	2.00	0.13	0.01	0.38	0.02
保护区 （一类）	B02	1.55	2.05	1.23	2.00	4.00	3.15	0.32	1.90	1.30	0.15	0.01	0.78	0.02
港口区 （三类）	B03	0.25	0.71	0.53	0.28	1.67	1.33	0.02	0.08	0.21	0.01	0.00	0.15	0.01
农渔业区 （二类）	B05	0.01	0.77	0.58	1.28	1.33	2.00	0.12	0.04	0.38	0.02	0.00	0.28	0.01
港口区 （三类）	B06	0.02	0.57	0.40	0.18	1.33	1.08	0.03	0.25	0.23	0.01	0.00	0.23	0.01
农渔业区 （二类）	B08	0.02	0.76	0.46	0.82	1.00	1.17	0.13	0.10	0.33	0.01	0.00	0.12	0.01

续表

海洋功能区	站号	pH	DO	COD	油类	活性磷酸盐	无机氮	铜	铅	锌	镉	总铬	汞	砷
农渔业区（二类）	B09	0.02	0.70	0.46	0.78	1.00	0.87	0.11	1.22	0.25	0.01	0.01	0.49	0.01
农渔业区（二类）	B11	0.04	0.49	0.48	1.00	0.67	0.97	0.11	0.24	0.23	0.02	0.00	0.32	0.02
农渔业区（二类）	B12	0.07	0.53	0.48	0.70	0.67	0.67	0.15	0.60	0.35	0.02	0.03	0.37	0.01
保护区（一类）	B13	0.97	0.78	1.78	1.08	2.00	0.50	0.12	0.00	1.07	0.07	0.01	0.40	0.03
保护区（一类）	B14	1.03	0.96	1.34	0.92	2.00	0.85	0.10	0.00	1.05	0.13	0.00	1.60	0.03
农渔业区（二类）	B15	0.05	0.74	0.49	0.34	0.67	0.43	0.08	0.00	0.29	0.02	0.01	0.45	0.02
农渔业区（二类）	B16	0.13	0.64	0.40	0.42	0.67	0.20	0.08	0.00	0.27	0.01	0.03	0.45	0.02
农渔业区（二类）	B17	0.12	0.48	0.44	1.64	0.33	0.27	0.08	0.00	0.22	0.01	0.01	0.21	0.02
保护区（一类）	B18	0.69	0.53	0.72	1.20	0.67	0.35	0.16	0.50	0.79	0.06	0.01	0.00	0.03
农渔业区（二类）	B19	0.13	0.46	0.46	0.38	0.33	0.33	0.11	0.00	0.20	0.01	0.00	0.00	0.03
农渔业区（二类）	B20	0.09	0.52	0.50	0.98	0.33	0.43	0.09	0.16	0.25	0.01	0.07	0.00	0.02
最小值		0.01	0.46	0.40	0.18	0.33	0.20	0.02	0.00	0.20	0.01	0.00	0.00	0.01
最大值		1.55	2.61	1.78	2.30	4.67	3.15	0.50	3.40	2.00	0.15	0.07	1.60	0.03
平均值		0.38	0.84	0.71	0.96	1.37	1.04	0.14	0.50	0.55	0.04	0.01	0.37	0.02
超标率		18%	12%	24%	35%	41%	35%	0	18%	24%	0	0	6%	0

6.1.2　沉积物

6.1.2.1　调查时间、地点及监测项目

2011 年 11 月 17－18 日，在北仑河口附近海域进行了沉积物质量现状调查。调查站位见第 2 章表 2－4 和图 2－4。沉积物调查项目包括铜、铅、锌、镉、总铬、汞、

砷、石油类、硫化物及有机碳共 10 项。调查结果见表 6 - 5。

表 6 - 5　沉积物质量调查结果（10^{-6}，有机碳为 10^{-2}）

站号	铜	铅	锌	镉	总铬	油类	有机碳	砷	汞	硫化物
B02	13.1	48.2	54.9	0.32	23.2	783.17	0.70	3.65	0.057	101.60
B03	8.7	40.6	40.6	0.24	11.5	244.40	0.36	2.55	0.041	12.41
B04	1.9	11.8	11.3	0.08	2.4	54.73	0.20	1.88	0.014	56.71
B05	4.7	19.2	27.6	0.18	2.9	77.21	0.23	2.13	0.010	41.96
B07	1.5	11.5	9.8	0.08	△	46.80	0.20	2.13	0.006	70.08
B08	1.3	10.2	12.0	0.12	0.9	38.93	0.11	1.77	△	58.02
B10	0.9	10.3	8.5	0.07	1.5	55.49	0.10	1.99	0.003	46.29
B11	2.7	11.5	12.8	0.07	0.1	44.98	0.13	1.37	0.013	59.75
B15	17.2	30.3	74.8	0.33	38.8	606.98	1.28	10.63	0.075	219.20
B18	2.6	11.9	12.5	0.09	1.0	72.99	0.17	2.45	0.004	210.83

注：△为未检出。

6.1.2.2　调查结果评价

（1）评价标准

沉积物质量评价在竹山港海域执行《海洋沉积物质量》（GB 18668 - 2002）中的第二类标准，在北仑河口红树林海洋保护区、北仑河口农渔业区为第一类标准。

（2）评价方法

评价方法与水质评价方法相同。采用铜、铅、锌、镉、总铬、汞、砷、油类、硫化物以及有机碳作为评价因子。

（3）评价结果

评价结果见表 6 - 6。从表中可以看出，2011 年 11 月的调查中，有 2 个站的油类超标，其余各站的各评价因子均符合相应的标准。总体而言，调查海区沉积物质量较好。

表 6 - 6　沉积物质量污染指数

海洋功能区	站号	铜	铅	锌	镉	总铬	油类	有机碳	砷	汞	硫化物
保护区（一类）	B02	0.37	0.80	0.37	0.64	0.29	1.57	0.35	0.18	0.29	0.34
港口区（二类）	B03	0.09	0.31	0.12	0.16	0.08	0.24	0.12	0.04	0.08	0.02
保护区（一类）	B04	0.05	0.20	0.08	0.16	0.03	0.11	0.10	0.09	0.07	0.19
农渔业区（一类）	B05	0.13	0.32	0.18	0.36	0.04	0.15	0.12	0.11	0.05	0.14

续表

海洋功能区	站号	铜	铅	锌	镉	总铬	油类	有机碳	砷	汞	硫化物
保护区（一类）	B07	0.04	0.19	0.07	0.16	0.00	0.09	0.10	0.11	0.03	0.23
农渔业区（一类）	B08	0.04	0.17	0.08	0.24	0.01	0.08	0.06	0.09	0.00	0.19
农渔业区（一类）	B10	0.03	0.17	0.06	0.14	0.02	0.11	0.05	0.10	0.02	0.15
农渔业区（一类）	B11	0.08	0.19	0.09	0.14	0.00	0.09	0.07	0.07	0.07	0.20
农渔业区（一类）	B15	0.49	0.51	0.50	0.66	0.49	1.21	0.64	0.53	0.38	0.73
保护区（一类）	B18	0.07	0.20	0.08	0.18	0.01	0.15	0.09	0.12	0.02	0.70
最小值		0.03	0.17	0.06	0.14	0.00	0.08	0.05	0.04	0.00	0.02
最大值		0.49	0.80	0.50	0.66	0.49	1.57	0.64	0.53	0.38	0.73
平均值		0.14	0.31	0.16	0.28	0.10	0.38	0.17	0.14	0.10	0.29
超标率		0	0	0	0	0	20%	0	0	0	0

6.1.3　生态环境

6.1.3.1　叶绿素 a

采用2011年11月17 - 18日的叶绿素 a 调查资料进行分析。调查站位见第2章表2 - 4和图2 - 4。调查结果见表6 - 7。

表6 - 7　叶绿素 a 调查结果　　　　　单位：μg/L

站号	B03	B04	B05	B07	B08	B10	B11	B12	B13	B15	B18	B20	平均值
叶绿素 a	1.47	3.58	1.17	5.25	2.45	5.84	5.64	2.05	7.08	3.48	2.62	6.08	3.89

采用营养状态指数（ TSI ）对叶绿素 a 含量进行评价。营养状态指数 TSI 按下式计算：

$$TSI = 10\left[6 - \frac{2.04 - 0.68\ln(chl)}{\ln 2}\right],$$

式中， chl 表示叶绿素 a 含量（mg/m³）。

评价标准： $TSI < 37$ 为贫营养型；$38 < TSI < 53$ 为中营养型；$TSI > 54$ 为富营养型。TSI 值小则水质较好，反之则水质较差。

评价结果见表6 - 8，从表中可以看出，此次调查有9个站位的水体营养状态指数在38 ~ 54之间，为中营养型；有2个站位的水体营养状态指数小于37，为贫营养型；

有 1 个站位的水体营养状态指数位于中营养型和贫营养型的临界点。

表 6 - 8　水体营养状态指数表

站号	B03	B04	B05	B07	B08	B10	B11	B12	B13	B15	B18	B20	平均值
TSI	34.3	43.1	32.1	46.8	39.4	47.9	47.5	37.6	49.8	42.8	40.0	48.3	42.5

6.1.3.2　浮游植物

（1）种类和组成

本次采集到的浮游植物有 6 大类 36 属 54 种，均属于热带、亚热带种。其中硅藻 16 属 33 种，占总种数的 61.1%；甲藻 9 属 11 种，占总种数的 20.4%；绿藻 4 种、着色鞭毛藻 3 种、蓝藻 2 种、裸藻 1 种。

浮游植物种类名录见表 6 - 9。

表 6 - 9　浮游植物种类组成

种类	学名	种类	学名
狭窄双眉藻	*Amphora angusta*	笔尖形根管藻	*Rhizosolenia robusta*
咖啡双眉藻	*Amphora coffeaeformis*	翼根管藻纤细变形	*Rhizosolenia alataf*
新月菱形藻	*Nitzschia closterium*	距端根管藻	*Rhizosolenia calcaravis*
条纹小环藻	*Cyclotella striata*	柔弱根管藻	*Rhizosolenia delicatula*
微小小环藻	*Cyclotella caspia*	斯托根管藻	*Rhizosolenia stolterfothii*
薄壁几内亚藻	*Guinardia flaccida*	念珠直链藻	*Melosira moniliformis*
中华盒形藻	*Bidduiphia sinensis*	具毒冈比甲藻	*Gamibierdiscus toxicus*
菱形海线藻	*Thalassionema nitzschioides*	链状裸甲藻	*Gymnodimium catenatum*
爱氏辐环藻	*Actinocyclus ehrenbergii*	裸甲藻	*Gymnodinium* sp.
中心圆筛藻	*Coscinodiscus centralism*	春滕沟藻	*Gonyaulax verior*
细弱圆筛藻	*Coscinodiscus subtilis*	微小原甲藻	*Prorocentrum minimum*
有翼圆筛藻	*Coscinodiscus bipartitus*	海洋原甲藻	*Prorocentrum micans*
纤细楔形藻长型变种	*Licmophor gracilis*	具尾鳍藻	*Dinophysis caudata*
楔形藻	*Licmophor* sp.	塔玛亚历山大藻	*Alexandrium tamarense*
大洋角管藻	*Cerataulina pelagica*	血红哈卡藻	*Akashiwo sanguinea*
波状石丝藻	*Lithodesmium undulates*	米氏凯伦藻	*Karenia mikimotoi*

续表

种类	学名	种类	学名
盾形舟形藻	*Navicula scutuformis*	锥状斯克里普藻	*Scrippsiella trochoidea*
帕维舟形藻	*Navicula pavillardi*	韦氏藻	*Westella botryoides*
柔软舟形藻	*Navicula mollis*	小球藻	*Chlorella* sp.
冰河舟形藻	*Navicula glacialis*	拟菱形弓形藻	*Schroederia nitzschioides*
多枝舟形藻	*Navicula ramosissima*	镰形纤维藻	*Ankistrodesmus falcatus*
拟旋链角毛藻	*Chaetoceros pseudocurvisetus*	束毛藻	*Trichodesmium* sp.
劳氏角毛藻	*Chaetoceros lauderi*	鱼腥藻	*Anabaena* sp.
优美旭氏藻	*Schroederella delicatulao*	球形棕囊藻	*Phaeocystis globosa*
覆瓦根管藻	*Rhizosolenia imbricata*	赤潮异弯藻	*Heterosigma akashiwo*
斯托根管藻	*Rhizosolenia stolterfothii*	海洋卡盾藻	*Chattonella marina*
刚毛根管藻	*Rhizosolenia setigera*	绿色裸藻	*Euglena viridis*

（2）数量分布

浮游植物个体数量见表 6–10。浮游植物个体数量分布范围为 $0.66 \times 10^7 \sim 26.40 \times 10^7$ cell/L，其中 B10 站个体数量最小，B13 站个体数量最大，全海域平均密度为 14.36×10^7 cell/L。

表6–10　浮游植物个体数量 单位：cell/L

站号	硅藻	甲藻	棕囊藻囊体	棕囊藻（由囊体估算）	其他	总计
B03	3 333	11 333	6	264 000 000	15 333	264 030 000
B04	9 438	0	6	264 000 000	6 742	264 016 854
B05	3 200	0	3	132 000 000	0	132 003 230
B07	12 706	4 235	5	220 000 000	9 176	220 026 118
B08	12 857	0	1	44 000 000	17 857	44 030 714
B10	30 989	0	0	6 593 407	3 297	6 629 011
B11	26 966	10 112	1	44 000 000	60 000	44 097 079
B12	19 121	1 319	1	44 000 000	1 319	44 021 758
B13	20 000	2 857	6	264 000 000	45 000	264 067 857
B15	13 846	1 319	4	176 000 000	659	176 015 824
B18	17 442	1 395	4	176 000 000	6 977	176 025 814

站号	硅藻	甲藻	棕囊藻囊体	棕囊藻（由囊体估算）	其他	总计
B20	4 000	1 333	2	88 000 000	2 000	88 007 333
平均	14 492	2 825	3	143 549 451	14 030	143 580 966

浮游植物中数量最大的为着色鞭毛藻门的球形棕囊藻，已形成囊体，囊体密度分布范围为 $1 \sim 6$ cell/L，平均为 3 cell/L，达赤潮密度。根据文献（陈菊芳等，1999），棕囊藻囊体由成千上万棕囊藻细胞包埋在胶质状的基质中形成个中空的球体。本次调查中棕囊藻囊体直径约 1.00 cm，经显微镜观察，棕囊藻细胞直径约 3.00 μm，由棕囊藻囊体球面积和棕囊藻细胞表面积进行估算，平均每个棕囊藻囊体含棕囊藻细胞约 4.4×10^7 个，调查海域棕囊藻个体数量分布范围为 $0.66 \times 10^7 \sim 26.40 \times 10^7$ cell/L，平均为 14.35×10^7 cell/L。

（3）优势种分析

此次调查海区浮游植物的优势种是球形棕囊藻 *Phaeocystis globosa*。

（4）生物评价

由于本次调查期间发生赤潮，球形棕囊藻数量大于其他浮游植物数量 $3 \sim 4$ 个数量级，浮游植物的种类多样性指数（H'）、种类分布均匀度（J）、种类丰度（d）、优势度（D）没有统计意义，故不进行计算。

6.1.3.3 浮游动物

采用 2011 年 11 月的调查资料进行分析。调查站位见第 2 章表 2 - 4 和图 2 - 4。浮游动物调查与水质调查同步进行，共布设 10 个调查站位。采用浅水 II 性浮游生物网从底层至表层垂直拖网 1 次，所采样品用 5% 中性甲醛固定，实验室内进行分类鉴定并计数。

（1）种类组成及生态特点

共采集到浮游动物 26 种。其中桡足类 14 种，多毛类 4 种，原生动物、栉水母类、介形类、樱虾类、糠虾类、异足类、毛颚动物、背囊动物各 1 种，均为热带、亚热带种类。种类最多的是 B15 站，为 16 种。B12 站采集到的到样品种类最少，为 8 种。浮游动物种类名录见表 6 - 11。

（2）生物密度、生物量平面分布

各站浮游动物生物密度、生物量见表 6 - 12。

从表中可以看出，B04 站浮游动物密度最高，为 3.06×10^4 个/m³；B12 站密度最低，为 0.63×10^4 个/m³。B04 站浮游动物生物量最高，为 2 875 mg/m³；B12 站底栖生物生物量最低，为 900 mg/m³。调查海区浮游动物的生物密度平均值为 2.05×10^4 个/m³，生物量平均值为 1 770 mg/m³。

表6-11 浮游动物种类名录

类群	种类	学名
桡足类	长日华哲水蚤	*Sinocalanus solstitialis*
	长尾基齿哲水蚤	*Clausocalanus furcatus*
	短角长腹剑水蚤	*Oithona brevicornis*
	分叉小猛水蚤	*Idya furcata*
	红纺锤水蚤	*Acartia erythraea*
	尖额谐猛水蚤	*Euterpina acutifrons*
	简长腹剑水蚤	*Oithona simplex*
	裸桂水蚤	*Delius nudus*
	拟长腹剑水蚤	*Oithona similis*
	驼背隆哲水蚤	*Acrocalanus gibber*
	驼背羽刺大眼水蚤	*Farranula gibbula*
	新纺锤水蚤	*Acartia*（*Acanthacartia*）*sinjiesis*
	中华矮水蚤	*Bestiolina sinica*
	中华哲水蚤	*Calanus sinicus*
多毛类	矮指蚕	*Pedinosoma curtum*
	方盘首蚕	*Lopadorhynchus unicinatus*
	游须蚕	*Pontodora pelagica*
	圆模裂虫	*Typosyllis monilata*
原生动物	夜光虫	*Noctiluca scintillans*
栉水母类	球型侧腕水母	*Pleurobrachia globosa*
樱虾类	汉森莹虾	*Lucifer hanseni*
糠虾类	全刺盲糠虾	*Pseudomma spinosum*
异足类	玫瑰明螺	*Atlanta rosea*
毛颚动物	柔弱箭虫	*Sagitta delicata*
背囊动物	异体住囊虫	*Oikopleura dioica*

表6-12 浮游动物生物密度及生物量分布

站号	种数	密度/个·m^{-3}	生物量/mg·m^{-3}
B03	13	27 667	2 306
B04	12	30 625	2 875
B05	9	23 034	2 231

续表

站号	种数	密度/个·m^{-3}	生物量/mg·m^{-3}
B07	10	18 199	1 456
B08	9	26 813	2 194
B12	8	6 300	900
B13	14	14 078	1 063
B15	16	21 411	1 380
B18	8	20 732	1 688
B20	9	16 078	1 608
平均	11	20 494	1 770

（3）生物评价方法

生物评价采用生物多样性指数（H'）法，并结合均匀度、丰度、优势度等群落统计学特征进行。详见第 9 章。

（4）生物评价结果

调查海区内浮游动物的种类多样性指数（H'）、种类分布均匀度（J）、优势度（D）、种类丰度（d）分别统计列于表 6 – 13 中。

表 6 – 13　浮游动物综合指数表

站号	多样性指数（H'）	均匀度指数（J）	优势度（D）	丰度指数（d）
B03	2.87	0.77	0.53	1.90
B04	2.84	0.79	0.53	1.77
B05	2.34	0.74	0.69	1.60
B07	2.93	0.88	0.48	1.94
B08	1.98	0.63	0.79	1.32
B12	2.69	0.90	0.50	1.84
B13	2.94	0.77	0.55	2.27
B15	2.55	0.64	0.71	2.36
B18	1.58	0.53	0.81	1.29
B20	2.70	0.85	0.52	2.05

从表中可看出，此次调查有 8 个站位的浮游动物生物多样性指数大于 2 而小于 3，

2 个站位的生物多样性指数大于 1 而小于 2。生物多样性指数位于中等偏上水平，表示该海域浮游动物物种丰富度较高，个体分布比较均匀。均匀度指数相对较高，优势度一般，表示该海域没有突出优势种。总体而言，该海域生态环境良好。

6.1.3.4　鱼卵、仔鱼

北仑河口附近海域布设 7 个站位进行了鱼卵、仔鱼调查，调查站位见第 2 章表 2 – 4 和图 2 –4。本次调查没有采集到鱼卵、仔鱼样本。

6.1.3.5　底栖生物

北仑河口附近海域进行了大型底栖生物调查与水质调查同步进行，共设 12 个调查站位，具体见第 2 章表 2 –4 和图 2 –4。采用开口面积为 0.05 m² 抓斗式采泥器采集沉积物样品，每站采集 5 次（以成功采集为准）。所采泥样用底层筛为 0.5 mm 网目的套筛进行冲洗，所得生物样品用 5% 中性甲醛固定。

（1）种类组成及生态特点

共采集到大型底栖生物 58 种，分属于 10 门，均为热带、亚热带物种。其中软体动物多毛类最多，达 30 种，占总种数的 52%；环节动物多毛类次之，为 13 种，占总种数的 22%；节肢动物甲壳类 8 种，占总种数的 14%；其他类（腔肠动物、线虫、纽形动物、星虫、腕足动物、棘皮动物和尾索动物）各 1 种。

各种类组成见图 6 –1。可见软体动物、环节动物、节肢动物和棘皮动物是该海区大型底栖生物的主要组成类群。

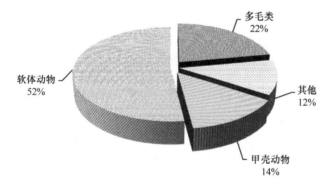

图 6 –1　底栖生物类群组成

（2）生物量及生物密度分布

各站大型底栖生物生物量、栖息密度组成见表 6 –14。可以看出，各调查站位生物量、生物密度分布不均，生物量分布范围为 6.68 ～653.53 g/m²，生物量最高的为 B13 站，最低的为 B20 站。生物密度分布范围为 20.0 ～1 543.4 个/m²，生物密度最高的为 B18 站，最低的为 B20 站。

整个调查海区的平均生物量为 174.09 g/m²，平均生物密度为 379.6 个/m²。软体

表 6-14 各站大型底栖生物生物量、栖息密度组成

站号	项目	软体动物	环节动物	节肢动物	棘皮动物	纽形动物	星虫	线虫	尾索动物	腕足动物	腔肠动物	总计
B03	生物量/g·m⁻²	626.60	—	—	—	—	11.53	—	—	15.40	—	653.53
	生物密度/个·m⁻²	260.0	—	—	—	—	6.7	—	—	6.7	—	273.3
B04	生物量/g·m⁻²	17.04	0.04	—	—	—	—	—	—	—	—	17.08
	生物密度/个·m⁻²	96.0	4.0	—	—	—	—	—	—	—	—	100.0
B05	生物量/g·m⁻²	85.20	0.13	2.87	—	—	—	—	—	0.87	—	89.07
	生物密度/个·m⁻²	826.7	6.7	113.3	—	—	—	—	—	6.7	—	953.3
B07	生物量/g·m⁻²	53.75	0.25	1.05	—	—	—	—	—	—	—	55.05
	生物密度/个·m⁻²	280.0	10.0	90.0	—	—	—	—	—	—	—	380.0
B08	生物量/g·m⁻²	108.75	1.20	2.50	—	—	—	—	—	—	—	112.45
	生物密度/个·m⁻²	150.0	5.0	25.0	—	—	—	—	—	—	—	180.0
B10	生物量/g·m⁻²	65.10	—	—	—	—	—	—	—	—	—	65.10
	生物密度/个·m⁻²	265.0	—	—	—	—	—	—	—	—	—	265.0
B11	生物量/g·m⁻²	17.56	1.04	0.08	—	—	—	0.04	—	—	—	18.72
	生物密度/个·m⁻²	96.0	28.0	8.0	—	—	—	4.0	—	—	—	136.0
B12	生物量/g·m⁻²	10.24	1.80	—	0.12	0.08	—	—	—	—	—	12.24
	生物密度/个·m⁻²	124.0	16.0	—	4.0	4.0	—	—	—	—	—	148.0
B13	生物量/g·m⁻²	673.93	0.13	—	—	—	1.33	—	—	—	—	675.39
	生物密度/个·m⁻²	440.0	6.7	—	—	—	20.0	—	—	—	—	466.7
B15	生物量/g·m⁻²	5.15	1.00	2.00	0.15	—	—	—	3.10	—	—	11.40
	生物密度/个·m⁻²	30.0	20.0	5.0	5.0	—	—	—	30.0	—	—	90.0
B18	生物量/g·m⁻²	370.70	0.80	0.55	—	—	—	—	—	—	0.30	372.35
	生物密度/个·m⁻²	1 493.4	20.0	20.0	—	—	—	—	—	—	10.0	1 543.4
B20	生物量/g·m⁻²	2.20	0.20	4.28	—	—	—	—	—	—	—	6.68
	生物密度/个·m⁻²	12.0	4.0	4.0	—	—	—	—	—	—	—	20.0
平均	生物量/g·m⁻²	169.69	0.55	1.11	0.02	0.01	1.07	0.00	0.26	1.36	0.03	174.09
	生物密度/个·m⁻²	339.4	10.0	22.1	0.8	0.3	2.2	0.3	2.5	1.1	0.8	379.6

动物在生物量和生物密度方面所占比例均为最高。

（3）优势种及其分布

此次调查大型底栖生物各站第一、第二优势种见表6-15。可看出，珠带拟蟹守螺出现频率和所占比例均最大，该种在B04、B05、B07、B10号站所占比例均超过50%，分别为88%、65%、63%和64%。沟纹毛肌蛤虽然只在B13站出现，但其生物密度占该站总生物密度的91%。B03站中的第一优势种为菲律宾偏顶蛤，其密度百分比也很高，为61%。可见，软体动物为该海区的主要优势种类。

表6.15 各站优势种及所占百分比

站号	第一优势种		第二优势种	
	种类	密度百分比/%	种类	密度百分比/%
B03	菲律宾偏顶蛤	61	珠带拟蟹守螺	10
B04	珠带拟蟹守螺	88	闪蚬	4
B05	珠带拟蟹守螺	65	纵带滩栖螺	9
B07	珠带拟蟹守螺	63	艾氏活额寄居蟹	22
B08	珠带拟蟹守螺	36	文蛤	17
B10	珠带拟蟹守螺	64	加里曼丹囊螺	6
B11	艾氏活额寄居蟹	47	江户明樱蛤	9
B12	秀丽织纹螺	35	绿血蛤	16
B13	沟纹毛肌蛤	91	可口革囊星虫	4
B15	文昌鱼	33	彩虹明樱蛤	28
B18	纵带滩栖螺	44	珠带拟蟹守螺	42
B20	闪蚬	20	长竹蛏	20

（4）生物评价

调查海区内大型底栖生物的种类多样性指数（H'）、种类分布均匀度（J）、优势度（D）、种类丰度（d）分别统计列于表6-16。可知，此次调查有5个站位的大型底栖生物多样性指数大于2小于3，有5个调查站位的生物多样性指数大于1小于2，有2个站位的生物多样性指数小于1。结合生物量、生物密度、均匀度指数和优势度指数等可发现，该海区虽然生物量较大、生物密度较高，但优势种却较为突出，个体分布不甚均匀。可能是由于调查海域位于河口，盐度、水温等理化条件变化幅度较大，不适于一般生物生长，而适应了这种恶劣理化环境的生物丰度却可以达到很高。另外由于该区域内基本没有工程项目，人为干扰较少，因此生物量和生物密度可以达到很高值。总体而言该海域生态环境保持较好。

表 6 – 16　大型底栖生物综合性指数表

站号	多样性指数（H'）	均匀度指数（J）	优势度（D）	丰度指数（d）
B03	1.97	0.66	0.63	1.31
B04	0.72	0.36	0.92	0.65
B05	1.90	0.50	0.66	1.82
B07	1.72	0.52	0.64	1.44
B08	2.80	0.81	0.17	1.93
B10	1.81	0.60	0.79	1.22
B11	2.67	0.77	0.56	1.97
B12	2.91	0.81	0.51	2.11
B13	0.58	0.25	0.93	0.65
B15	2.66	0.84	0.61	1.92
B18	1.93	0.48	0.85	1.81
B20	2.32	1.00	0.40	1.72

6.2　水体热污染调查

6.2.1　概述

　　水体热污染是向水体排放废热水或其他形式的废热造成的，主要是工业冷却水的排放。防城港市海域建有热电厂、核电厂、冶金、造纸等工业项目，产生大量的冷却水。其中，电厂的冷却水是水体热污染的主要污染源。水体热污染影响水质、水生生物和生态。水温的升高会导致水体中物理化学和生物反应速度增加并由此带来诸多严重影响，如：有毒物质毒性增强、需氧有机物氧化分解速度加快，耗氧量增加、水体缺氧加剧。水体热污染对植物的影响表现为减少藻类种群的多样性和加速藻类种群的演替。由于水生动物多为变温动物，水体热污染可以导致水生生物代谢机能失调直至死亡。水温升高加速微生物对有机物的分解，大量消耗溶解氧，从而导致水体中溶解氧的减少；同时水温升高也会使致病微生物活性增强、污染物毒性增加，进而导致水生动物的死亡。此外，水体热污染促进藻类的生长繁殖加大了赤潮的发生及其危害。水温升高还会削弱海洋的自净能力。鉴于此，广西科学院于 2012 年 1 月 9 – 10 日租用渔船 6 艘进行了防城港电厂附近海域现场水温观测以及同步的海洋水文观测。观测项目包括定点水温观测、走航水温观测、流速、流向、风、潮位。调查区域主要在防城港东湾，范围包括自电厂码头向北约 4.6 km、向南约 4.8 km、向东 4.4 km、向西 2.4

km 的海域。调查分析依据技术规范包括：《海洋调查规范》（GB 12763 – 91）、《海港水文规范》（JTJ 213 – 98）、《海滨观测规范》（GB/T 14914 – 94）等。

6.2.2 观测方案、方法

6.2.2.1 水温观测方案

在调查区域内，共设置 20 个断面分涨、落潮期进行走航观测，并设置 3 个定点站进行 27 h 连续观测。20 个断面共设置 157 个测点，在电厂排水口附近进行加密。其中 1#～106#点涨、落潮期均观测；107#～112#、139#～157#点仅在落潮期观测；113#～138#点仅在涨潮期观测。测点及断面位置见图 6 – 2。

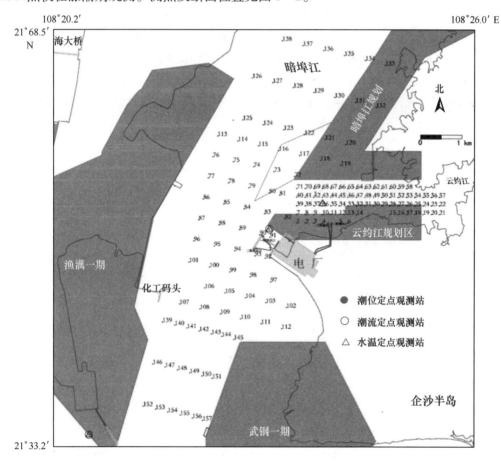

图 6 – 2　水温监测点及断面位置示意图

6.2.2.2 仪器及观测方法

（1）水温

使用仪器：青岛新天地科技有限公司海洋仪器厂生产的 WTR – 2 高精度数字水温

仪。该仪器的测量范围－3～36℃，测量精度0.06℃，测量周期10 s，分辨率0.01℃，工作环境－10～40℃。仪器在出海观测前在室内不同水温下进行比对测试，性能稳定。

观测方法：3个定点站在大潮期间进行连续不少于27 h的观测，每小时整点观测，观测层次水深$H \geqslant 5$ m采用六点法，即表层、$0.2H$、$0.4H$、$0.6H$、$0.8H$和底层；水深$H < 5$ m采用三点法，即$0.2H$、$0.6H$和$0.8H$。测验船舶双锚固定船位，测验期间发现走锚等现象时加测定位，调整船位。3条动船在设定断面走航观测，观测层次水深$H > 3$ m观测1 m层和$0.6H$层，水深$H \leqslant 3$ m时仅测1 m层。

（2）流速、流向

使用仪器：美国RDI公司自容式声学多普勒海流剖面系统（型号：WHS－600）、中国海洋大学SLC－9直读式海流计。

观测方法：在大、中、小潮期间进行连续27 h同步全潮观测，从高潮前1 h始测。每小时正点观测，涨、落急和涨、落憩加测，观测层次水深$H \geqslant 5$ m采用六点法，即表层、$0.2H$、$0.4H$、$0.6H$、$0.8H$和底层；1.5 m$\leqslant$水深< 5 m采用三点法，即$0.2H$、$0.6H$、$0.8H$层；水深$H < 1.5$ m采用一点法，即$0.6H$层。测验船舶单锚固定船位，测验期间发现走锚等现象时加测定位，调整船位。

（3）潮位

使用英国Valeport公司MiniTIDE潮位仪、直立式水尺。整点观测1次，在高、低平潮前后半小时加密至10分钟1次。

（4）水深

使用水深锤。用标好刻度水深锤测深，定点站每小时观测1次，动船观测到达设定垂线位置立即观测。

6.2.3 水温观测结果与分析

6.2.3.1 定点观测点结果与分析

图6－3～6－5为3个定点观测站25 h的各个层次水温监测过程曲线。

（1）排水口附近

由图6－3可见，距排水口直线距离约440 m的水温观测点，从1月9日落潮13：00至涨潮初始19：00，其水温稳定在25～27℃；而从21：00以后，水温回落到正常水平，范围约在12～15℃之间；在涨潮时段的大部分时间内（21：00－次日6：00），电厂排出的高温水随涨潮流向东面的云约江河口扩散，对监测点以西海域的水温影响较小；此外，由于该监测点所处位置水深较浅，除涨潮初期几个小时的表底层水温差异较大外，其他时刻的各层水温差异较小，不超过0.5℃，说明正常状态下，水体混合充分。落潮时（9日13：00－17：00），电厂高温水排放对排水口附近监测点所处海域有较大影响，比正常水温高12～15℃。

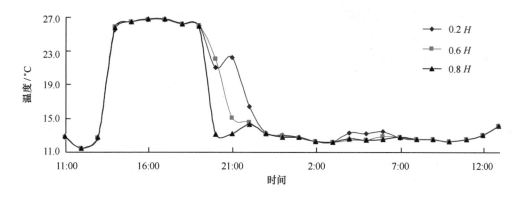

图6-3 排水口附近定点观测点水温过程线

（2）取水口附近

取水口附近的观测点位置位于一期取水口东北侧航道附近（直线距离约230 m），该点流速大，流场较为复杂，加之测量期间有较大风浪发生，从而导致该点的原始水温数据受到干扰较多，规律性较差。为了更好的表达该点的水温变化过程，对原始测量数据首先剔除个别明显不合理观测值，然后对该时刻水温通过一元三点法进行插值。在此基础上，对水温序列利用五点三次平滑法进行滤波得到该测点水温变化过程。从图6-4可见，在取水口附近观测点，15：00-21：00处在低潮位阶段，水温受落潮流带来的湾内温排水的影响导致该点水温较高，16：00观测到的0.2H层水温超过15℃。同时由于高温水集中在上层，此时段观测到的表底层温差也较大。17：00后水温逐渐回落，至19：00已基本回落至正常水平，此时海域已转为涨潮过程，不受排水口高温水影响。从22：00至次日6：00，水温较为稳定，维持在12～13℃，但从7：00时至13：00，个别时刻表底层水温波动较大，这与此时段风浪较大有关。

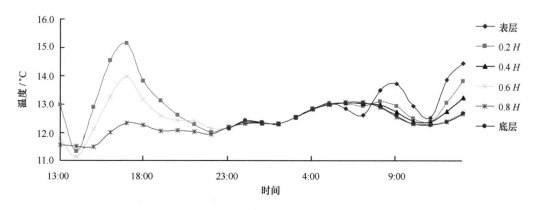

图6-4 取水口附近定点观测点水温过程线

（3）20万吨矿石码头西南侧

图6-5为20万吨矿石码头西侧定点观测的水温过程曲线，从图中可见，9日11：00-14：00，因船定位靠近岸边浅滩，除初始一两个时刻水温稍大于其后几个时刻外，水温基本维持在12.3℃左右；14：00-22：00，除19：00-20：00，水温波动至12.5℃，其余时刻稳定在12.2℃左右。从23：00开始，水温上升至12.6~13.2℃之间，与其他两个观测点同步资料比较发现，该时段个别时刻观测到的水温比其他两个观测点高0.1~0.5℃，分析其原因，可能是由于该观测点靠近进出西湾的航道附近，主要受进出西湾的SE-NW向往复流作用，来往行船、码头泊船装卸时的废水排放、采砂船挖沙作业以及10日凌晨至早上11：00的较强风浪均有可能对观测结果造成影响。

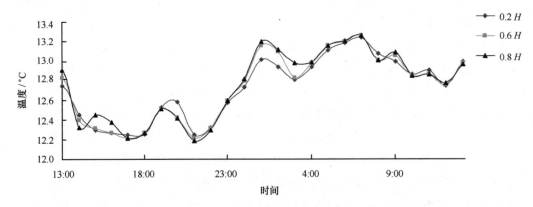

图6-5 20万吨矿石码头西南侧定点观测点水温过程线

6.2.3.2 走航观测结果与分析

（1）落潮时段

图6-6、6-7为落潮中间时刻走航断面垂线点表层的水温分布及其水温等值线。从图6-6、6-7可知，落潮时，排水口高温水随落潮流向西北扩散，排水口附近的水温10#、11#点的水温可达25℃，9#达20℃，11#东面的12#点水温有15.88℃，显示排水口高温水向东影响的范围在12#附近；由于8#附近已有土石方填埋并与陆地相连，因此高温水绕过8#扩散至38#附近，该处的水温为17.51℃，但到达38#西面的39#时水温回落至正常水温11.52℃，而高温水扩散至7#、82#、1#以及2#点附近时水温为13.0℃，这表明高温水随落潮流向西扩散的影响范围约在这些点所处的海域。除此之外，其余观测到的断面垂线点水温大多在11~12℃。从等值线的分布上看，高于24.0℃水温包络面积约为0.024 km²，大于20.0℃水温扩散面积约为0.072 km²，超过14.0℃水温扩散面积约0.49 km²。值得注意的是，由于落潮中间时刻落潮较快，一些垂线点因水深较浅或已填海为陆地而无法观测，如3#~5#以及15#~22#等，这可能会

对等值线包络面积统计产生影响。

（2）涨潮中间时刻

图6-8、6-9为涨潮中间时刻走航断面垂线点表层的水温分布及其水温等值线分布。从图6-8、6-9可知，涨潮时，排水口高温水随涨潮流向东面的云约江扩散，以12#附近的水温最高，达24.67℃，其东面附近的点13#、14#也达24℃左右；同时，14#东南面的32#、31#达23℃左右，再向东水温逐渐降低，至52#以及22#的东面已回落至12℃；12#西面的9#~11#水温为14~15℃，再往西大部分垂线点水温约为11~13℃。从等值线的分布上看，水温超过24.0℃的扩散面积约0.029 km²，大于20.0℃的水温扩散面积约0.46 km²，超过14.0℃的扩散面积可达1.31 km²。与落潮断面走航观测时类似，由于局部海域已填海为陆地或是水深较浅，船无法到达而未能观测，这对等值线的面积统计会有影响。总之，涨潮时，除排水口及其以东附近海域水温较高外，其余海域基本为自然状态下的正常水温。

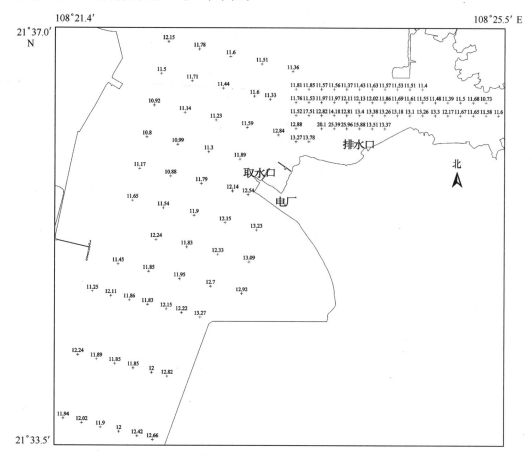

图6-6 落潮时各断面垂线点表层水温分布（℃）

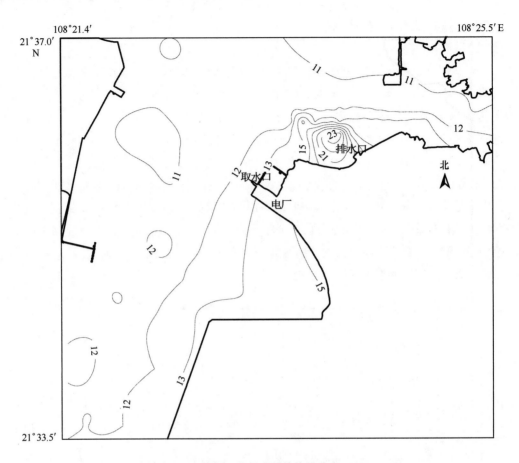

图 6 - 7　落潮时表层水温等值线分布（℃）

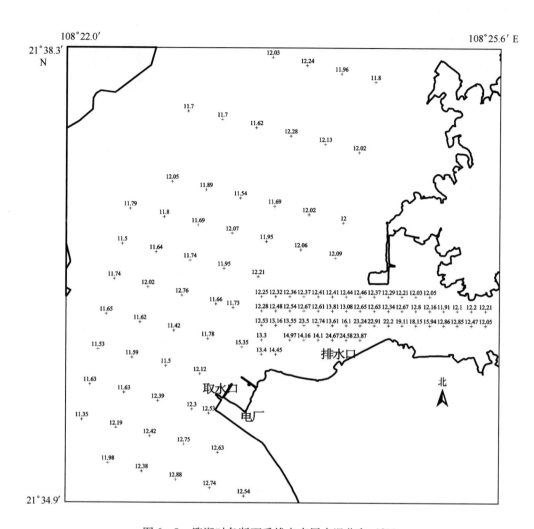

图 6-8　涨潮时各断面垂线点表层水温分布（℃）

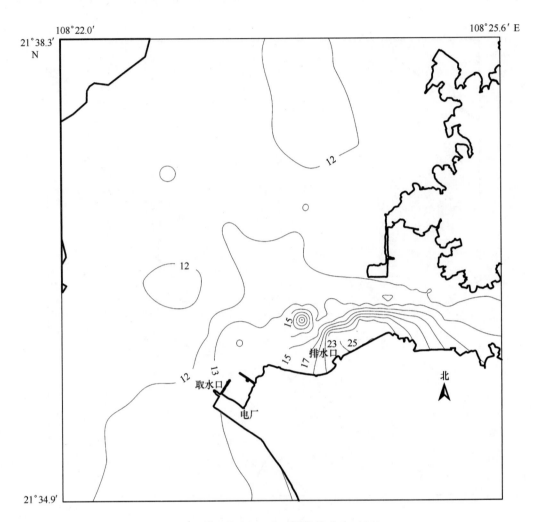

图6-9 涨潮时表层水温等值线分布（℃）

第7章 污染源和污染物入海量

7.1 陆域污染

陆域污染物或称陆源污染物，是近岸海洋污染物的主要来源之一。近岸海洋环境质量状况是陆域生态环境状况的反映。流入防城港市海域的河流中北仑河与防城江的年入海径流量约占广西 22 条干流独流入海径量的 10% 左右，排入海污染源主要包括工业污染源、独流入海河流污染源、城镇生活污水污染源和船舶污染源。

排入防城港市海域的陆源污染物，主要为化学耗氧物质、氨氮、油类物质、磷酸盐和重金属等，这些陆源污染物按照排放污染物的空间分布方式，可分为：① 点源：即有固定排污口的工业三废污染源；② 非点源：即生活污染、畜禽粪便污染、农业养殖化肥污染等污染源。

2011 年，防城港市实施监测的有 3 个主要陆源入海排污口，分别为防城港市污水处理厂排污口（原华泰污水处理厂入海排污口）、东兴市城东污水处理厂排污口（原东兴市政入海排污口）和企沙入海排污口，上述 3 个排污口均为市政排污口，其中防城港市污水处理厂排污口为防城港市的重点排污口。

2011 年 3、5、8、10 月对入海排污口排污状况的监测结果显示：防城港市实施监测与评价的 3 个入海排污口中，全年 4 次监测均存在超标排污现象，超标率达 100%。

2011 年监测的 3 个入海排污口中，超标排放的污染物主要有化学需氧量、氨氮、总磷、悬浮物等，排海总量约为 2 258 t，其中 COD 为 1 722 t，占主要污染物入海总量的 76.3%，氨氮为 104 t，占主要污染物总量的 4.5%，总磷为 15 t，占主要污染物总量的 0.7%，悬浮物为 417 t，占主要污染物总量的 18.5%。石油类、生化需氧量（BOD_5）和铜、锌、铬、汞、镉、砷、铅等元素未发现超标现象。

由于现阶段资料及技术条件所限，沿岸大气中的污染物质未纳入本次研究的范围。本章所采用的计算方法主要参考《象山港海洋环境容量及污染物总量控制研究》。

7.1.1 工业污染

工业污染物排放状况的调查以及数据的直接获取难度很大。由于行业不同，排放的污染物的种类和数量方面也存在很大差异，通过工业产值推算污染物的排放量亦不可行。表 7-1 为防城港市近年的工业废水排放量及达标率。可以看出其废水排放达标率在近几年均超过了 90%。因此通过工业废水排放情况估计工业污染物的排放量。根据《污水综合排放标准（GB 8978 - 1996）》，北部湾海域按一级标准排放，COD 及 BOD_5 的最高允许排放浓度分别为 100 mg/L 和 20 mg/L。按最高允许排放浓度计算可得，2009 年 COD 和 BOD_5 的总排放量分别为 3 862 t 和 772 t，2010 年 COD 和 BOD_5 的总排放量分别为 5 889 t 和 1 178 t。COD 入海量以其排放量的80%计，依此可得，2009 年 COD 和 BOD_5 的入海量分别为 3 088 t 和 617.6 t，2010 年 COD 和 BOD_5 的入海量分别为 4 711.2 t 和 942.4 t。

表 7 -1　2001 年以来防城港市工业废水排放情况

项目	2001 年	2002 年	2003 年	2004 年	2005 年
工业废水排放量/10^4 t	1 366	1 725	2 043	2 029	2 216.7
达标量/10^4 t	656	1 354	820	1 290	1 852.8
达标率/%	48	78.5	40.1	63.6	83.6
项目	2006 年	2007 年	2008 年	2009 年	2010 年
工业废水排放量/10^4 t	2 227.4	2 760	3 093	3 862	5 889
达标量/10^4 t	1 874.7	2 472	2 850	3 509	5 639
达标率/%	84.2	89.6	92.2	91.4	95.8

7.1.2　生活污染

生活污染包括生活污水和人粪尿污染。生活污染的产生量可以通过排污系数法计算获得。该方法通过试验得到的人均排污系数乘以人口数得到生活污染产生量。防城港市人口总数 2009 年约为 86.7 万，2010 年约为 86 万，城镇人口比例按 25% 计。人粪尿以 10% 进入水环境计入计算。生活污染在入海之前存在净化过程，包括化粪池处理率及自然净化率，二者分别为 25% 和 30%。表 7 -2 为本次研究采用的生活污染排放系数。经计算可得防城港市 2009、2010 年入海的生活污染量（见表 7 -3）

表 7 -2　采用的生活污染排放系数　　　　　　　单位：kg/（a·人）

污染物	COD	BOD_5	总氮	总磷
农村生活污水	5.84	3.39	0.584	0.146
城镇生活污水	7.30	4.24	0.73	0.183
人粪尿	13.52	7.84	2.816	0.483

表 7-3 防城港市全年入海的生活污染

单位：t

区域	COD		BOD$_5$		总氮		总磷	
	2009 年	2010 年	2009 年	2010 年	2009 年	2010 年	2009 年	2010 年
防城港市	2 890	2 861	1 721	1 703	391	386	83. 7	82. 9
港口区	568	562	330	326	75	74	16. 0	15. 9
防城区	1 822	1 803	1 057	1 046	240	237	51. 4	50. 9
东兴市	500	495	334	331	76	75	16. 2	16. 1

7.1.3 畜禽养殖污染

表 7-4 为防城港市 2009、2010 年畜禽年末存栏量。畜禽养殖污染计算采用排污系数法，表 7-5 为各畜禽污染物排放系数，其中 BOD$_5$ 以 60% 进入水体计。畜禽污染物入海前的流失率和降解率分别取 30% 和 50%。表 7-6 给出了防城港市 2009、2010 年畜禽养殖污染物入海量。

表 7-4 2009、2010 年畜禽年末存栏量

区域	牛/头		猪年末存栏数/头		羊年末存栏数/只		家禽年末存栏数/只	
	2009 年	2010 年	2009 年	2010 年	2009 年	2010 年	2009 年	2010 年
防城港市	81 568	82 500	234 594	240 600	9 429	12 000	3 824 800	3 977 800
港口区	4 600	4 600	7 600	8 500	600	600	351 900	375 200
防城区	35 000	35 500	134 300	137 400	6 600	8 900	1 608 000	1 707 000
东兴市	8 582	8 500	51 202	51 700	1 140	1 400	714 500	714 600

表 7-5 畜禽污染物排放系数

畜禽	COD	BOD$_5$	总氮	总磷
牛/kg·(a·头)$^{-1}$	76. 91	193. 67	29. 08	7. 23
猪/kg·(a·头)$^{-1}$	3. 78	25. 98	0. 94	0. 16
羊/kg·(a·只)$^{-1}$	4. 4	2. 7	4. 23	1. 43
家禽/kg·(a·只)$^{-1}$	0. 233	0. 559	0. 138	0. 026

表7-6 防城港市2009、2010年入海的畜禽污染 单位：t

区域	COD		BOD$_5$		总氮		总磷	
	2009年	2010年	2009年	2010年	2009年	2010年	2009年	2010年
防城港市	717	728	1 782	1 810	419	440	78	79
港口区	68	69	70	78	30	24	10.2	10.7
防城区	521	531	1 239	1 259	332	359	46.7	48.5
东兴市	128	127	473	474	57	56	20.7	20.3

7.1.4 农业化肥污染

表7-7和表7-8分别为防城港市2009、2010年使用化肥折纯量统计和2009、2010年化肥氮、磷入海量。化肥进入土壤后，通过淋溶、挥发、地表径流等方式损失进入到土壤、水体和大气中，小部分被作物吸收。化肥中氮、磷入海量可按下式计算：

$$Q = V \times K_s,$$

式中，Q 为入海量；V 为折纯后的化肥用量；K_s 为流失率，对于氮肥和磷肥分别取 20% 和 5%。复合肥氮、磷、钾按 1:1:1 计算。

表7-7 防城港市2009、2010年化肥折纯量 单位：t

	2009年				2010年			
	全市	港口区	防城区	东兴市	全市	港口区	防城区	东兴市
氮肥	4 265	358	3 348	559	4 391	357	3 456	578
磷肥	2 343	236	1 850	257	2 495	237	1 891	367
复合肥	5 216	306	3 890	1 020	5 464	312	4 052	1 100

表7-8 防城港市2009、2010年化肥氮、磷入海量 单位：t

	2009年				2010年			
	全市	港口区	防城区	东兴市	全市	港口区	防城区	东兴市
氮	1 196	93	935	169	1 201	92	929	180
磷	204	17	155	33	204	17	157	30

7.1.5 河流入海污染物

陆源污染物的入海途径以入海径流为主。由《防城港2011年海洋环境质量公报》

及《广西海洋环境质量公报》（2007 – 2010）可得防城江排放入海 COD 量，见表 7 – 9，其中，2009 年防城江的 COD 入海量为 18 626 t。由表 7 – 9 可以看出，在 2009 – 2010 年，防城江的 COD 入海量存在大幅增加，这可能与相关统计方面的数据有关，其合理性尚待进一步核实，在此权且列出。

表 7 – 9　历年防城江排放入海 COD 量　　　　　　　单位：t

年份	2007 年	2008 年	2009 年	2010 年	2011 年
入海量	4 580	10 704	18 626	91 677	79 898

7.2　海域污染

7.2.1　海水养殖污染

防城港湾是半封闭的海湾，海水交换能力不强。防城港市近岸海域广泛分布着海水养殖区域。根据《防城港市渔业"十二五"发展规划（2011 – 2015）（初稿）》，在"十二五"期间防城港市将建设多个海水养殖区，如表 7 – 10 所示。可以预见，海水养殖业的自身污染必然成为不可忽视的问题，其导致的水质环境的恶化使得近岸海域环境和生态系统受到破坏，甚至导致赤潮发生，最终对防城港沿海经济可持续发展产生负面影响。

表 7 – 10　海水养殖"十二五"产业布局

养殖区	养殖数量	区位
对虾养殖区	5 670 hm²	东兴市江平镇榕树头为中心，沿海岸西至东兴市竹山口，东至防城区防城江口
网箱养殖区	200 万 m³	防城区江山半岛、港口区企沙半岛沿海为重点
珍珠养殖区	200 hm²	防城区江山乡白龙珍珠港为重点
文蛤增养殖区	2 900 hm²	东兴市江平镇巫头海域为重点，辐射防城区江山、港口区光坡沿海
牡蛎增养殖区	4 300 hm²	防城区茅岭海域为重点，辐射防城区江山、港口区光坡沿海

7.2.1.1　鱼类养殖污染

鱼类养殖过程中的残饵及鱼类代谢过程中的可溶性废物流失到海水中，影响海水质量。一般可认为，鱼类对饵料中碳、氮和磷的真正利用率可取 24%，配合饲料中含有的其余的碳、氮和磷最终有 51% 溶解在水中，25% 以颗粒态沉于底部。根据此参数所表征的转移过程，可有：

总投入饵料中氮、磷、碳的量：

$$T = TF \times K,$$

进入水体的氮、磷、碳的量：

$$UM = T \times 51\%,$$

式中, TF 为总投饵量; K 为氮、磷、碳在饵料中的百分比。对于氮、磷、碳, 其在饵料中的百分比分别为 7% 、1.04% 和 44.4% 。

碳和 COD 的换算关系：碳的量 $\times 4 =$ COD 的量。

7.2.1.2 虾、蟹类养殖污染

对虾养殖主要靠人工投饵、残饵是其自身污染的主要来源。与鱼类养殖类似, 虾、蟹类养殖中饵料中的碳、氮和磷的转化过程可表示为：

总投入饵料中氮、磷、碳的量：

$$T = TF \times K,$$

进入水体的氮、磷、碳的量：

$$UM = T \times 16\%,$$

式中, TF 为总投饵量; K 为氮、磷、碳在饵料中的百分比。对于氮、磷、碳, 其在饵料中的百分比与鱼类取相同值, 分别为 7% 、1.04% 和 44.4% 。

7.2.1.3 贝类养殖污染

贝类养殖不需要人工投饵, 它通过过滤水体中浮游生物和有机颗粒而摄食。虽然贝类摄食会减少水体中的营养负荷, 但贝类的代谢物会增加水中的碳、氮和磷的含量。贝类排泄物参考值（每吨贝排泄物的吨数）为：氮: 0.001 7, 磷: 0.000 26, 碳: 0.010 7。

7.2.1.4 海水养殖污染估算

表 7 – 11 为防城港市海水养殖产量情况, 按前述计算方法分别估算鱼类、虾蟹类及贝类养殖产生的污染见表 7 – 12。其中饵料系数经咨询当地专家取 1.1, 即: 投饵量 $= 1.1 \times$ 产量。

表 7 –11　防城港市海水养殖产量

单位: t

	2009 年				2010 年			
	全市	港口区	防城区	东兴市	全市	港口区	防城区	东兴市
鱼类	7 817	4 096	3 633	88	8 304	4 382	3 826	96
虾蟹类	30 527	6 872	8 226	15 429	32 691	7 286	8 802	16 603
贝类	180 647	84 272	53 314	43 061	192 878	89 473	57 054	46 351
其他	1 721	1 306	415		1 789	1 357	432	
合计	220 712	96 546	65 588	58 578	235 662	102 498	70 114	63 050

表 7 – 12　海水养殖污染估算　　　　　　　　　　　单位：t

		2009 年				2010 年			
		全市	港口区	防城区	东兴市	全市	港口区	防城区	东兴市
鱼	COD	7 803	4 089	3 627	88	8 289	4 374	3 819	96
	N	307	161	143	3	326	172	150	4
	P	46	24	21	1	48	26	22	1
虾蟹	COD	9 560	2 152	2 576	4 832	10 238	2 282	2 756	5 200
	N	376	85	101	190	403	90	108	205
	P	56	13	15	28	60	13	16	30
贝	COD	7 732	3 607	2 282	1 843	8 255	3 829	2 442	1 984
	N	307	143	91	73	328	152	97	79
	P	47	22	14	11	50	23	15	12
总计	COD	25 095	9 848	8 484	6 763	26 782	10 485	9 018	7 279
	N	990	389	335	267	1 057	414	356	287
	P	148	58	50	40	158	62	53	43

7.2.2　海上船舶油污染估算

海上船舶油污染包括含油压舱水、洗舱油污水、船底油污水以及小型船只（100 t以下）产生的污水。舱底油污水中的油量估算可按下列方法进行：

对于吨位大于 100 t 的船只：

$$Y = Y_d \times C,$$

式中，Y 为舱底油污水的油量（t/a）；Y_d 为舱底油污水量（t）；C 为舱底油污水含油量（mg/L）。取值范围为 2 000 ~ 20 000 mg/L。平均停港时间按 2 d 计。

对于 100 t 以下的船只油污水：

$$Y = Y_d \times D,$$

式中，Y 为舱底油污水的油量（t/a）；Y_d 为舱底油污水量（0.005 t/d）；D 为舱底油污水中含油比例（取 3‰）。

表 7 – 13 和表 7 – 14 分别为防城港市民用运输船舶及渔用机动船的拥有量，表 7 – 15 为防城港 2005 – 2010 年分船种进出港船舶统计。利用表中数据按上述方法计算得到的防城港市海上船舶油污染结果。由于大型船舶与运输船的油污水一般收集后集中处理，并不直接排海，因此运输船及大型船舶产生的油污染不予考虑。一般情况下的船舶油污染主要来自渔船，见表 7 – 16。此外，据专家调查，防城港海域存在一定数量的边贸船只可能导致油污染。

表 7 – 13　防城港市民用运输船舶拥有量

	2005 年	2006 年	2007 年	2008 年	2009 年	2010 年
数量/只	139	149	238	174	202	221
吨位/t	33 938	55 519	194 511	337 855	374 696	470 747

表 7 – 14　防城港市渔用机动船拥有量　　　　　　　单位：只

年份	港口区	防城区	上思县	东兴市	合计
2008	1 698	684	12	202	2 596
2009	1 711	695	12	206	2 624
2010	1 717	704	12	231	2 664

表 7 – 15　防城港 2005 – 2010 年分船种进出港船舶统计表

类别		2005 年		2006 年		2007 年		2008 年		2009 年		2010 年	
		合计	万吨以上	合计	万吨以上	合计	万吨以上	合计	万吨以上	合计	万吨以上	合计	万吨以上
合计	艘次	23 871	762	49 581	963	60 078	1 166	33 354	1 237	31 430	1 429	31 711	1 604
货船	油船　艘次	283	7	325	0	320	8	378	15	370	20	353	2
	液化气船　艘次	0	0	4	0	9	0	23	2	40	8	80	8
	散化船　艘次	86	0	85	0	86	4	143	1	170	6	175	24
	散货船　艘次	690	644	879	784	2 408	871	3 802	969	4 899	1 169	5 072	1 340
	集装箱船　艘次	1 285	38	1 572	40	1 831	128	1 753	106	1 623	46	1 223	31
	滚装船　艘次	0	0	2	2	2	2	2	2	2	2	4	0
	其他货船　艘次	21 472	73	46 666	137	55 384	153	27 136	142	24 213	177	24 618	195
顶推船拖轮	艘次	40	0	38	0	22	0	66	0	73	0	47	0
驳船	艘次	5	0	8	0	4	0	11	0	4	0	0	0
非运输船	艘次	10	0	2	0	12	0	40	0	36	1	139	4

表 7 – 16　船舶油污染估算　　　　　　　　　单位：t

	2005 年	2006 年	2007 年	2008 年	2009 年	2010 年
渔船				97.7	99.0	100.4

综合上述计算可以看出，海水养殖是防城港海域污染物的主要来源。以 COD 为例，海水养殖导致的污染物排放远大于工业污染源、生活污染源和畜禽养殖等排放的

总和。对于氮、磷而言，海水养殖导致的入海污染物与生活污染、畜禽养殖污染、化肥污染的总和相当。这说明在防城港海域，海水养殖是最主要的海洋污染来源，以2010 年 COD 排放为例，港口区、防城区和东兴市分别为 10 485 t、9 018 t 和 7 279 t。就污染增长速率来看，增长最快的为工业污染，工业废水排放量在 2008 年前增幅一般不超过 20%，2009 年工业废水排放量相对 2008 年增加了约 25%，2010 年增幅高达 52.4%。生活污染是另一个入海污染物质的重要来源，在 COD、BOD_5、氮、磷的排放中均占有相当大的比例。生活污染的增长率与人口增长和城镇化程度等因素有关，可以推测，其未来的增幅相对不会很大。

第8章　防城港市沿岸环境容量初步计算

防城港市地处北回归线以南低纬度地区，气候属于亚热带海洋性季风气候，冬季温暖，夏季多雨，季风明显。防城港湾三面丘陵环抱，东为企沙半岛，西为白龙尾半岛，湾口向南敞开，中间被渔澫岛分为东西两个海湾，湾内地形隐蔽、水域宽阔，属于天然避风深水良港。西湾为防城江主流入海通道，东湾也是防城江通过渔澫岛顶端的水道后的入海通道之一，除此之外无大河流注入。

水环境容量是指一定水体在规定环境目标下所能容纳污染物的量，其容量大小与水体特征、水质目标和污染物特性有关。海洋环境容量问题属于海洋环境科学中的基础理论问题，GESAMP（联合国海洋污染专家小组）认为"环境容量是环境的特性，在不造成环境不可承受的影响的前提下，环境所能容纳某物质的能力"。环境容量是海洋环境管理的主要依据之一，科学合理地确定海域的海洋环境容量，对于有效控制海域的污染物排放总量，合理进行污染物的分配和促进海域资源有效、可持续利用有着至关重要的意义。

近年来，随着防城港市经济社会的发展，防城港市海域环境发生了较大改变，各类环境问题日益突出，成为制约防城港市经济社会发展的重要因素。目前，针对防城港市沿岸环境容量的研究鲜见报道，本章将采用环境本底值与环境标准值之差之意义下的环境容量计算方法，初步计算防城港市沿岸的环境容量，为污染物的削减、空间分配及污染物排放的总量控制提供基础。

海洋环境容量计算依据的质量标准为《海水水质标准》（GB 3097 – 1997），按照海域的不同使用功能和保护目标，海水水质分为以下4类：

第一类：适用于海洋渔业水域、海上自然保护区及珍惜品种海洋生物保护区；

第二类：适用于水产养殖区、海水浴场、人体直接接触海水的海上运动或娱乐区及与人类使用直接相关的工业用水区；

第三类：适用于一般工业用水区、滨海风景旅游区；

第四类：适用于海洋港口水域、海洋开发作业区。

对应于不同的水质类别，海水水质执行相应的标准。

8.1　计算区域

为计算防城港市海域环境容量，参照广西海洋环境功能区划，将防城港市海域划分为7部分，即西湾、东湾、湾口、企沙、红沙、珍珠湾以及北仑河口海域，此划分基本涵盖了防城港市所辖大部分海域，各划分海域所在区域如图 8 - 1 所示。

计算涉及的地形数据采用海军航保部 2007 年版北海港至防城港海图，2008 年版防城港、东兴港与钦州港海图，以及 2011 年防城港东西湾局部地形调查数据，水深数据换算至国家 85 高程基面。采用的海水水质资料为广西科学院于 2010 - 2012 年在防城港近岸海岸调查数据，以此作为环境容量本底值计算依据，具体调查站位与调查结果详见本书第 2、第 3 章。本次选取 COD、无机氮、活性磷酸盐以及石油类作为环境指标物质，计算其在环境现状条件下，满足不同水质标准的环境容量。表 8 - 1 为其海水水质标准。

表 8 - 1　主要污染物海水水质标准

水质标准	COD/mg · L^{-1}	活性磷酸盐/mg · L^{-1}	无机氮/mg · L^{-1}	石油类/mg · L^{-1}
一类	2	0.015	0.2	0.05
二类	3	0.03	0.3	0.05
三类	4	0.03	0.4	0.3
四类	5	0.045	0.5	0.5

由于防城港东西湾为半封闭海湾，较适合利用多种方法计算港湾的各种参数，以此为基础计算其环境容量更接近于实际。因此，将防城港东西湾作为研究重点，通过数学模型确定一些重要参数，再进一步计算其环境容量。其他 5 个计算区域基本为开阔海域，计算时采用简化的方法来估算其环境容量。

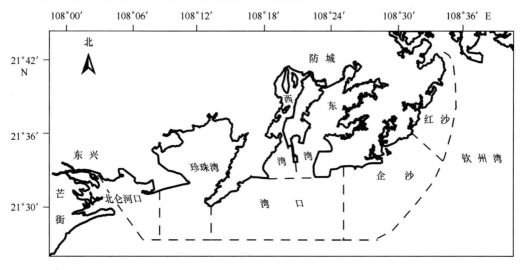

图 8 - 1　计算海域划分

8.2 计算方法

环境容量的计算方法有多种,如数学模型法、海水交换率法以及环境本底值与环境标准值之差法等。由于各种计算方法依赖于不同的计算条件,综合考虑现有资料,本次主要采用海水交换率法与环境本底值与环境标准值之差法来计算防城港沿岸海域的环境容量。以下简要介绍这两种环境容量的计算方法。

8.2.1 海水交换率方法

海水交换,是指海水在一个潮周期内流出(入)某一特定区域(断面)的流量,环境容量是指水质不超过某个环境标准值前提下环境还能容纳的污染物的最大排放量。环境容量与海水交换有关。

(1)海水交换率计算公式

柏井城(1984)扩展了海水交换率,提出了外海水与湾内水交换的交换率计算公式:

$$\gamma_G = \frac{C_F - C_E}{C_0 - C_B} = \frac{\gamma_E \cdot \gamma_F}{\gamma_E + \gamma_F - \gamma_E \cdot \gamma_F}, \qquad (8-1)$$

式中,C_0 为外海水平均浓度;C_B 为湾内水平均浓度;C_E 为落潮时流出水的平均浓度;C_F 为涨潮流入水的平均浓度;γ_E 为涨潮流入量中流入湾内的浓度为 C_0 的外海水所占的比率;γ_F 为落潮流出量中流出湾外的浓度为 C_B 的湾内水所占的比率。γ_E 和 γ_F 的计算公式为:

$$\gamma_E = \frac{C_F - C_E}{C_0 - C_E}, \qquad (8-2)$$

$$\gamma_F = \frac{C_F - C_E}{C_F - C_B}. \qquad (8-3)$$

中村武弘(1980)根据 Parker 与柏井诚的提法,提出湾内水对湾外海水的交换率(γ)和外海水对湾内水的交换率(β)分别为:

$$\gamma = \frac{\gamma_F[1 - \alpha(1 - \gamma_E)]}{\gamma_E + \gamma_F - \gamma_E \cdot \gamma_F}, \qquad (8-4)$$

$$\beta = \frac{\gamma_E[1 - \alpha(1 - \gamma_F)]}{\gamma_E + \gamma_F - \gamma_E \cdot \gamma_F}, \qquad (8-5)$$

式中,$\alpha = Q_F / Q_E$,Q_F 为涨潮流入湾内的水量,Q_E 为落潮流出的湾内水量。当 $\gamma Q_E / V \leq 1$ 时(V 为湾内水体体积),即落潮带出的湾内水量与涨潮时又返回湾内的湾内水量之差远小于湾内水体的体积时,上述式(8-4)、(8-5)成立。

(2)环境容量计算公式

港湾的零维水质预测模型为:

$$V\frac{\partial C_B}{\partial T} = \beta Q_F C_0 - \gamma Q_E C_B + D, \tag{8-6}$$

式中，V 为湾内水体体积，T 为潮周期数，D 为一个潮周期内，排入湾内指标物质的总量，即环境容量。当海水指标物质的平均浓度 C_0 以及一个潮周期内排入湾内的指标物质总量一定时，上式的解为：

$$C_B = (C'_B - \frac{\beta Q_F C_0 + D}{\gamma Q_E})\exp(-\frac{\gamma Q_E T}{V}) + \frac{\beta Q_F C_0 + D}{\gamma Q_E}, \tag{8-7}$$

式中，C'_B 为湾内环境容量的计算初始浓度。当 $T \to \infty$，即达平衡状态时，上式可写成：

$$D = \gamma Q_E C_B - \beta Q_F C_0, \tag{8-8}$$

式（8-8）即为环境容量的计算式。将污染物质的水质标准值代入式（8-8）中的 C_B 项，并将式中其他各参数代入，即可算出环境水质不超过该标准值条件下，环境还能允许该污染物质的最大排放量，即环境容量。

利用上述方法首先需确定以下重要参数：① 湾内、外指标物质的浓度；② 计算断面上涨、落潮时物质平均浓度；③ 经过断面的涨、落潮流量；④ 湾内水体体积。

8.2.2 环境本底值与环境标准值差之意义下的环境容量计算方法

此处所指的环境容量，是指在环境本底值和环境标准值之间这一浓度差范围内所能允许容纳的污染物质量。依上述定义，在污染物随潮流扩散数值模拟的基础上，环境容量可用下式表示：

$$Q = \sum_{i=1}^{n}(C_{si} - C_{bi})V_i, \tag{8-9}$$

式中，Q 为环境容量，n 计算网格总数，C_{si} 为第 i 个网格内，某污染物的某一水质标准，C_{bi} 为某污染物的环境本底值，V_i 为第 i 个网格内的海水体积。

8.3 计算结果

8.3.1 防城港东西湾环境容量

为准确获取海水交换率方法中涉及的多个重要参数，本节以盐度为指标物质，首先构建一个防城港湾平面二维潮流盐度数学模型，确定主要计算参数之后，再计算相应的环境容量。

8.3.1.1 防城港湾平面二维潮流盐度数学模型

（1）控制方程组

平面二维潮流盐度数学模型的控制方程组为：

$$\frac{\partial \eta}{\partial t} + \frac{\partial}{\partial x}(u \cdot d) + \frac{\partial}{\partial y}(v \cdot d) = 0, \tag{8-10}$$

$$\frac{\partial u}{\partial t} + u\frac{\partial u}{\partial x} + v\frac{\partial u}{\partial y} = -g\frac{\partial \eta}{\partial x} + fv + A_H\left(\frac{\partial^2 u}{\partial x^2} + \frac{\partial^2 u}{\partial y^2}\right) + \frac{1}{\rho}(\tau_x^s - \tau_x^b), \tag{8-11}$$

$$\frac{\partial v}{\partial t} + u\frac{\partial v}{\partial x} + v\frac{\partial v}{\partial y} = -g\frac{\partial \eta}{\partial y} - fu + A_H\left(\frac{\partial^2 v}{\partial x^2} + \frac{\partial^2 v}{\partial y^2}\right) + \frac{1}{\rho}(\tau_y^s - \tau_y^b), \tag{8-12}$$

$$\frac{\partial S}{\partial t} + u\frac{\partial S}{\partial x} + v\frac{\partial S}{\partial y} = \frac{\partial}{\partial x}\left(K_x\frac{\partial S}{\partial x}\right) + \frac{\partial}{\partial y}\left(K_y\frac{\partial S}{\partial y}\right), \tag{8-13}$$

式（8-10）为连续方程，式（8-11）、（8-12）为 x、y 方向上的动量方程，式（8-13）为盐度输运方程。式中，$d = h + \eta$ 为总水深，η 为潮位，h 为水深；t 为时间；u、v 为垂线平均流速分别在 x、y 方向上的分量；S 为垂线平均盐度；g 为重力加速度；ρ 为海水密度；科氏力参数 $f = 2\omega\sin\Phi$，其中 ω 是地球自转角速度，Φ 是当地纬度；A_H 为水流水平扩散系数；K_x、K_y 分别为 x、y 方向上的盐度水平扩散系数；τ_x^s、τ_y^s 是风应力分别在直角坐标系 x、y 方向上的分量；τ_x^b、τ_y^b 是水流引起的床面切应力分别在 x、y 方向上的分量。表面风应力由下式给出：

$$\tau_x^s = \rho\zeta W^2\cos\psi, \quad \tau_y^s = \rho\zeta W^2\sin\psi,$$

式中，ζ 是风应力经验系数；W 是风速；ψ 是 x 正方向与风向的夹角。底部切应力由下式给出：

$$\tau_x^b = \rho\frac{gu}{C_z^2 d}(u^2 + v^2)^{1/2}, \quad \tau_y^b = \rho\frac{gv}{C_z^2 d}(u^2 + v^2)^{1/2},$$

式中，C_z 为谢才系数，$C_z = \frac{1}{n}(h + \eta)^{1/6}$，$n$ 为曼宁系数。

（2）模型应用区域与计算网格

模型计算区域、验证点以及涨落潮流通量计算断面布置如图 8-2 所示。防城港湾海域岛屿众多，岸线曲折。采用非结构三角形网格可以较好地贴合自然岸线，提高计算精度和计算效率。计算区域网格剖分如图 8-3 所示，计算空间步长 20～1 200 m，网格单元 9 763 个，网格节点 20 509 个。

地形数据采用海军航保部 2008 年版防城港海图以及 2011 年防城港东西湾局部调查数据，水深及潮位均统一至国家 85 高程，坐标系统采用北京 54 坐标系。潮位验证资料时间为 2012 年 1 月，潮流实测资料为 2012 年 1 月 9-10 日 2 个测站同步观测所得。

（3）边界条件、模型参数与数值方法

初始条件取为常数。在闭边界上采用法向流速和盐度通量为零的边界条件，即 $\frac{\partial U}{\partial n}\big|_\Gamma = 0$，$\frac{\partial S}{\partial n}\big|_\Gamma = 0$。

在开边界条件上，采用潮位、盐度控制，即：

$$A\big|_\Gamma = A(x, y, t),$$

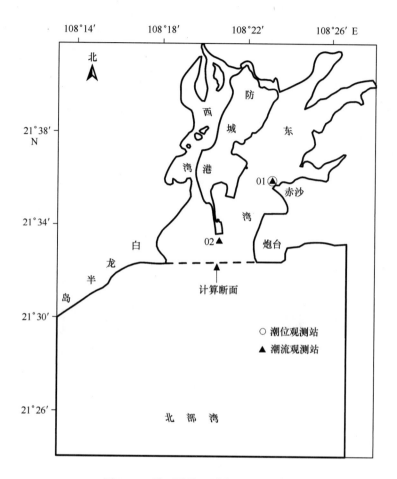

图 8 - 2　模型计算区域与验证点位置

式中，A 代表 η、S。

　　模型外海开边界的潮位过程由北部湾大范围潮波模型给出，并通过局部调整潮位值使其满足验证条件；北部湾大范围潮波模型的外海开边界条件由北部湾大范围潮波预报模型提供，并结合沿岸潮位站验证资料予以调整。模型北端东西湾顶的防城江以及榕木江开边界由流量控制，防城江流量取 $60~\mathrm{m^3/s}$，榕木江流量取 $10~\mathrm{m^3/s}$。外海盐度东边界由南向北按 $31 \sim 30$ 进行线性插值，南边界取 31，西边界由南向北按 $31 \sim 30$ 进行线性插值；防城江以及榕木江边界取盐度 0.002。

　　使用 Smagorinsky 公式计算水流水平扩散系数。由于物质的扩散主要由水流的紊动效应引起，所以可以通过计算水平紊动黏性系数来推求水平扩散系数。物质的水平扩散系数 A_H 可以表示为：

$$A_H = C\Delta x\Delta y \frac{1}{2}\left\{\left(\frac{\partial U}{\partial x}\right)^2 + \frac{1}{2}\left[\left(\frac{\partial V}{\partial x}\right)^2 + \left(\frac{\partial U}{\partial y}\right)^2\right] + \left(\frac{\partial V}{\partial y}\right)^2\right\}^{\frac{1}{2}},$$

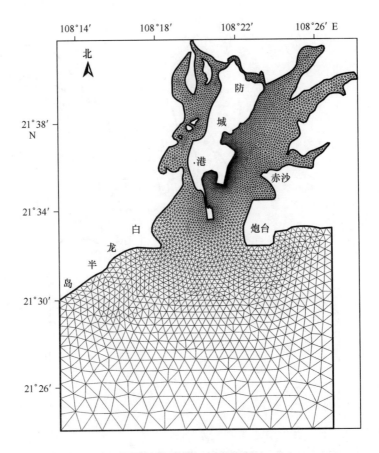

图 8-3 计算区域网格剖分

式中，C 为无量纲数，一般情况下，参数 C 的取值范围在 0.1 与 0.2 之间。为简化计算，取盐度的水平扩散系数等于水流水平扩散系数。

采用有限体积法求解式（8-10）~（8-13）。有限体积法是 20 世纪 90 年代发展起来的数值计算方法，其基本思想是在被离散化了的计算区域上，计算出通过每个控制体边界沿法向输入或输出的流量和动量通量后，对每个控制体分别进行水量和动量守恒计算，最终得到计算时段末各控制体的平均水深和流速（假设水力要素在各控制体内均匀分布）。有限体积法的主要特点是更好地保证了质量的守恒性，其物理意义清晰，同时吸收了有限差分和有限元法的优点，具有差分法的灵活性，间断解的适应性，又具有有限元法对复杂岸线和地形容易处理的特点，因而在求解 Euler 方程和 N-S 方程中得到比较广泛的研究与应用。

模型中采用干湿判断法处理动边界。

（4）模型验证与流场分析

模型计算时间为 2012 年 1 月 1 日 9：00-2012 年 1 月 31 日 9：00，共计 31 d。图 8

-4 给出了 01 号临时潮位站实测潮位过程（观测时间 2012 年 1 月 9 日 12：00 - 2012 年 1 月 10 日 13：00）与计算值的验证结果。从图中可以看出，计算的潮位过程与实测资料吻合较好，高低潮时间的相位差不超过 0.5 h，潮位偏差基本小于 0.1 m。验证结果表明建立的二维潮流数学模型能模拟防城港湾海域潮位变化过程，为准确模拟当地的潮流、盐度运动过程奠定基础。

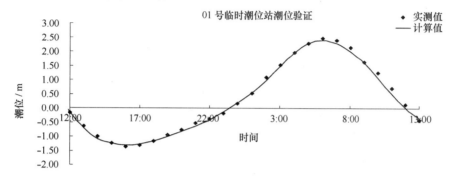

图 8 - 4　01 号临时潮位站潮位过程验证

图 8 - 5、8 - 6 中给出了 2 个潮流测站（01 号与 02 号）的流速计算结果与实测结果比较。由图可见，各验证点计算流速和实测流速基本吻合，流向验证较好，最大误差小于 5%；实测期间有较大风浪，落潮时处于航道附近的 01 号站流速较大，模型计算中未考虑风、浪作用，导致计算值与实测值稍有偏差。总体而言，计算结果与实测流速过程线的形态基本一致，表明建立的二维潮流数学模型能较好地模拟防城港湾海域水流传播过程。

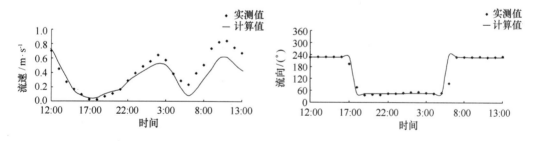

图 8 - 5　01 号站流速、流速验证

图 8 - 7、8 - 8 给出了防城港东西湾海域局部涨、落急流场图。由图可见，防城港湾潮流运动形式以往复流为主。涨潮时，涨潮流从外海传入，受渔潃岛阻挡，潮流分两支沿航道进入防城港西湾与东湾海域，其中在西湾进港水道的流向为 NW，东湾暗埠江水道的流向为 NE，潮流主流方向与航道走向几乎一致，流向较稳定，流速在航道与深槽处相对较大；浅滩、岛屿周围以及近岸流速相对较小，流向多变。

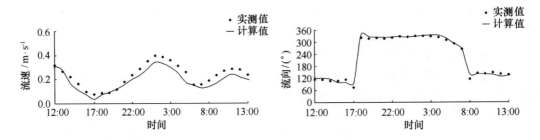

图 8-6 02 号站流速、流速验证

落潮时，落潮流方向与涨潮流方向相反，西湾潮流主流方向为 SE 向，东湾为 SW 向，主流方向的潮流流速相对较大，东西湾潮流在防城港湾湾口会合后向外海扩散。结合图 8-4~8-6 分析，东湾航道处落急流速大于涨急流速，最大涨潮流速一般出现在高潮前 3~5 h，最大落潮流速一般出现在高潮后 5~7 h；转流时间出现在高潮时或者低潮时附近，憩流延时为 0~2 h。

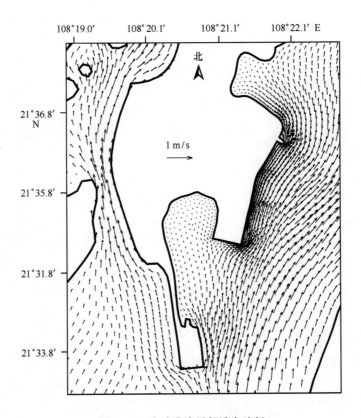

图 8-7 防城港湾局部涨急流场

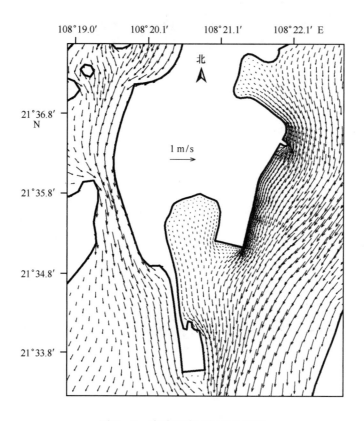

图 8 – 8 防城港湾局部落急流场

8.3.1.2 防城港东西湾环境容量计算

（1）海水交换率法环境容量

利用前述数值模拟计算结果，分别统计了小潮、中潮以及大潮时涨潮与落潮通过图 8 – 2 所示断面的潮流通量，取其平均值，并计算断面以北湾内的水体体积；同时在湾内、湾外以及计算断面上设置特征点，统计涨、落潮时断面上盐度平均值以及湾内外的海水盐度，其值见表 8 – 2。

表 8 – 2 防城港东西湾各主要参数

C_0	C_B	C_F	C_E	涨潮通量 Q_F /m³	落潮通量 Q_E /m³	湾内水体体积 V/m³
30. 573	29. 084	29. 979	29. 916	$3.212\ 1 \times 10^8$	$3.361\ 4 \times 10^8$	$3.549\ 7 \times 10^8$

由表 8 – 2 各系数，代入式（8 – 2）~（8 – 5），计算海水交换率的其他参数，其值见表 8 – 3。

173

表 8 - 3　防城港东西湾海水交换率系数

α	γ_E	γ_F	γ	β
0.955 6	0.095 89	0.070 3	0.060	0.067

由以上各系数，利用前述在湾口外的水质调查数据以及海水水质标准，计算得到防城港东西湾的环境容量如表 8 - 4 所示。

表 8 - 4　防城港东西湾环境容量（海水交换率法）

水质标准	COD	活性磷酸盐	无机氮	石油类
一类/t·a^{-1}	7 962.3	31.8	686.0	226.6
二类/t·a^{-1}	15 327.9	142.3	1 422.6	226.6
三类/t·a^{-1}	22 693.6	142.3	2 159.2	2 068.0
四类/t·a^{-1}	30 059.2	252.7	2 895.7	3 541.1

由表 8 - 4 可知，在当前水质现状条件下，尽管在东西湾局部区域存在超一类水质现象，但总体来看，防城港东西湾的环境容量尚有一定剩余，其中，在一类水质标准下，COD、活性磷酸盐、无机氮以及石油类的环境容量分别为 7 962.3 t/a、31.8 t/a、686.0 t/a 以及 226.6 t/a，而在三类水质标准下，其环境容量分别为 22 693.6 t/a、142.3 t/a、2 159.2 t/a 以及 3 541.1 t/a。

（2）环境本底值与环境标准值之差意义下的环境容量

以上计算结果基于已有的环境调查数据以及海水交换率方法，下面利用方法 2 估算东西湾的环境容量。

为更好比较计算结果，将东西湾划分开来分别计算各自环境容量。首先利用已有数据，计算可得东西湾的水体体积，见表 8 - 5。

表 8 - 5　防城港东西湾水体体积

西湾水体体积/m^3	东湾水体体积/m^3	东西湾合计/m^3
1.33×10^8	2.22×10^8	3.54×10^8

以第 2 章防城港东西湾海洋环境调查站位所在位置为基础，分别将防城港西湾、东湾海域由北至南网格化，并利用前述水质调查资料，通过插值方法将各网格内的环境本底值插值出来，然后再利用式（8 - 9）分别计算东西湾的环境容量。表 8 - 6 为西湾与东湾分别作为整体的平均环境本底值。

表 8 - 6　防城港东西湾环境本底值

污染物	西湾	东湾
COD/mg·L⁻¹	1.290	1.050
活性磷酸盐/mg·L⁻¹	0.023	0.016
无机氮/mg·L⁻¹	0.207	0.081
油类/mg·L⁻¹	0.038	0.035

利用式（8-9），计算得到防城港西湾和东湾 COD、无机氮、活性磷酸盐以及石油类等污染物在一～四类海水水质标准下的环境容量，见表 8-7、8-8。

表 8 - 7　防城港西湾环境容量（本底值与标准值之差法）

水质标准	COD	活性磷酸盐	无机氮	石油类
一类/t·a⁻¹	124.9	-1.1	8.0	0.4
二类/t·a⁻¹	259.5	0.9	21.4	0.4
三类/t·a⁻¹	394.0	0.9	34.9	34.0
四类/t·a⁻¹	528.6	3.0	48.3	60.9

表 8 - 8　防城港东湾环境容量（本底值与标准值之差法）

水质标准	COD	活性磷酸盐	无机氮	石油类
一类/t·a⁻¹	195.4	-0.1	18.1	6.6
二类/t·a⁻¹	418.8	3.2	40.5	6.6
三类/t·a⁻¹	642.3	3.2	62.8	62.4
四类/t·a⁻¹	865.7	6.6	85.1	107.1

从表 8-7 可以看出，在一、二类水质的要求下，西湾 COD 的环境容量分别为 124.9 t/a 以及 259.5 t/a，无机氮的环境容量分别为 8.0 t/a 与 21.4 t/a，石油类为 0.4 t/a；由于监测到活性磷酸盐超一类水质标准，因此，计算获得的活性磷酸盐一类水质环境容量为负值 -1.1 t/a，表示要满足相应的水质标准，污染物排放量应削减，其二类水质为 0.9 t/a。此外，在三、四类水质要求下，COD 的环境容量分别为 394.0 t/a、528.6 t/a，无机氮为 34.9 t/a、48.3 t/a，石油类为 34.0 t/a、60.9 t/a，而活性磷酸盐四类水质的环境容量为 3.0 t/a。

表 8-8 显示，在一、二类水质的要求下，东湾 COD 的环境容量分别为 195.4 t/a 与 418.8 t/a，无机氮的环境容量分别为 18.1 t/a 与 40.5 t/a，石油类为 6.6 t/a；类似

于西湾，活性磷酸盐超一类水质容量 -0.1 t/a。同时，在三、四类水质要求下，COD 的环境容量分别为 642.3 t/a、865.7 t/a，无机氮为 62.8 t/a、85.1 t/a，石油类为 62.4 t/a、107.1 t/a，而活性磷酸盐四类水质环境容量为 6.6 t/a。

比较表 8-7、8-8 可知，由于东湾水体容量稍大于西湾，其环境容量亦稍大于西湾的环境容量。若将上述两表与表 8-4 比较，又可知，表 8-4 计算得到环境容量远大于这两个表之和，这是因为表 8-4 考虑了海水交换的结果。

按照广西海洋环境保护规划，防城港东西湾大片海域规划为工业与城镇建设区、港口区以及规划工业园区，其水质标准多为三至四类，从上述计算结果可以看出，COD、无机氮、石油类污染物尚有一定的环境容量，但活性磷酸盐已所剩不多，需采取适当措施进行控制。此外，由于西湾有防城江注入，水交换能力强于东湾，若能控制住防城江入海污染物排放，则西湾将在一定时期内满足海洋环境功能区划。东湾尽管目前尚有一定环境容量，但未来东湾大多布局港口、工业区，加之水交换能力不强，若未来不能控制住污染物排放，东湾的环境问题将日益突出。

8.3.2 其他 5 个区域环境容量

防城港市沿岸除东西湾以及珍珠湾具备半封闭海湾的特征外，其他几个主要区域岸段均为开阔海域，结合现有资料，宜采用环境本底值与环境标准值之差作估算。

经统计，防城港湾湾口、企沙、红沙、珍珠湾以及北仑河口等 5 个区域的水体体积见表 8-9。

表 8-9　防城港市近岸 5 个区域水体体积　　　　　　单位：10^4 m³

湾口	企沙	红沙	珍珠湾	北仑河口
184 534.7	139 799.0	33 154.4	62 475.0	19 169.5

从表 8-9 可以看出，由于湾口以及企沙区块为开阔海域，水深相对较深，故其水体体积相对较大。而北仑河口滩涂较多，其水体体积相对较小。

利用 2010-2012 年防城港市海域的海洋环境调查资料，将落入各划分区域的调查站位取均值后，获得各区块的海洋环境本底值，如表 8-10 所示。

表 8-10　防城港市近岸其他 5 个区块环境本底值

污染物	湾口	企沙	红沙	珍珠湾	北仑河口
COD/mg·L⁻¹	0.860	1.430	1.090	0.820	1.670
活性磷酸盐/mg·L⁻¹	0.008	0.008	0.011	0.005	0.015
无机氮/mg·L⁻¹	0.064	0.146	0.262	0.048	0.205
油类/mg·L⁻¹	0.021	0.059	0.026	0.012	0.055

通过式（8-9），计算得到各区块的环境容量见表8-11~8-15。

表 8-11 湾口海域环境容量

水质标准	COD	活性磷酸盐	无机氮	石油类
一类/t·a⁻¹	2 103.7	12.9	251.0	53.5
二类/t·a⁻¹	3 949.0	40.6	435.5	53.5
三类/t·a⁻¹	5 794.4	40.6	620.0	514.9
四类/t·a⁻¹	7 639.7	68.3	804.6	883.9

表 8-12 企沙海域环境容量

水质标准	COD	活性磷酸盐	无机氮	石油类
一类/t·a⁻¹	796.9	9.6	76.0	-12.1
二类/t·a⁻¹	2194.8	30.6	215.8	-12.1
三类/t·a⁻¹	3592.8	30.6	355.6	337.4
四类/t·a⁻¹	4990.8	51.6	495.4	617.0

表 8-13 红沙海域环境容量

水质标准	COD	活性磷酸盐	无机氮	石油类
一类/t·a⁻¹	301.7	1.4	-20.4	8.0
二类/t·a⁻¹	633.2	6.4	12.7	8.0
三类/t·a⁻¹	964.8	6.4	45.9	90.8
四类/t·a⁻¹	1 296.3	11.3	79.0	157.2

表 8-14 珍珠湾海域环境容量

水质标准	COD	活性磷酸盐	无机氮	石油类
一类/t·a⁻¹	737.2	6.2	95.0	23.7
二类/t·a⁻¹	1 362.0	15.6	157.4	23.7
三类/t·a⁻¹	1 986.7	15.6	219.9	179.9
四类/t·a⁻¹	2 611.5	25.0	282.4	304.9

表 8 – 15　北仑河口海域环境容量

水质标准	COD	活性磷酸盐	无机氮	石油类
一类/t·a⁻¹	63.3	0.0	–1.0	–1.0
二类/t·a⁻¹	255.0	2.9	18.2	–1.0
三类/t·a⁻¹	446.6	2.9	37.4	47.0
四类/t·a⁻¹	638.3	5.8	56.6	85.3

　　由以上各表可知，开阔海域的湾口、企沙等海域的环境容量尚有一定剩余，若考虑到这些海区的海水交换能力相对较强，则其环境容量将有较大增加。北仑河口海域受流域陆源污染以及海区自身污染影响，活性磷酸盐、无机氮以及石油类均已不满足一类水质标准，考虑到该海域有红树林保护区，应该采取必要措施削减这些污染物的排放。

　　本章仅对防城港市各海区的环境容量作了初步估算，海水交换率方法计算得到的结果由于考虑了海水的交换，其计算结果更接近实际，但该方法多适用于半封闭海域，对于开阔海域基本无能为力。环境本底值与环境标准值的计算结果由于未考虑海水交换，仅能作为初略参考。后续章节将就防城港市沿岸的环境容量与分配作进一步研究。在大量基础数据支撑下，可采用其他数学模型与方法对防城港市沿岸的环境容量问题作更深入研究。

第9章 防城港市近岸海域环境承载力分析

海洋资源短缺、环境污染与生态破坏已成为今后防城港市海洋经济发展的主要限制性因素。如何确保防城港市经济的长期可持续发展，促使该地区人口、经济、资源和环境四者协调发展，一直是政府和学术界高度关注和长期研究的课题。海洋环境承载力被认为是海洋可持续发展重要的判断依据，海域承载力评价可以为海岸带社会经济发展提供对策建议，实现对海岸带区域生态系统的管理，保证区域的可持续发展。因此，科学评估防城港市近岸海域承载力状况，合理利用和保护防城港市海域资源与环境，已成为当务之急。

9.1 防城港市海域承载力评价指标体系构建

9.1.1 海域承载力构成要素分析

本项目所采用的海域承载力评价方法，主要是参考《海洋主体功能区区划技术规程》（HY/T 146 – 2001）和《广西海洋主体功能区规划专题研究报告》（国家海洋信息中心）中的有关海域承载力评价方法和内容。防城港市海域承载力分析技术路线如图 9 – 1 所示。

海域承载力是指一定时期内，以海洋资源的可持续利用、海洋生态环境的弹性恢复能力以及符合现阶段社会文化准则的物质生活水平下，通过海洋的自我维持与自我调节，海洋所能够支持人口、环境和社会经济协调发展的能力或限度。海域承载力可以通过海洋资源供给能力、海洋产业的经济功能、海洋环境容量等表征。

本研究从 4 个方面表述海域承载力（如图 9 – 2 所示）：一是资源承载力，即海域和海岸带资源的数量和质量，对该区域空间内人口、经济、社会的基本生存和发展的支撑能力；二是环境承载力，即在维持海域环境系统不发生质的改变，海域环境功能不朝恶性方向转变的条件下承受的区域社会经济活动的适宜程度；三是生态承载力，是指生态系统的自我维持、自我调节能力，在不危害生态系统的前提下系统本身表现出来的弹性力大小，是其承受外部扰动的能力；四是灾害承载力，社会经济系统的抗灾能力、救灾能力和恢复能力，是其处理灾害事件的社会和经济能力的综合量度，是城市复杂系统对灾害危险的敏感性和人类对这种危险的响应能力的有机结合。

9.1.2 评价指标体系设置

海域承载力包括承压部分和压力部分两个层面。承压部分是指海洋自我维持与自

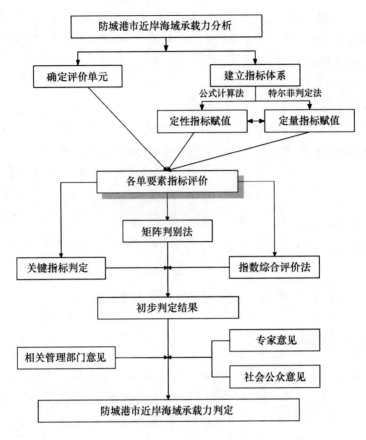

图 9-1 技术路线

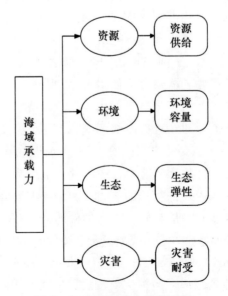

图 9-2 海域承载力构成要素

我调节能力，以及资源与环境子系统的供容能力；海域承载力的压力部分是指社会经济子系统的发展能力；二者共同构成海域承载力这一相互矛盾、互相联系的统一体。海域承载力是建立在海洋的可持续发展的基础之上，以人口、环境和社会经济的协调发展为最终目标。

评价指标体系设置为"目标层－准则层－指标层"三级体系，目标层为近岸海域资源环境承载力一级指标，准则层为资源、环境、生态、灾害 4 个二级指标，指标层在二级指标下分别设置若干三级指标。本研究设置的海域承载力评价指标如表 9 - 1 所示。

表 9 - 1　海域承载力评价三级指标体系

分类	因素	主要内容
海域承载力	可利用海洋空间资源 D_1	可利用岸线比重 D_{11}
		可利用滩涂资源比重 D_{12}
		可利用海域面积比重 D_{13}
	海洋环境质量 D_2	海水环境质量 D_{21}
		海洋沉积物质量 D_{22}
		海洋生物质量 D_{23}
	海洋生态系统健康状况 D_3	生态系统重要性 D_{31}
		生物多样性 D_{32}
		生态系统服务功能价值 D_{33}
	海洋灾害风险 D_4	突发灾害指数（风暴潮、海浪、海岸带地质灾害）D_{41}
		缓发性灾害指数（赤潮、海平面上升）D_{42}

可利用海洋空间资源 D_1：反映可供开发利用或具有潜在利用价值的海洋空间资源的利用程度。由可利用岸线比重、可利用滩涂资源比重和可利用海域面积比重要素构成。其指标值为未利用资源量与总资源量的比值。

海洋环境质量 D_2：反映某海域内环境对人类生存、生活和发展的适宜程度，采用海水质量、海洋沉积物质量、海洋生物质量表示。其计算依据 GB 3097、GB 18668、GB 18421 和海洋功能区划对单项结果进行综合评判。

海洋生态系统健康状况 D_3：指生态系统重要性及其保持其自然属性，维持生物多样性和关键生态过程并稳定持续发挥其服务功能的能力，采用生态系统的重要性、生物多样性和生态系统服务功能价值表示。采用特尔菲判定法进行计算。

海洋灾害风险 D_4：沿海地区风暴潮、海浪、海冰、赤潮、海雾、海平面上升、海岸带地质灾害等对沿海地区造成风险损失的程度，反映海洋自然灾害给沿海地区人民生活和海洋经济发展产生的负面影响的程度和限制程度。其计算方法为灾害等级指数乘以经济强度系数，各评价因子指标权重确定采用特尔菲判定法。

9.1.3 评价单元确定

在综合考虑防城港市海洋自然地理、沿海区域经济一体化程度、海洋经济布局、沿海行政区划等要素的基础上，考虑数据可行性和区分度，确定海洋资源环境承载力的评价单元为县级行政区划，具体如表9-2所示。

表9-2 海域承载力评价单元

项目区域	评价单元	区域范围
防城港市	港口区	港口区管辖海域
	防城区	防城区管辖海域
	东兴市	东兴市管辖海域

9.2 量化评价方法

9.2.1 指标层

各指标的量化方法如下。

1）可利用海洋空间资源 D_1

计算统一采用比重法，包含可利用岸线比重 D_{11}、可利用滩涂资源比重 D_{12} 和可利用海域面积比重 D_{13} 3 个指标。

（1）可利用岸线比重 D_{11}

$$D_{11} = 1 - L_d/L_t, \qquad (9-1)$$

式中，L_d 为已开发利用岸线长度；L_t 为岸线总长度。岸线长度数据均采用统计数据。

（2）可利用滩涂资源比重 D_{12}

$$D_{12} = 1 - S_d/S_x, \qquad (9-2)$$

式中，S_d 为已开发滩涂面积；S_x 为海域面积。滩涂面积数据均采用统计数据，如无数据则利用遥感数据估测。

（3）可利用海域面积比重 D_{13}

$$D_{13} = 1 - K_d/K_x, \qquad (9-3)$$

式中，K_d 为海域使用面积；K_x 为管辖海域面积。海域使用面积数据均采用统计数据。

2）海洋环境质量 D_2

计算统一采用环境质量指数法，包含海水环境质量达标率 D_{21}、海洋沉积物质量达标率 D_{22}、海洋生物质量达标率 D_{23} 三个指标。

（1）海水环境质量达标率 D_{21}

$$D_{21} = \sum (B_s \times S) / \sum S, \qquad (9-4)$$

式中，S 为评价区域某类水质所对应的采样站位数；B_s 为某类水质达标系数。其中，某类水质达标系数 B_s 是根据海域水质现状与海域水质功能标准的比较结果而确定的，如表 9-3。功能区标准依据 GB 3097 和广西海洋功能区划，其数据采用海洋环境质量公报和本项目调查数据。

表 9-3　水质达标系数 B_s 确定方法

达标系数	对应达标状况
2	现状水质高于功能区标准 2 个等级
1.5	现状水质高于功能区标准 1 个等级
1	所有指标稳定达标
0.8	所有指标达标
0.6	存在超标指标，超标指标数不大于 3，且无严重超标指标
0.4	存在超标指标，超标指标数小于 3，且无严重超标指标
0.2	存在严重超标指标，且指标数不大于 3
0	存在严重超标指标，且指标数小于 3

注：达标：指全年平均值达功能区标准要求；稳定达标：指标全年平均值及最劣值均达功能区标准要求；超标：指标全年平均值未达功能区标准要求；严重超标：指全年平均值未达功能区标准要求，且平均值超功能区标准要求 3 倍以上。

（2）海洋沉积物质量达标率 D_{22}

与 D_{21} 指标类似，其计算公式为：

$$D_{22} = \sum (B_s \times S) / \sum S, \qquad (9-5)$$

式中，S 为评价区域某类沉积物质量所对应的采样站位数；B_s 为某类沉积物质量达标系数。其中，某类沉积物质量达标系数 B_s 是根据海域沉积物质量现状与 GB 18668 标准的比较结果而确定的，如表 9-4。其数据采用海洋环境质量公报和本项目调查数据。

表 9-4　沉积物质量达标系数 B_s 确定方法

达标系数	对应达标状况
1	达第一类标准
0.6	达第二类标准
0.3	达第三类标准
0	劣于第三类标准

（3）海洋生物质量达标率 D_{23}

$$D_{23} = \sum (B_s \times S) / \sum S, \quad (9-6)$$

式中，S 为评价区域某类生物质量所对应的采样站位数；B_s 为某类生物质量达标系数。其中，某类生物质量达标系数 B_s 是根据海域生物质量现状与 GB 18421 标准的比较结果而确定的，如表9-5。其数据采用海洋环境质量公报和本项目调查数据。

表 9-5　生物质量达标系数 B_s 确定方法

达标系数	对应达标状况
1	达第一类标准
0.6	达第二类标准
0.3	达第三类标准
0	劣于第三类标准

在本项目中，海洋环境质量评价方法采用单因子标准指数法与超标分类评价相结合的方法。海水水质评价选择溶解氧（DO）、化学需氧量（COD）、活性磷酸盐、无机氮、石油类、铜、铅、锌、镉、总铬、汞和砷为评价因子。

标准指数的计算公式为：

$$P_{i,j} = c_{i,j} / c_{si}, \quad (9-7)$$

式中，$P_{i,j}$ 为单项评价因子 i 在 j 站位的标准指数；$c_{i,j}$ 为单项评价因子 i 在 j 站位的实测值；c_{si} 为单项评价因子 i 的评价标准值。

海洋水质评价，选用《海水水质标准》（GB 3097-1997）中的一类水质标准作为未超标因子的评价参数（表9-6～9-8），当 Pi 值大于1时，定为轻度超标因子，小于1时则为未超标因子；用超标因子与二类海水水质标准比较，计算其 Pi 值，如 Pi 值大于1，则此因子为中度超标因子；再用中度超标因子与三类海水水质标准比较，计算其 Pi 值，若 Pi 值仍大于1，则将此因子定为重度污染因子。海洋沉积物和生物体质量评价，选用《海洋沉积物质量标准》（GB 18668-2002）和《海洋生物质量标准》（GB 18421-2001）规定标准作为评价标准，当 Pi 值大于1时定为超标因子，小于1时则为未超标因子。

对于水中溶解氧（DO），其标准指数采用下式计算：

$$S_{DO,j} = \frac{|DO_f - DO_j|}{DO_f - DO_s}, \quad DO_j \geqslant DO_s, \quad (9-8)$$

$$S_{DO,j} = 10 - 9 \frac{DO_j}{DO_s}, \quad DO_j < DO_s, \quad (9-9)$$

式中，$S_{DO,j}$ 为 j 站位的 DO 标准指数；DO_f 为现场水温及盐度条件下，水样中氧的饱和含量（mg/L），一般采用的计算公式是：$DO_f = 468/(31.6 + T)$，式中 T 为水温（℃）；DO_j 为 j 站位的 DO 实测值；DO_s 为 DO 的评价标准值。

表 9-6　海水水质标准 GB 3097-1997　　　　　　单位：mg/L

项目	第一类	第二类	第三类	第四类
DO >	6	5	4	3
COD ≤	2	3	4	5
无机氮 ≤	0.20	0.30	0.40	0.50
活性磷酸盐 ≤	0.015	0.030		0.045
汞 ≤	0.000 05	0.000 2		0.000 5
镉 ≤	0.001	0.005	0.010	
铅 ≤	0.001	0.005	0.010	0.050
总铬 ≤	0.05	0.10	0.20	0.50
砷 ≤	0.020	0.030	0.050	
铜 ≤	0.005	0.010	0.050	
锌 ≤	0.020	0.050	0.10	0.50
石油类 ≤	0.05		0.30	0.50

表 9-7　海洋沉积物质量标准 GB 18668-2002

项目	第一类	第二类	第三类
汞（×10⁻⁶）≤	0.20	0.50	1.00
镉（×10⁻⁶）≤	0.50	1.50	5.00
铅（×10⁻⁶）≤	60.0	130.0	250.0
铬（×10⁻⁶）≤	80.0	150.0	270.0
砷（×10⁻⁶）≤	20.0	65.0	93.0
铜（×10⁻⁶）≤	35.0	100.0	200.0
锌（×10⁻⁶）≤	150.0	350.0	600.0
石油类（×10⁻⁶）≤	500.0	1 000.0	1 500.0
有机碳（×10⁻²）≤	2.0	3.0	4.0
硫化物（×10⁻⁶）≤	300.0	500.0	600.0

表 9 – 8　海洋生物质量标准 GB 18421 – 2001　　　　　　　　单位：mg/kg

项目	第一类	第二类	第三类
汞 ≤	0.05	0.10	0.30
镉 ≤	0.2	2.0	5.0
铅 ≤	0.1	2.0	6.0
铬 ≤	0.5	2.0	6.0
砷 ≤	1.0	5.0	8.0
铜 ≤	10	25	50（牡蛎 100）
锌 ≤	20	50	100（牡蛎 500）
石油烃 ≤	15	50	80

3）海洋生态系统健康状况 D_3

包括生态系统重要性 D_{31}（地理特征、典型系统、重要生境）、生物多样性 D_{32}、生态系统服务功能 D_{33} 3 个指标，其评价方法如下。

（1）生态系统重要性 D_{31}

$$D_{31} = \sum (\lambda_p \times S_p) / \sum S_p, \qquad (9-10)$$

式中，S_p 为评价区域某类重要生态功能保护区所对应的海域面积；λ_p 为某类重要生态功能保护区的重要性系数。其中，重要生态功能保护区的确定采用《广西壮族自治区近岸海域环境功能区划调整方案》名录；对应海域面积采用资料数据，以遥感数据估测加以补充；重要性系数的确定采用特尔菲判定法，其重要性系数取 0~10。

各因素权重平均值和离散度计算公式为：

$$E_k = \frac{1}{m} \sum_{i=1}^{m} a_i, \qquad (9-11)$$

$$S = \sqrt{\frac{1}{m-1} \sum_{i=1}^{m} (a_i - E_k)^2}, \qquad (9-12)$$

式中，E_k 为某因素 k 权重平均值；a_i 为某因素 k 第 i 位专家评分后的权重值；S 为某因素 k 的离散度；m 为专家人数。

通过方差运算，若专家评分的离散度满足 2 倍方差要求，可在各因素多轮专家评分的基础上，按下式确定权重值：

$$W_k = E_k / 100, \qquad (9-13)$$

式中，E_k 为某因素 k 权重平均值；W_k 为某因素 k 权重值。

专家根据前一轮所得出的均值和标准差来修改自己的意见，从而使 E 值逐次接近最后的评估结果，而 S 将越来越小，意见的离散程度越来越小。

（2）生物多样性 D_{32}

生物多样性指数统一采用香农－威弗多样性指数（Shannon-Weaver index），其计算公式为：

$$D_{32} = -\sum_{i=1}^{s} P_i \times \log_2 P_i, \qquad (9-14)$$

式中，P_i 为第 i 种的个数与该样方总个数之比值；S 为样方总数。该指数应用于浮游生物时，由于其个体较小而均匀，都以个体数来计算，误差不大。但在底栖生物和游泳生物的计算时，因每个种的个体相差可能很大，以个体数计算不大恰当，这时可用生物量来代替个体数。则计算公式为：

$$D_{32} = -\sum_{i=1}^{s} (w_i/w) \times \log_2(w_i/w), \qquad (9-15)$$

式中，w_i 为第 i 种的生物量；w 为样方总生物量；S 为样方总数。

（3）生态系统服务功能价值 D_{33}

辨别海洋生态系统服务功能类型是进行生态系统服务价值评估的前提。由于目前对海洋生态过程的机理和海洋生态系统服务之间的关系缺乏足够的认识，因此对其进行分类时存在较多的人为因素。本研究主要借鉴 COSTANZA 等人和《千年生态系统评估报告》的研究成果，综合考虑海洋生态系统的组成结构、生态过程及防城港市近岸海域的实际现状，将防城港市近岸海域生态系统服务主要分为四大类，见表9－9。采用市场价格法、替代成本法、支付意愿法等海洋生态系统服务价值评估方法对各评价单元的生态系统服务功能价值进行初步估算。

目前较为常用的主要评估方法可分为三大类：①直接市场法适用于一些生态服务功能（如食品供给、原材料供给）；在现实市场中，可以用金钱直接交易，或用成本法计算，在特定的时间、地点，交易价格可以明确的情况下，通过多年价格平均算出生态服务功能的价值。② 替代市场法用于一些没有市场价值的生态系统服务功能的评估，要找到一种能替代该生态功能的成本来约等于此项生态功能的价值，常用的方法有替代成本法、旅行费用法、享乐价值法。③ 假想市场法是通过人为创造假想的市场来衡量生态系统服务功能的价值，假想市场法的主要代表是支付意愿调查法，它通过描述不同状况，然后进行社会问卷调查，调查人们对维持某种生态服务功能的支付意愿。

表9－9　近海海洋生态系统服务类型体系

生态系统服务类型	亚类
供给服务	食品供给、原材料供给、基因资源供给
调节服务	气候调节、空气质量调节、生物控制、污染物处理、干扰调节
文化服务	旅游娱乐、科研文化
支持服务	初级生产、营养元素循环、物种多样性维持、提供生境

4）海洋灾害风险指数 D_4

采用灾害风险指数法，包括突发性灾害指数（风暴潮、海浪、海岸带地质灾害）D_{41}、缓发性灾害指数（赤潮、海平面上升）D_{42} 两个指标。该指数采用三要素乘积法。

（1）突发性灾害指数 D_{41}

$$D_{41} = \max(V_{Hi} \times V_{Sj} \times V_{Rj}), \qquad (9-16)$$

式中，V_{Hi} 为某类灾害的危险性指数，由统计数据计算而得，取值范围 $1 \sim 10$；V_{Sj} 为承灾地区的脆弱性指数，由地区人均 GDP 对应取得（表 9-10）；V_{Rj} 为承灾地区的防灾减灾能力指数，采用特尔菲判定法确定。突发性灾害包括风暴潮、海啸、海浪和海雾。

表 9-10　经济强度系数取值

人均 GDP 状态/万元	经济强度系数取值
< 2.0	1
2.0 ~ 3.0	1.1
3.0 ~ 4.0	1.2
4.0 ~ 5.0	1.3
> 5.0	1.4

（2）缓发性灾害指数 D_{42}

$$D_{42} = \max(V_{Hi} \times V_{Sj} \times V_{Rj}), \qquad (9-17)$$

式中，V_{Hi} 为某类灾害的危险性指数，由历年统计数据计算而得；V_{Sj} 为承灾地区的脆弱性指数，由地区人均 GDP 对应取得（表 9-10）；V_{Rj} 为承灾地区的防灾减灾能力指数，采用特尔菲判定法确定。缓发性灾害包括海岸侵蚀、赤潮和海水入侵。

5）数据标准化

采用离差标准化方法（min-max 标准化方法）进行线性变换的指标包括可利用岸线比重 D_{11}、可利用滩涂资源比重 D_{12}、海水环境质量达标率 D_{21}、海洋沉积物质量达标率 D_{22}、海洋生物质量达标率 D_{23}、生态系统重要性 D_{31}、突发性灾害指数 D_{41} 和缓发性灾害指数 D_{42}。设 $\min A$ 和 $\max A$ 为 A 的最小值和最大值，将 A 的一个原始值 x 通过 min-max 标准化映射成在区间 $[0, 1]$ 中的无量纲化的 y 值，其公式为：

$$y_{\text{正}} = \frac{x_i - x_{\min}}{x_{\max} - x_{\min}},$$

$$y_{\text{反}} = \frac{x_{\max} - x_i}{x_{\max} - x_{\min}}, \qquad (9-18)$$

式中，x_i 为原指标数值；y_i 为原数据线性变换后对应的指标新值；$x_{\max}$ 为指标数据中的最大值；$x_{\min}$ 为指标数据中的最小值。其中生态系统重要性 D_{31}、突发性灾害指数 D_{41} 和

缓发性灾害指数 D_{42} 为负向指标。

9.2.2　准则层

9.2.2.1　指标权重的确定

部分指标的计算需要确定评价指标在综合指标中的权重，本评价采用《广西海洋主体功能区规划专题研究报告》（国家海洋信息中心）权重设置，其运用层次分析法和特尔菲判定法，综合多位专家调查结果进行设置的，见表 9 - 11。

表 9 - 11　指标权重

二级指标	三级指标	相对权重	绝对权重
可利用海洋空间资源 D_1 0.25	可利用岸线比重 D_{11}	0.35	0.875
	可利用滩涂资源比重 D_{12}	0.35	0.875
	可利用海域面积比重 D_{13}	0.3	0.075
海洋环境质量 D_2 0.25	海水环境质量 D_{21}	0.5	0.125
	海洋沉积物质量 D_{22}	0.25	0.062 5
	海洋生物质量 D_{23}	0.25	0.062 5
海洋生态系统健康状况 D_3 0.37	生态系统重要性 D_{31}	0.46	0.17
	生物多样性 D_{32}	0.27	0.10
	生态系统服务功能价值 D_{33}	0.27	0.10
海洋灾害风险 D_4 0.13	突发灾害指数 D_{41}	0.5	0.065
	缓发性灾害指数 D_{42}	0.5	0.065

注：数据来源于《广西海洋主体功能区规划专题研究报告》。

9.2.2.2　由三级指标向二级指标综合

（1）可利用海洋空间资源 D_1

采用加权求和法，可利用岸线比重 D_{11}、可利用滩涂资源比重 D_{12} 和可利用海域面积比重 D_{13} 加权和计算而得。

$$D_1 = \gamma_1 D_{11} + \gamma_2 D_{12} + \gamma_3 D_{13}, \qquad (9 - 19)$$

式中，γ_i 为第 i 个评价因子权重；D_{1i} 为第 i 个评价因子数值。

（2）海洋环境质量 D_2

采用加权乘积法，海洋环境质量由海水环境质量达标率、海洋沉积物质量达标率与海洋生物质量达标率加权积而计算而得。

$$D_2 = D_{21}^{\lambda 21} \times D_{22}^{\lambda 22} \times D_{23}^{\lambda 23}, \qquad (9 - 20)$$

式中，λ_i 为第 i 个评价因子权重；D_{2i} 为第 i 个评价因子数值。

（3）海洋生态系统健康状况 D_3

采用加权乘积法，海洋生态系统健康状况由生态系统重要性、生物多样性和生态系统服务功能价值加权积而计算而得。

$$D_3 = D_{31}^{\delta_{31}} \times D_{32}^{\delta_{32}} \times D_{33}^{\delta_{33}}, \qquad (9-21)$$

式中，δ_i 为第 i 个评价因子权重；D_{2i} 为第 i 个评价因子数值。

（4）海洋灾害风险 D_4

采用求和平均法，海洋灾害风险由突发性灾害指数与缓发性灾害指数相加后平均计算而得，两类灾害视为同等重要，不设加权系数。

$$D_4 = (D_{41} + D_{42})/2. \qquad (9-22)$$

9.2.2.3 二级指标的判别标准

综合上述分析，本研究将实际值同理想状态值作为描述海域承载状况的依据。因此，要对海洋资源、生态和环境承载状况进行判断，确定不同时期海域海洋资源、生态和环境承载力的理想状态值就显得十分重要。具体在实际操作过程中，采用问卷调查法征集当地有关专家、学者或政府决策者的意见，并转换成相应定量化数据；或利用现有的一些国内及国际标准来确定；也可参照国内外与研究区域条件总体背景相似的不同海域生态环境状况的实际值。本项目将综合以上方法来确定区域海洋资源、生态和环境承载力各项指标的理想状态值。

（1）可利用海洋空间资源 D_1

确定方法：以国内同类指标参比值作为理想状态值，参比值选用《全国海洋主体功能区划》（征求意见稿）的各省可利用海洋空间资源数据。

（2）海洋环境质量 D_2

确定方法：以环境质量标准值作为理想状态值，参比值选用 GB 3097、GB 18668、GB 18421 中相应指标值。

（3）海洋生态系统健康状况 D_3

确定方法：以国内同类指标参比值作为理想状态值，参比值选用《全国海洋主体功能区划》（征求意见稿）的各省海洋生态系统健康状况数据。

（4）海洋灾害风险 D_4

确定方法：以国内同类指标参比值作为理想状态值，参比值选用《全国海洋主体功能区划》（征求意见稿）的各省海洋灾害风险数据。

9.2.3 目标层

9.2.3.1 矩阵判别法

矩阵判别法是建立在对可利用海洋空间资源 D_1、海洋环境质量 D_2、海洋生态系统健康状况 D_3、海洋灾害风险 D_4 的匹配与比较关系之上，通过建立四维判别矩阵进行判别，见表 9-12。

表 9-12　矩阵判别表

高承载力指标个数	中承载力指标个数	低承载力指标个数	资源环境承载力
4	0	0	高
3	1	0	高
3	0	1	高
2	2	0	中
2	1	1	中
2	0	2	中
1	3	0	中
1	2	1	中
1	1	2	低
1	0	3	低
0	4	0	中
0	3	1	中
0	2	2	低
0	1	3	低
0	0	4	低

9.2.3.2　指数综合评价法

指数综合评价法是定量的综合性评价方法。在评价指标体系的基础上，遴选重点指标，构建海洋综合评价指数，以该指数的结果作为海域承载力等级的划分依据。

综合指数采用加权求和法计算而得。

$$D = 0.25 \times D_1 + 0.25 \times D_2 + 0.37 \times D_3 + 0.13 \times D_4, \tag{9-23}$$

式中，D 为综合指数，D_1 为可利用海洋空间资源指数、D_2 为海洋环境质量指数、D_3 为海洋生态系统健康状况指数、D_4 为海洋灾害风险指数。

9.3　单要素指标评价

9.3.1　可利用海洋空间资源评价

9.3.1.1　数据来源及处理

数据来源：《广西海洋主体功能区规划专题研究报告》（国家海洋信息中心）；《广西壮族自治区 908 专项成果——广西近海海洋综合调查与评价总报告》。

数据处理过程：（1）评价因子测算：采用海洋空间利用率、填海强度、可利用岸线比重来衡量海域利用程度。其中，海域利用程度通过海域使用面积与管辖海域面积测算，岸线利用率利用人工岸线长度与大陆岸线长度来测算，填海面积比例采用填海面积比例与管辖海域面积测算。围海造地面积是指在沿海筑堤围割滩涂和港湾，并形成土地的工程用海面积。（2）加权综合：对海域利用率和岸线利用率进行计算。

9.3.1.2　岸线资源评价

防城港市大陆岸线东起防城区的茅岭乡（中间隔钦州龙门岛），经港口区的企沙、光坡两镇，防城区的附城、江山两乡，东兴市的江平镇，西至中越边境东兴镇北仑河口止，防城港市管辖岸段大陆岸线总长 537.79 km。大陆岸线类型包括人工岸线、沙质岸线、粉砂淤泥质海岸线、生物海岸线、基岩海岸和河口岸线，其长度分别为 395.35 km、35.22 km、82.51 km、4.46 km、19.16 km 和 1.09 km。将防城港市海岸线分为东兴市、防城港市港口区和防城港市防城区 3 个部分，表 9 – 13。东兴市位于广西海岸线最西端，岸线以人工岸线为主，在金滩地区、京岛地区有部分沙质岸线以及淤泥岸线等，其他类型岸线较少，河口岸线分布于江平江入海口；防城港市港口区包括港口地区和企沙半岛，港口地区人工岸线广泛分布，主要以防波海堤和人工填海造陆岸线为主，企沙半岛岸线以自然岸线为主，但是在港口地区半岛东部，由于人工造陆影响较少，仍然属于由少量以粉砂淤泥岸线为主的自然岸线，而港口区的自然岸线大多数在企沙半岛地区，以沙质岸线和淤泥岸线为主，仅有少量基岩岸线；防城港市防城区包括江山半岛和西湾，以围塘为代表的人工岸线为主。除了人工岸线之外，在江山半岛和西湾保留着较好的自然岸线。

表 9 – 13　防城港市岸线类型与长度统计表

区域	岸线类型	长度/km	总长度/km
防城港市	人工岸线	395.35	537.79
	河口岸线	1.09	
	沙质岸线	35.22	
	粉砂淤泥质海岸	82.51	
	生物海岸	4.46	
	基岩海岸	19.16	
港口区	人工岸线	266.74	342.83
	河口岸线	0.24	
	沙质岸线	20.35	
	粉砂淤泥质海岸	45.26	
	生物海岸	4.05	
	基岩海岸	6.19	

续表

区域	岸线类型	长度/km	总长度/km
防城区	人工岸线	81.57	141.66
	河口岸线	0.63	
	沙质岸线	11.32	
	粉砂淤泥质海岸	34.86	
	生物海岸	0.41	
	基岩海岸	12.87	
东兴市	人工岸线	47.07	53.30
	河口岸线	0.22	
	沙质岸线	3.55	
	粉砂淤泥质海岸	2.39	
	生物海岸	0.00	
	基岩海岸	0.11	

注：数据来源于《广西海洋主体功能区规划专题研究报告》。

防城港市各岸段已用岸线长度和岸线利用程度如表 9 - 14 所示。已用岸线长度受围塘养殖、盐田修建、港口围填以及人工海堤修建的影响，防城港市自然岸线的长度呈逐年递减的趋势，自然岸线逐年转变为人工岸线，且岸线平直化趋势严重，而且随着北部湾经济区规划的实施，防城港市海岸带开发力度将会逐渐加大，自然岸线的减少将不可避免。

表 9 - 14　防城港市岸线资源评价指标计算

评价单元	指标值			
	已用岸线长度	岸线总长/km	岸线利用程度	可利用岸线比重 D_{11}
港口区	266.74	342.83	78%	0.22
防城区	81.57	141.66	58%	0.42
东兴市	47.04	53.30	88%	0.12

9.3.1.3　滩涂资源评价

按照潮间带地貌类型划分，防城港市潮间带滩涂包括草滩、浓密的红树林滩、稀疏的红树林滩、沙滩、泥滩、砂泥混合滩、岩滩、碎石 - 砂砾滩、养殖区、潮水沟和人工围垦区，总共 $4.67 \times 10^4 \ hm^2$，见表 9 - 15。

表 9 – 15　防城港市海岸潮间带滩涂类型分布面积统计表

滩涂类型	面积/hm²
草滩	28.77
浓密的红树林滩	4 756.31
稀疏的红树林滩	599.72
沙滩	29 571.26
泥滩	1 217.33
砂泥混合滩	2 936.32
岩滩	517.94
碎石 – 砂砾滩	394.87
养殖区	5 714.41
潮水沟	66.74
人工围垦区	1 032.02
合计	46 835.72

注：数据来源于《广西海洋主体功能区规划专题研究报告》。

1）已开发利用的潮间带滩涂资源

防城港市潮间带部分高潮位泥滩、砂泥混合滩和红树林滩及少量的沙滩已开发为养殖区（虾池、养鱼池等）约 0.57×10^4 hm²；部分中潮位砂泥混合滩和低潮位沙滩、砂泥混合滩被开发为牡蛎桩养殖区和贝类围网养殖区；部分沙滩被开发为海水浴场和旅游渡假区，如漓尾岛南岸和大坪坡附近的沙滩；大部分溺谷型海湾中的潮间带及附近水道被开发为竹排养殖区；大部分红树林滩被列为国家自然保护区，如北仑河口国家自然保护区。

2）具有开发利用潜力的潮间带滩涂资源

防城港市海岸潮间带中潮位和低潮位沙滩、砂泥混合滩是一巨大的生物资源区，但是目前开发为牡蛎桩养殖区和贝类围网养殖区的面积非常有限；防城港市海岸潮间带中潮位和低潮位沙滩、砂泥混合滩沙蚕、泥丁、滩涂鱼及贝类资源十分丰富，但目前尚未开发为有计划的养殖、采捕基地。因此，在摸清中潮位和低潮位沙滩区生物资源状况、初级生产力、海洋动力学和沉积动力学特征，进行科学的资源、环境评价基础上，这一区域可以作为防城港市潮间带滩涂资源开发利用的选区。

3）需要保护的滩涂资源

（1）高潮位沙滩和沙砾滩：大部分高潮位沙滩狭窄，不宜开发为海水浴场。此外，由于高潮位沙滩对于海岸稳定性具有重要的保护作用，特别是有高潮位沙滩进流坡保护的海堤，一般不会因风浪的冲击而塌方。因此，高潮位沙滩应当受到严格的保护，不允许在高潮位沙滩采砂，高潮位沙砾滩也是如此。

（2）红树林滩：防城港市红树林滩面积约 $0.53 \times 10^4 \ hm^2$，其中茂密的红树林滩面积达 $0.47 \times 10^4 \ hm^2$。由于红树林具有固结泥沙、促进潮滩淤长的作用，而且红树林带生物资源丰富，生物多样性强，因此，为了保护海岸生态环境和生物多样性，不宜将红树林进行开发改造。

（3）草滩：防城港市潮间带草滩面积约 $28.67 \ hm^2$（面积较小的草滩未统计）。草滩上生物资源丰富，特别是蟹类生物密度非常高。因此，为了保护潮间带生态环境和生物多样性，应加强对草滩的保护。

目前，防城港市沿岸滩涂资源开发利用的方式包括海水养殖（围垦池塘养殖、非围垦池塘养殖）、港口建设、临海工业、开辟盐田、围海造地和海水浴场等，以海水养殖和港口建设为主。其中，海水养殖面积达 $2 \times 10^4 \ hm^2$，占近期可开发滩涂总面积一半以上，形成了三大养殖区：一是东兴市竹山－江平沿海对虾、文蛤优势养殖区，二是防城区江山－防城沿海对虾养殖区，三是港口区光坡沿海对虾、文蛤、近江牡蛎、海水网箱养殖区。表9－16给出滩涂的利用评价指标计算结果。

表9－16 防城港市滩涂利用评价指标计算

评价单元	指标值				
	养殖区面积 /hm²	人工围垦面积 /hm²	滩涂面积 /hm²	滩涂利用程度	可利用滩涂资源比重 D_{12}
防城港市（港口区、防城区、东兴市）	5 714.41	1 032.02	46 835.72	14%	0.86

9.3.1.4　海域利用程度评价

随着改革开放和社会经济建设步伐的加快，防城港市海洋资源的开发力度逐步加大。特别是国家实施《广西北部湾经济区发展规划》以来，防城港市作为我国西南地区出海大通道的主门户，其区位优势越来越凸显，临海工业发展加快，目前已有1 000万吨钢铁项目、600万千瓦核电项目等重大项目相继进入，防城港市的海洋开发程度正在向深度和广度拓展。截止到2008年的统计数据，防城港市海域使用主要以保护区用海和港口用海（含港口工程用海、港池用海和港口建设填海）为主，渔业用海也占了较大的比重，居于防城港市第二位；此外还有一部分临海工业用海和路桥用海等（表9－17）。防城港市海域使用面积 $4 \ 652.11 \ hm^2$，其中确权海域使用面积 $3 \ 536.52 \ hm^2$，未确权海域使用面积 $1 \ 115.59 \ hm^2$，防城港市海域利用程度评价指标计算结果见表9－18。

表 9 – 17　防城港市各类海域使用面积统计表　　　　单位：hm²

用海类型	港口区	防城区	东兴市
渔业用海	572.2	194.13	244.83
交通运输用海	98.97	18.116	3.59
工矿用海	1.847	—	—
旅游娱乐用海	—	—	—
海底工程用海	—	—	—
排污倾倒用海	—	—	—
围海造地用海	518.43	—	—
特殊用海	—	—	3 000
合计	1 191.447	212.246	3 248.42

表 9 – 18　防城港市海域利用程度评价指标计算

评价单元	指标值			
	海域使用面积/hm²	管辖海域面积/hm²	海域利用程度	可利用海域面积比重 D_{13}
港口区	1 191.447	22 633.0	5.26%	0.95
防城区	212.246	13 900.0	1.52%	0.98
东兴市	3 248.42	15 914.0	20.41%	0.80

9.3.2　海洋环境质量评价

9.3.2.1　数据来源及处理

数据来源：为了掌握防城港市近岸海域海水水质、沉积物和生物质量现状，于 2010、2011 和 2012 年对防城港市近岸海域的水质、沉积物和生物质量进行了大面调查。站位布设、调查时间、具体调查项目、采样要求及测试分析方法见第 2 章。

数据处理过程：海洋环境质量评价方法采用单因子标准指数法与超标分类评价相结合的方法，依据标准指数公式计算各评价单元的海洋环境质量指数；各调查站点所处海洋功能分区见表 9 – 19。

表 9 – 19　调查站位所处的海洋功能分区及评价标准

站位	海洋功能区	海水水质标准	沉积物标准	海洋生物标准
01	北仑河口红树林自然保护区	一类	一类	一类
02	防城港金滩旅游娱乐区	二类	一类	一类

续表

站位	海洋功能区	海水水质标准	沉积物标准	海洋生物标准
03	防城港金滩南部农渔业区	二类	一类	一类
04	珍珠湾农渔业区	二类	一类	一类
05	防城港金滩南部农渔业区	二类	一类	一类
06	防城港西湾旅游娱乐区	三类	二类	二类
07	防城港港口航运区	四类	三类	三类
08	江山半岛东岸旅游娱乐区	二类	一类	一类
09	江山半岛东岸旅游娱乐区	二类	一类	一类
10	江山半岛东岸旅游娱乐区	二类	一类	一类
11	江山半岛南部农渔业区	二类	一类	一类
12	企沙半岛南部农渔业区	二类	一类	一类
Q1	企沙农渔业区	二类	一类	一类
Q2	企沙农渔业区	二类	一类	一类
Q3	企沙半岛东侧保留区	二类	一类	一类
Q4	企沙半岛东侧保留区	二类	一类	一类
h1	企沙半岛东侧工业与城镇建设区	四类	三类	三类
h2	钦州湾外湾农渔业区	二类	一类	一类
h3	钦州湾外湾农渔业区	二类	一类	一类
B1，B2，B4	北仑河口红树林自然保护区	一类	一类	一类
B3，B6	竹山港口航运区	三类	二类	二类
B7	北仑河口红树林自然保护区	一类	一类	一类
B13，B14，B18	北仑河口红树林自然保护区	一类	一类	一类
B5，B8－12，B15－17，B19，B20	北仑河口农渔业区	二类	一类	一类
101，201	防城港西湾旅游娱乐区	三类	二类	二类
401	防城港西湾港口航运区	四类	三类	三类
601，701，801	江山半岛东岸旅游娱乐区	二类	一类	一类
301－302，402－404，501－504，602－603，702－703，803	防城港港口航运区	四类	三类	三类
802	江山半岛南部农渔业区	二类	一类	一类

注：海洋功能分区依据《广西壮族自治区海洋功能区规划（2011－2020）》。

9.3.2.2 海水水质评价

1）溶解氧（DO）

防城港市近岸海域水体中溶解氧（DO）含量变化范围为 4.93～8.86 mg/L，平均为 7.12 mg/L；如表 9-20 所示，港口区、防城区和东兴市水体中 DO 含量的年平均值相差不大，分别为 7.22 mg/L、7.16 mg/L 和 6.99 mg/L。防城港市港口区、防城区和东兴市近岸海域水体中 DO 标准指数 Pi 值分别为 0.02～0.95、0.02～0.57 和 0.04～2.61，平均值分别为 0.31、0.32 和 0.49，除 2011 年 11 月 23 日在北仑河口海域调查中 B1 和 B2 测站的标准指数 Pi 值大于 1（轻度污染）外，其余各季度各测站的 Pi 值均小于 1，未受污染。北仑河口海域调查中 B1 和 B2 测站出现一定程度的低氧现象，一方面可能是由于这些站位距离陆地较近，易受陆源污染物的影响，另一方面则是由于这些站位均处于广西海洋功能区划划定的北仑河口红树林海洋自然保护区，水质管理目标较高（第一类海水水质标准）。

2）化学需氧量（COD）

防城港市近岸海域水体中化学需氧量（COD）含量变化范围为 0.33～3.84 mg/L，平均为 1.28 mg/L；如表 9-20 所示，港口区、防城区和东兴市水体中 COD 含量变化范围分别为 0.33～3.84 mg/L、0.53～3.75 mg/L 和 0.41～3.56 mg/L，平均值分别为 1.16 mg/L、1.28 mg/L 和 1.40 mg/L，3 个评价单元水体中 COD 含量平均值变化不大。防城港市港口区、防城区和东兴市近岸海域水体中 COD 标准指数 Pi 值分别为 0.11～1.28、0.18～0.94 和 0.14～1.78，平均值分别为 0.39、0.38 和 0.54；在 2010 年夏季港口区海域调查中，在企沙海区出现一个超标站（$Pi > 1$，中度污染），2011 年 11 月北仑河口海域的调查中，则出现 5 个超标站（$Pi > 1$，轻度污染），而其他海域均未出现超标情况，均符合广西海洋功能区划划定的海洋功能分区的水质标准；港口区和北仑河口海域超标率分别为 1.8% 和 8.8%，夏季企沙海域的 Q1 站出现超标可能是由于其位于企沙港湾内，离岸较近，受附近居民的生活污水及码头渔港排污影响较大，北仑河口出现 COD 超标情况较多还是可能由于这些站位距离陆地较近，易受陆源污染物的影响，而且这些站位均处于广西海洋功能区划划定的北仑河口红树林海洋自然保护区，水质管理目标较高（第一类海水水质标准）。

3）活性磷酸盐

防城港市近岸海域水体中活性磷酸盐标准指数 Pi 值变化范围为 b～4.67，平均为 0.59；如表 9-21 所示，港口区、防城区和东兴市近岸海域水体中活性磷酸盐标准指数 Pi 值变化范围分别为 b～1.56、b～1.67 和 b～4.67，平均值分别为 0.34、0.73 和 0.70。调查过程中，在港口区 3 个站出现超标的现象，在防城区出现 4 个站活性磷酸盐超标，以及东兴市出现 7 个站超标的现象。其中港口区的 7 号站由于其在防城港港口航运区是与第四类海水水质标准比较，Pi 值大于 1 则表示其已受到重度污染。防城区 9

号站位于江山半岛东岸旅游娱乐区采用第二类海水水质标准，属于中度污染；东兴市北仑河口的 B1、B2 站位于北仑河口红树林海洋自然保护区采用第一类水质标准，超标为轻度污染，但其中 3 次检测水体中的活性磷酸盐已超过第三类海水水质标准，属重度污染；B5 位于北仑河口农渔业区采用第二类海水水质标准，由于磷酸盐的第二类水质标准与第三类相同，属于重度污染；而 B3 和 B6 位于竹山港口航运区采用第三类海水水质标准，Pi 值大于 1 则表示其已受到重度污染。因此，东兴市磷酸盐污染比较大，其中轻度污染占测站的 1.7%，重度污染占 10%。

4）无机氮

防城港市近岸海域水体中无机氮标准指数 Pi 值变化范围为 0.02 ~ 3.90，平均为 0.53；如表 9.21 所示，港口区、防城区和东兴市近岸海域水体中无机氮标准指数 Pi 值变化范围分别为 0.02 ~ 1.47、0.07 ~ 1.45 和 0.03 ~ 3.90，平均值分别为 0.41、0.60 和 0.58。其中港口区有 6 次超标，防城区 4 次，东兴市则有 8 次超标；其中 5 次为轻度污染，9 次为中度污染，4 次为重度污染。

5）重金属

防城港市近岸海域水体中重金属标准指数如表 9 - 21 所示。

（1）铜

防城港市近岸海域表层水体中铜的质量水平较好，所有调查测站中的 Pi 值均小于 1，符合所在海洋功能区的水质标准要求。标准指数 Pi 值的变化范围为 b ~ 0.84，平均值为 0.16。

（2）铅

虽然防城港市近岸海域水体中的铅标准指数 Pi 平均值为 0.46，小于 1，整体达标，但调查测站中出现了 15 次超标现象。其中，港口区 2 次，防城区 3 次，东兴市则有 10 次，且主要集中在北仑河口海域，其中 11 月大潮期 B7 站超标倍数达 5.4，可能还是由于处于河口区，径流污染输入较大，此外处于北仑河口红树林海洋自然保护区的站点，水质管理目标较高（第一类海水水质标准）。

（3）锌

防城港市近岸海域表层水体中锌的质量水平与铅相似，港口区、防城区和东兴市近岸海域水体中锌标准指数 Pi 值变化范围分别为 b ~ 2.24、0.01 ~ 1.39 和 b ~ 2.00，平均值分别为 0.22、0.29 和 0.44。在所有测站中也总共出现了 12 次超标现象，港口区 3 次，防城区 1 次和东兴市 8 次，其中东兴市超标现象还是主要集中在北仑河口海域。整个防城港海域，轻度污染占 6%，中度污染占 4.3%。

（4）总铬

防城港市近岸海域表层水体中的总铬含量较低，只有秋季东兴市的 1 号站总铬含量超标，其他站位总铬含量均未超过对应海洋功能区的水质标准要求，标准指数变化范围 b ~ 1.53，平均值为 0.04。

（5）镉

防城港市近岸海域表层水体中镉的质量水平较好，所有调查测站中的 P_i 值均小于 1，符合所在海洋功能区的水质标准要求。标准指数 P_i 值的变化范围为 b ~ 0.17，平均值为 0.02。

（6）汞

防城港市近岸海域水体中的汞标准指数 P_i 变化范围 b ~ 1.92，平均值为 0.40，小于 1，整体达标，但调查测站中出现了 9 次超标现象。其中，防城区 1 次，东兴市则有 8 次，且主要集中在北仑河口海域，属于轻度污染，可能还是由于处于河口区，径流污染输入较大，此外位于北仑河口红树林海洋自然保护区的站点，水质管理目标较高（第一类海水水质标准）。

（7）砷

防城港市近岸海域表层水体中砷的质量水平较好，所有调查测站中的 P_i 值均小于 1，符合所在海洋功能区的水质标准要求。标准指数 P_i 值的变化范围为 0.001 ~ 0.07，平均值为 0.02。

6）石油类

如表 9 - 21 所示，防城港市近岸海域表层水体中油类标准指数 P_i 值变化范围为 0.01 ~ 5.42，平均为 0.62；其中东兴市的大于港口区，港口区的大于防城区。在调查测站中共出现了 23 次油类超标现象，港口区 6 次，防城区 4 次和东兴市 13 次；港口区、防城区和东兴市都受到不同程度的油类污染，超标率为 17.5%。

表 9 - 20　防城港市近岸海域水质情况

项目	港口区		防城区		东兴市	
	变化范围	平均值	变化范围	平均值	变化范围	平均值
DO/mg·L⁻¹	5.12 ~ 8.86	7.22	6.11 ~ 8.07	7.16	4.93 ~ 8.30	6.99
COD/mg·L⁻¹	0.33 ~ 3.84	1.16	0.53 ~ 3.75	1.28	0.41 ~ 3.56	1.40
活性磷酸盐/mg·L⁻¹	b ~ 0.070	0.013	b ~ 0.050	0.022	b ~ 0.070	0.020
无机氮/mg·L⁻¹	0.01 ~ 0.57	0.15	0.02 ~ 0.58	0.21	0.01 ~ 0.78	0.15
铜/μg·L⁻¹	b ~ 6.2	1.76	0.3 ~ 8.0	2.0	1.3 ~ 4.2	1.60
铅/μg·L⁻¹	b ~ 9.6	1.63	b ~ 10.8	2.6	b ~ 6.1	1.40
锌/μg·L⁻¹	b ~ 112.2	14.6	4.9 ~ 69.6	16.7	20.0 ~ 40.0	15.7
总铬/μg·L⁻¹	b ~ 0.60	0.14	b ~ 84.6	4.20	b ~ 84.9	4.40
镉/μg·L⁻¹	b ~ 0.20	0.06	b ~ 0.15	0.05	b ~ 0.50	0.08
汞/μg·L⁻¹	0.02 ~ 0.19	0.08	b ~ 0.24	0.08	b ~ 0.12	0.05
砷/μg·L⁻¹	0.06 ~ 2.33	0.88	0.46 ~ 1.71	0.86	0.30 ~ 2.07	0.63
油类/mg·L⁻¹	0.01 ~ 0.27	0.03	0.01 ~ 0.16	0.04	0.004 ~ 0.23	0.04

注：b 表示未检出。

表 9 – 21　防城港市近岸海域水质质量标准指数 Pi 值

项目	港口区		防城区		东兴市	
	变化范围	平均值	变化范围	平均值	变化范围	平均值
DO	0.02 ~ 0.95	0.31	0.02 ~ 0.57	0.32	0.04 ~ 2.61	0.49
COD	0.11 ~ 1.28	0.39	0.18 ~ 0.94	0.38	0.14 ~ 1.78	0.54
活性磷酸盐	b ~ 1.56	0.34	b ~ 1.67	0.73	b ~ 4.67	0.70
无机氮	0.02 ~ 1.47	0.41	0.07 ~ 1.45	0.60	0.03 ~ 3.90	0.58
铜	b ~ 0.62	0.14	0.01 ~ 0.80	0.15	0.01 ~ 0.84	0.19
铅	b ~ 1.92	0.20	b ~ 2.16	0.46	b ~ 5.40	0.71
锌	b ~ 2.24	0.22	0.01 ~ 1.39	0.29	b ~ 2.00	0.44
总铬	b ~ 0.006	0.001	b ~ 0.85	0.04	b ~ 1.53	0.06
镉	b ~ 0.03	0.01	b ~ 0.03	0.01	b ~ 0.17	0.04
汞	0.05 ~ 0.96	0.31	b ~ 1.19	0.40	b ~ 1.92	0.50
砷	0.001 ~ 0.07	0.02	0.01 ~ 0.06	0.02	0.01 ~ 0.07	0.02
石油类	0.01 ~ 5.42	0.50	0.03 ~ 3.14	0.60	0.08 ~ 4.62	0.76

注：b 表示未检出。

　　表 9 – 22 ~ 9 – 24 给出了防城港市近岸水域水质超标情况、达标系数确定及评价指标计算结果。

表 9 – 22　防城港市近岸海域水质超标情况汇总

评价单元	超标率/%											
	DO	COD	活性磷酸盐	无机氮	铜	铅	锌	总铬	镉	汞	砷	石油类
港口区	0	1.8	5.5	9.1	0	3.6	5.5	0	0	0	0	12.7
防城区	0	0	9.1	18.2	0	13.6	4.5	0	0	4.5	0	18.2
东兴市	3.3	8.3	11.7	13.3	0	16.7	13.3	1.7	0	13.3	0	21.7

表 9 – 23　达标系数确定

评价单元	港口区	防城区	东兴市
DO	稳定达标	稳定达标	达标
COD	达标	稳定达标	达标
活性磷酸盐	达标	达标	达标
无机氮	达标	达标	达标
铜	稳定达标	稳定达标	稳定达标

评价单元	港口区	防城区	东兴市
铅	达标	达标	达标
锌	达标	达标	达标
总铬	稳定达标	稳定达标	达标
镉	稳定达标	稳定达标	稳定达标
汞	稳定达标	达标	达标
砷	稳定达标	稳定达标	稳定达标
石油类	达标	达标	达标
稳定达标指标数	6	6	3
达标指标数	6	6	9
超标指标数	0	0	0
严重超标指标数	0	0	0
达标系数	0.8	0.8	0.8

注：达标：指全年平均值达功能区标准要求；稳定达标：指标全年平均值及最劣值均达功能区标准要求；超标：指标全年平均值未达功能区标准要求；严重超标：指全年平均值未达功能区标准要求，且平均值超功能区标准要求 3 倍以上。

表 9–24　防城港市近岸海域水质评价指标计算

评价单元	达标系数	指标值	海水环境质量 D_{21}
港口区	0.8	1.07	0.34
防城区	0.8	1.07	0.34
东兴市	0.8	1.00	0.31

防城港市近岸海域水体总体比较清洁，但与历史资料相比，近岸水体环境质量状况有所恶化。溶解氧、化学需氧量、活性磷酸盐、无机氮、石油类、铅、锌、镉、总铬和汞都有超标现象，有些测站甚至出现超四类海水标准的指标，其中活性磷酸盐、无机氮、石油类、铅、锌超标率较高，分别达到 8.8%、13.5%、17.5%、11.3% 和 7.8%；3 个评价单元中，东兴市超标率较高，一方面由于调查站位较靠近河口区域，另一方面许多测站设在北仑河口红树林海洋自然保护区内，水质管理目标为第一类海水水质标准，但依然出现了超第三类海水水质标准的现象。

9.3.2.3 沉积物质量评价

根据海洋沉积物质量标准（GB 18668 - 2002）和表 9 - 19（调查站位所处的海洋功能分区及评价标准），采用单因子标准指数法对防城港市近岸海域海底沉积物中铜、铅、锌、总铬、镉、汞、砷、石油类、有机碳和硫化物进行评价，评价结果如表 9 - 25 所示。镉、汞、砷和有机碳的标准指数 Pi 值均小于 1，未出现超标，均符合所在海洋功能区的沉积物质量标准要求；铜标准指数 Pi 值变化范围为 0.03 ~ 5.89，平均值为 0.35，有 3 个站超标，超标率为 7.3%；铅标准指数 Pi 值变化范围为 0.01 ~ 1.00，平均值为 0.24，仅有 1 个站略微超标，该站位于江山半岛东岸旅游娱乐区，要求沉积物不低于第一类标准；锌标准指数 Pi 值变化范围为 0.03 ~ 1.67，平均值为 0.20，也仅有 1 个站超标，超标站为 Q2，位于企沙农渔业区；总铬标准指数 Pi 值变化范围为 b ~ 1.16，平均值为 0.18，也仅有 Q2 号站 1 个站超标；石油类标准指数 Pi 值变化范围为 0.002 ~ 1.89，平均值为 0.35，有 6 个站超标，超标率为 14.6%；硫化物标准指数 Pi 值变化范围为 b ~ 1.02，平均值为 0.15，仅有 1 个站略微超标，该站位于企沙半岛东侧保留区，表 9 - 25 ~ 9 - 27。

防城港市近岸海域海底沉积物质量状况较好，各项指标标准指数 Pi 值的平均值均小于 1，整体符合海洋功能区对海洋沉积物的环境质量要求。

表 9 - 25 防城港市近岸海域海底沉积物标准指数 Pi 值

项目	港口区		防城区		东兴市	
	变化范围	平均值	变化范围	平均值	变化范围	平均值
铜	0.03 ~ 5.89	0.64	0.08 ~ 1.11	0.28	0.03 ~ 0.49	0.12
铅	0.02 ~ 0.68	0.17	0.01 ~ 1.00	0.31	0.08 ~ 0.80	0.25
锌	0.03 ~ 1.67	0.25	0.04 ~ 0.76	0.21	0.06 ~ 0.5	0.15
总铬	0.03 ~ 1.16	0.24	0.10 ~ 0.48	0.21	b ~ 0.49	0.10
镉	0.002 ~ 0.84	0.15	0.02 ~ 0.78	0.21	0.06 ~ 0.66	0.26
汞	0.02 ~ 0.58	0.14	0.05 ~ 0.53	0.19	b ~ 0.38	0.09
砷	0.01 ~ 0.80	0.21	0.04 ~ 0.73	0.27	0.04 ~ 0.53	0.02
石油类	0.002 ~ 1.31	0.28	0.04 ~ 1.89	0.45	0.01 ~ 1.57	0.31
有机碳	0.04 ~ 0.64	0.17	0.03 ~ 0.85	0.27	0.04 ~ 0.64	0.14
硫化物	b ~ 1.02	0.15	0.001 ~ 0.27	0.09	b ~ 0.73	0.21

注：b 表示未测出。

表 9 – 26　防城港市近岸海域海底沉积物超标情况表

评价项目	污染物名称	检出率/%	超标率/%	超标站位数	超标站位分布		
					港口区	防城区	东兴市
重金属	铜	92.7	7.9	3	2	1	0
	铅	100.0	2.4	1	0	1	0
	锌	100.0	2.4	1	1	0	0
	总铬	96.7	2.5	1	1	0	0
	镉	95.1	0	0	0	0	0
	汞	96.7	0	0	0	0	0
	砷	100.0	0	0	0	0	0
有机类	有机碳	100.0	0	0	0	0	0
	石油类	100.0	14.6	6	2	2	2
氧化还原环境	硫化物	90.0	2.6	1	1	0	0

表 9 – 27　防城港市近岸海域海底沉积物评价指标计算

评价单元	达标指标数	超标指标数	严重超标指标数	达标系数	海洋沉积物质量 D_{22}
港口区	5	5	0	0.6	0.3
防城区	7	3	0	1.0	0.7
东兴市	9	1	0	1.0	0.9

9.3.2.4　生物质量评价

以有机污染（石油烃）和重金属（铜、铅、锌、镉、汞、砷）为评价因子，采用标准指数法，分别对防城港市近岸海域的贝类、甲壳类和鱼类生物体的质量进行评价。其中贝类生物体内污染物质含量评价标准采用《海洋生物质量》（GB 18421 – 2001）规定的第二类标准值，甲壳类和鱼类体内污染物质（铜、铅、锌、镉、汞、砷）含量评价标准采用《全国海岸和海涂资源综合调查简明规程》中规定的生物质量标准，甲壳类和鱼类体内石油烃含量的评价标准采用《海洋生物质量》（GB 18421 – 2001）规定的第一类标准值，详见表 9 – 28。

本项目从防城港市分别采集了贝类、甲壳类和鱼类生物，按照上述方法对防城港市近岸海域生物体质量进行评价，评价结果如表 9 – 29 所示。从表 9 – 29 可以看出，防城港市近岸海域生物体质量状况整体良好，仅有少量超标现象。生物体内铜、铅、锌、总铬、镉、汞、砷标准指数 P_i 值均较低，其中石油烃标准指数平均值相对较高为0.573，但仅在一份贝类样品和一份鱼类样品中检测到石油类超过第一类标准值，其余样品均符合第一类标准。评价单元的评价指标计算结果如表 9 – 30 所示。

表 9 – 28　生物体内污染评价标准（鲜重：10^{-6}）

生物类别	铜	铅	锌	总铬	镉	汞	砷	石油类	标准来源
贝类	25	2.0	50	2.0	2.0	0.1	5.0	15	GB 18421 – 2001
甲壳类	100	2.0	150	1.5	2.0	0.20	8.0	15	简明教程
鱼类	20	2.0	40	1.5	0.6	0.30	5.0	15	简明教程

表 9 – 29　防城港市近岸海域生物体质量标准指数 Pi 值

项目	贝类		甲壳类		鱼类		合计	
	变化范围	平均值	变化范围	平均值	变化范围	平均值	变化范围	平均值
铜	0.036 ~ 0.092	0.064	0.040 ~ 0.079	0.058	0.009 ~ 0.033	0.02	0.009 ~ 0.092	0.032
铅	0.015 ~ 0.025	0.025	0.010 ~ 0.020	0.015	0.005 ~ 0.015	0.01	0.005 ~ 0.025	0.083
锌	0.159 ~ 0.283	0.222	0.071 ~ 0.105	0.088	0.112 ~ 0.165	0.139	0.071 ~ 0.283	0.117
总铬	0.04 ~ 0.115	0.07	b ~ 0.207	0.093	0.047 ~ 0.127	0.087	b ~ 0.207	0.097
镉	0.105 ~ 0.430	0.27	0.025 ~ 0.070	0.045	b ~ 0.017	0.017	b ~ 0.430	0.088
汞	0.040 ~ 0.180	0.11	0.005 ~ 0.150	0.050	0.013 ~ 0.053	0.033	0.005 ~ 0.180	0.068
砷	0.090 ~ 0.128	0.11	0.025 ~ 0.121	0.071	0.014 ~ 0.07	0.034	0.014 ~ 0.128	0.323
油类	0.200 ~ 0.420	0.32	0.467 ~ 0.600	0.533	0.667 ~ 1.067	0.867	0.467 ~ 1.067	0.573

注：贝类包括菲律宾蛤仔和波纹巴菲蛤；甲壳类包括长毛对虾和日本对虾；鱼类为鲈鱼；b 表示未测出。

表 9 – 30　防城港市近岸海域生物体质量评价指标计算

评价单元	海洋生物质量 D_{23}
港口区	0.7
防城区	0.7
东兴市	0.8

9.3.3　海洋生态系统健康状况评价

9.3.3.1　数据来源及处理

数据来源：生态系统重要性数据来源于《广西海洋主体功能区规划专题研究报告》（国家海洋信息中心）；各类生态系统面积数据来源于《广西壮族自治区 908 专项成果 – 广西近海海洋综合调查与评价总报告》；生物多样性数据来源于本研究调查数据。

数据处理：生态系统重要性的计算：计算单个专家海洋生态系统重要性综合平均

值，根据专家对评价单元海洋生态系统敏感性的评分结果，以及对各要素权重的判定，计算每位专家对评价单元海洋生态系统敏感性的评价得分，根据公式计算生态系统重要性系数；生物多样性的计算按《海洋调查规范》相关要求进行；生态系统服务功能价值计算，采用9.2.1.1节所述方法进行。

9.3.3.2 生态系统重要性评价

据估算，防城港市滨海湿地总面积约为56 239.67 hm²（不包括河口三角洲、盐沼和湖湿地），相当于全市土地总面积的13.3%，包括海草、红树林、河口水域、滨岸沼泽、水田等11种较为典型和重要的滨海湿地类型，其中河口水域、砂质海岸和水田面积较大，分别占滨海湿地总面积的30.72%、28.43%和18.28%，三者面积之和占总面积的77%，养殖池塘所占比例为10.34%，其他7种滨海湿地类型面积之和仅占总面积的12.2%。防城港市滨海湿地的开发利用，在促进农渔业、海洋产业的发展中发挥了巨大的经济社会效益。

（1）海草床分布

防城港市海草面积约100 hm²，主要分布在珍珠湾地区。

（2）红树林湿地分布

防城港市红树林资源丰富，主要分布于珍珠湾、防城江江口和东湾地区。防城港市红树林总面积为2 360 hm²，主要种类有桐花树、白骨壤、秋茄、木榄、银叶树和海漆等14种，其中10种真红树，4种半红树植物，详见表9-31。

表9-31 防城港市红树林种类名

科名	种名	分布		
		东湾	西湾	北仑河口自然保护区
真红树种		4种	8种	10种
红树科	木榄 *Bruguiera gymnorrhiza*		√	√
	秋茄 *Kandelia candel*	√	√	√
	红海榄 *Rhizophora stylosa*			√
紫金牛科	桐花树 *Aegiceras corniculatum*	√	√	√
马鞭草科	白骨壤 *Avicennia marina*	√	√	√
大戟科	海漆 *Excoecaria agallocha*		√	√
使君子科	榄李 *Lumnitzera reacemosa*		√	√
爵床科	老鼠勒 *Acanthus ilicifolius*		√	√
梧桐科	银叶树 *Heritiera littoralis*		√	√
卤蕨科	卤蕨 *Acrostichum aureurm*	√	√	√

续表

科名	种名	分布		
		东湾	西湾	北仑河口自然保护区
	半红树植物	3种	3种	4种
锦葵科	黄槿 Hibiscus tiliscus	√	√	√
	杨叶肖槿 Thespesia populnea		√	√
蝶形花科	水黄皮 Pongamia pinnata	√		√
夹竹桃科	海芒果 Cerbera manghas	√		√

（3）滨岸沼泽的分布

防城港市的滨岸沼泽主要为防城江、北仑河河口半咸水盐沼，面积约为50.10 hm²。主要是零散分布的芦苇和茳芏混生，桐花树和芦苇混生以及芦苇等类型的群落。

（4）河口水域分布

防城港市内主要河流10多条。防城区、港口区和东兴的河流发源于十万大山南部，上思县河流（主要有明江）发源于十万大山北部。防城区、港口区及东兴主要河流有防城江、北仑河、茅岭江、江平江（上游那梭江）、大旺江等，总长293 km，流域面积2 298 km²，流经18个乡镇，年总流量50.4×10⁸ m³，可供水量11.2×10⁸ m³。防城港市周边降雨量丰富，河流的径流量与降水有关。夏季降雨量多主要集中在5-9月份，占全年降雨量的70%~80%，河流径流量大；冬季，12-2月份是一年中降水量最少的季节，仅占全年降水量的5%~7%，河流径流量小，所以防城港市沿海河流的径流量受季节的影响很大。以不同大潮时海水影响到的相对稳定的近河口段河流水域为潮间界（一般以盐度小于5为准），以低潮时潮沟中淡水水舌锋为外缘，两者之间的永久性水域为河口水域。相比而言，防城江和北仑河的径流量较大，河流形成的河口水域面积分别为1 724.40 hm²和130.04 hm²。

（5）自然保护区

防城港市仅设立了一个海洋自然保护区，就是北仑河口国家级海洋自然保护区，面积约为3 000 hm²。

（6）指标计算

根据以上分析，计算生态重要性评价指标，表9-22、9-23。

表9-32　防城港市的重要生态系统分布及敏感程度

评价单元	海草	红树林	滨岸沼泽	河口水域	自然保护区
港口区		√			
防城区		√	√	√	
东兴市	√	√√√		√√	√

注：√√√为极敏感，√√为较敏感，√为敏感。

表 9 – 33　防城港市的重要生态系统评价指标计算

评价单元	极敏感	较敏感	敏感	综合系数	生态系统重要性 D_{31}
港口区	0	0	1	0.1	0.9
防城区	0	0	3	0.3	0.7
东兴市	1	1	2	0.7	0.3

9.3.3.3　生物多样性评价

（1）叶绿素 a

防城港市近岸海域表层水体中叶绿素 a 浓度多次调查平均值为 4.54 μg/L。东兴市、防城区和港口区叶绿素 a 浓度的变化范围分别是 0.37 ~ 11.77 μg/L、0.54 ~ 30.46 μg/L 和 0.49 ~ 9.12 μg/L，平均值分别为 3.58 μg/L、6.07 μg/L 和 3.98 μg/L。

（2）浮游植物多样性

采用香农 – 威弗指数（H'）对防城港市近岸海域浮游植物多样性进行了评价，东兴市、防城区和港口区浮游植物多样性指数（H'）的变化范围分别是 0.41 ~ 4.32、0.35 ~ 4.23 和 0.28 ~ 4.14，平均值分别为 3.17、2.63 和 2.90，东兴市浮游植物的多样性较防城区和港口区要高。

（3）潮间带生物多样性

在防城港市东湾、红沙和北仑河口分别分别做了 3 个断面的潮间带生物调查，采用生物多样性指数（H'）法，并结合均匀度（J）、优势度（D）、丰度（d）等群落统计学特征进行了评价，详见防城港市海洋环境现状调查章节。由于本项目暂时未做防城区近岸潮间带调查，因此在进行潮间带多样性指数指标计算时参考了该区域的相关资料和研究报告。

（4）指标计算

表 9 – 34　防城港市近岸海域生物多样性指数计算

评价单元	叶绿素 a/μg·L^{-1}	浮游植物多样性	潮间带生物多样性
港口区	3.98	2.90	2.51
防城区	6.07	2.63	2.80
东兴市	3.58	3.17	3.14

表 9 – 35　防城港市近岸海域生物多样性指数指标评分

评价单元	叶绿素 a	浮游植物多样性	潮间带生物多样性	生物多样性 D_{32}
港口区	0.71	0.35	0.37	0.48
防城区	0.55	0.30	0.33	0.39
东兴市	0.74	0.30	0.33	0.46

9.3.3.4　生态系统服务功能价值评价

根据 9.2.1.1 节生态系统服务功能价值评估方法，对防城港市海洋生态系统服务功能价值 D_{33} 指标值进行了初步估算，结果见表 9-36。

表 9-36　防城港市的生态系统服务功能价值评价指标计算

评价单元	生态系统服务功能价值 D_{33}
港口区	0.70
防城区	0.90
东兴市	0.95

9.3.4　海洋灾害风险评价

9.3.4.1　数据来源及处理

数据来源：防灾减灾能力指数系数和各类灾害危险性指数数据来源于《广西海洋主体功能区规划专题研究报告》（国家海洋信息中心）；各地区的脆弱性指数根据《2011 广西统计年鉴》的人均 GDP 数据判断而得。

数据处理：根据特尔菲法确定的各海洋灾害的权重，计算评价单元海洋灾害等级综合评分，然后运用相对标准法，得到每个评价单元的海洋灾害指数 D_4。

9.3.4.2　突发性灾害评价

1）风暴潮

广西沿海遭受风暴潮灾害的频繁程度较广东、福建和浙江沿海为低，新中国成立后，截至 2011 年，影响广西沿海的热带风暴（台风）共有 85 个。影响广西沿海的热带风暴发生的时间是在每年的 5 月至 11 月，出现高峰为每年的 7、8、9 月份。影响广西沿海的热带风暴的移动路径主要分为三类：一类是热带风暴登陆广西沿海，二类是热带风暴移经北部湾，三类是热带风暴登陆广东沿海后消失。由于有琼州海峡和海南岛在东面阻挡，登陆广西沿海的热带风暴比率较少，主要是移经北部湾的热带风暴，其次是登陆广东后消失的热带风暴。

据《中国海洋灾害公报》（1989-2011）统计数据，1989-2011 年期间，广西沿海因风暴潮（含近岸浪）灾害造成的累计损失如下：直接经济损失高达 61.47 亿元，受灾人数 1 053.73 万人，死亡（含失踪）77 人，农业和养殖受灾面积 61.44×10^4 hm²，房屋损毁 16.29 万间，冲毁海岸工程 499.32 km，损毁船只 1 613 艘。具体统计如表 9-37 所示。

表 9 – 37　1986 – 2011 年广西沿海主要台风风暴潮及其造成的损失

发生时间	灾害名称	受灾范围	损失情况	最大增水
1986 – 07 – 21 – 22	8609 号"莎拉"台风	北海、钦州	损失 3.9 亿元，死亡 37 人	176 cm
1992 – 06 – 28 – 29	9204 号"荻安娜"台风	北海、钦州、防城港	损失 0.77 亿元，死亡 1 人	90 cm
1996 – 09 – 09 – 10	9615 号"莎莉"台风	北海、钦州、防城港	损失 25.55 亿元，死亡 63 人	200 cm
2001 – 07 – 02 – 06	0103 号"榴莲"台风	北海、钦州、防城港	损失 17.129 3 亿元	112 cm
2002 – 09 – 27 – 28	0220 号"米克拉"台风	北海、钦州	损失 2.931 亿元	58 cm
2003 – 07 – 19 – 21 日	0307 号"伊布都"台风	钦州、防城港	损失 18.82 亿元	109 cm
2003 – 08 – 24 – 25	0312 号"科罗旺"台风	北海、钦州、防城港	损失 12.361 亿元	179 cm
2005 – 09 – 26 – 27	0518 号"达维"台风	北海、钦州、防城港	损失 0.582 亿元	89 cm
2006 – 08 – 02 – 03	0606 号"派比安"台风	北海、钦州、防城港	损失 7.037 亿元，死亡 1 人	—
2007 – 07 – 02 – 06	0703 号"桃芝"台风	北海、钦州、防城港	损失 0.546 亿元	98 cm
2007 – 09 – 23 – 26	0714 号"范斯高"台风	防城港	损失 2.142 亿元	51 cm
2007 – 10 – 01 – 05	0715 号"利奇马"台风	北海	损失 0.169 亿元	84 cm
2008 – 08 – 05 – 09	0809 号"北冕"台风	北海、钦州、防城港	损失 1.758 亿元	96 cm
2008 – 09 – 23 – 25	0814 号"黑格比"台风	北海、钦州、防城港	损失 13.970 亿元	146 cm
2009 – 08 – 08 – 09	0907 号"天鹅"台风	北海	损失 0.006 亿元	32 cm
2009 – 09 – 15 – 16	0915 号"巨爵"台风	北海	损失 0.104 23 亿元	84 cm
2010 – 07 – 22 – 23	1003 号"灿都"台风	北海、钦州、防城港	损失 1.53 亿元	52 cm
2011 – 09 – 30	1117 号"纳沙"台风	北海、钦州、防城港	损失 1.15 亿元	72 cm

　　根据《防城港市海洋环境质量公报》，2009 年度，广西沿海和北部湾海域受到 0905 号"苏迪罗"、0907 号"天鹅"、0913 号"彩虹"、0915 号"巨爵"、0916 号"凯萨娜"和 0917 号"芭玛"共 6 次风暴潮的影响，据防城港市防汛部门统计，防城港市在 6 个风暴潮影响期间均未发生灾情。

　　2010 年，受 1002 号台风"康森"、1003 号台风"灿都"和 1005 号强热带风暴"蒲公英"等热带气旋的影响，防城港市沿海出现了 3 次风暴潮增水过程。其中，1002 号台风和 1005 号强热带风暴没有给沿海造成风暴潮灾害，1003 号台风"灿都"造成了风暴潮灾害。调查结果显示：2010 年 7 月 22 – 23 日，受 1003 号台风"灿都"外围风力的影响，防城港市堤防损坏 11 处共 0.57 km，护岸损坏 5 处，水闸损坏 2 处，水利直接经济损失 0.139 2 亿元。

　　2011 年全市出现增水 30 cm（含）以上或接近当地警戒潮位的风暴潮过程 3 次，

风暴潮过程强度均为较弱，风暴潮年度强度为偏轻年，表 9 – 38。

表 9 – 38　2011 年防城港市沿海主要台风风暴潮最大增水和最高潮位

热带风暴名称	增水		潮位		警戒潮位
	最大增水	出现时间	最高潮位	出现时间	
1104 号"海马"热带风暴	46 cm	6 月 25 日 01 时	314 cm	6 月 23 日 23 时 52 分	510 cm
1108 号"洛坦"热带风暴	39 cm	7 月 30 日 14 时	490 cm	7 月 30 日 17 时 08 分	510 cm
1117 号"纳沙"台风	72 cm	9 月 30 日 10 时	431 cm	9 月 30 日 07 时 25 分	510 cm

1117 号强台风"纳沙"造成的灾害：全市淹没土地 2 573 hm²，堤防损坏 13 处 9.94 km，护岸损坏 10 处，水闸损坏 70 处，损毁灌溉设施 58 处，水利直接经济损失 0.289 6 亿元。

防城港市风暴潮灾害的防治能力：

（1）堤防工程措施。堤防工程是防城港市防御风暴潮的重要基础设施。以港口区为例，其登记造册的水利海堤总长 32.534 km，其中保护面积千亩以上堤围 14.614 km，保护面积千亩以下堤防 17.92 km。但这些工程大多数是解放前修建的，普遍存在堤防矮薄、建设标准低、工程质量差，老化残损大，防御洪潮能力低等问题，个别堤段在农历 5 – 10 月大潮期间，遭遇 5～6 级向岸风的波浪冲击，就会发生险情或缺口，致使风暴潮灾害几乎每年都有发生，必须提高堤防工程的防御能力。为此，从 1998 年起中央和地方财政加大对水利基础设施建设的投资力度。据统计，到 2010 年底，港口区已全部或局部堤段建成标准化海堤有介排、沙潭江、黄泥潭等 11 宗，合计长 8.306 km，占堤防总长的 26.17%。但由于资金缺口大，大部分工程隐患没有彻底消除，2010 年底汛末堤防安全检查结果：二类堤防 12.43 km，占堤防总长的 39.18%，三类堤防 19.30 km，占堤防总长的 60.82%。

（2）水库工程和河道治理工程措施。沿海地区水库工程多有一定的防洪库容，在防灾减灾中发挥了一定的作用，合理调度会对河道的削峰有明显的效果。据统计，以港口区为例，现有水库 7 座，其中小（一）型 1 座，小（二）型 6 座。这些水库大多数兴建于 20 世纪 50、60 年代，年久失修，工程老化，渗漏严重。2010 年底汛末安全检查，全区病险水库 2 座。水库工程存在的主要问题：一是工程老化残损大，放水涵闸关水不严，影响蓄保水和灌溉效益；二是局部坝段坡面护坡简陋，防洪能力不足；三是部分工程防洪设施未完善，影响工程安全运行；四是人为影响蓄保水，阻碍工程排洪等。

（3）生物工程措施。当有强热带风暴诱发的风暴潮来临时，滩涂生长有红树林的堤段破坏程度就较轻。例如，东兴榕树头及合浦山口部分堤段，由于红树林的消浪作用，减轻波浪冲击，能够有效降低围堤溃决的风险。

（4）避生工程措施。防灾工程措施不可能完全避免灾害的发生，风暴潮易发地区，房屋建设尽可能楼房化，引导和扶持群众修建较坚固的楼房。风暴潮灾害发生时，可使人和物资及时安全转移。

（5）非工程措施。进入防潮期，各级防汛抗旱指挥机构实行 24 小时值班制度，全程跟踪台风情况，并根据不同风暴潮情况启动应急响应。每年及每次灾害过后，各级部门的防汛抗旱指挥机构应针对防灾减灾工作的各个方面和环节进行定性及定量的分析、评估，总结经验，找出问题，推广好的经验和做法，改进和完善防治减灾措施，并及时上报。

2）海啸

广西沿海地处北部湾北部，距东面的板块边缘岛弧有 1 500 余千米，外围是成弧形的岛屿，礁滩环绕。近距离外侧有雷州半岛和海南岛为屏障，大洋海啸对广西沿海无大的影响。地质资料显示，北部湾海区没有现代活动的板块俯冲带和海沟构造，近代垂直差异运动表现不强烈，发生大地震海啸的可能性不大。此外，海啸的发生是有它特殊的地理环境等条件的，防城港市沿海有 537.79 km 大陆岸线连绵曲折，在平缓广阔的滩涂上拥有约 5 300 多公顷的红树林滩，近海区有 247 个岛屿环绕，近海水深一般 5 ~ 20 m，都不利于大地震海啸的形成和传播。由此可推测防城港沿海发生灾害性地震海啸可能性不大，但不排除局部小地震海啸发生的可能。由于无发生地震海啸的先例，目前海啸防范措施还需要建立和完善。

3）海浪

海浪是指海洋中由风产生的波动，包括风浪及其演变而成的涌浪。其周期为 0.5 ~ 2.5 s，波长为几十至 100 m。根据《海洋灾害调查技术规程》规定，波高大于等于 4 m 的海浪称为灾害性海浪。灾害性海浪常致船只损坏和沉没、航道淤积、海洋石油生产设施和海岸工程损毁、海水养殖业受损等经济损失和人员伤亡。

影响防城港市沿海的灾害性海浪主要是台风浪，是由南海北部或到达广西沿海的台风引起的。据《广西壮族自治区 2001 – 2011 年海洋环境质量公报》数据，十年间广西沿海波高大于或等于 3 m 大浪的天数由 2001 年的 73 d 逐步减少至 2011 年的 32 d，减少的主要原因是由冷空气引起的大浪天数锐减，大陆沿海受海浪灾害的影响较小。

4）海雾

海雾指的是在海洋影响下出现在海上（包括岸滨和岛屿）的雾，那些在陆上生成随天气系统移到海面上的雾，不属于海雾范畴。海雾产生时，常使海面能见度降到 1 km 以下，使船只迷失航路，造成相撞或搁浅事故。在狭窄航道、近岸区发生的海难中，由海雾引发的事故占了很大比重，是一种频发的海洋灾害。海雾天气对海上养殖、捕捞、油田钻探等经济活动和沿海地区交通运输产生重大影响。

近年来，广西海区因大雾而引发的海事和海难事故频发，造成人员死亡，各类船只搁浅、触礁、沉没事件。至于因大雾使船只不得不在海上抛锚或减速，由此而造成的人力、物力和时间上的浪费，更是无法估量。防城港市沿海地区年平均雾日数地理分布极为不均，年平均雾日最少为东兴 8.7 d，最多为港口区和防城区达 20 d，是东兴的 2 倍之多。

5）指标计算

表 9 - 39　防城港市海洋突发性灾害危险性指数与能力指数赋值

评价单元	风暴潮		海啸		海浪		海雾	
	危险性指数	能力指数	危险性指数	能力指数	危险性指数	能力指数	危险性指数	能力指数
港口区	5	0.8	1	1	1	1	3	1
防城区	5	0.8	1	1	1	1	3	1
东兴市	5	0.7	1	1	1	1	2	1

注：各类灾害的危险性指数和防灾减灾能力指数数据来源于《广西海洋主体功能区规划专题研究报告》（国家海洋信息中心）。

表 9 - 40　防城港市承灾地区的脆弱性指数

评价单元	人均 GDP	脆弱性指数
港口区	19 903	1.5
防城区	37 264	1.0
东兴市	32 061	1.5

注：脆弱性指数是根据《2011 广西统计年鉴》的人均 GDP 数据判断而得。

表 9 - 41　防城港市突发性灾害风险评价指标计算

评价单元	风暴潮	海啸	海浪	海雾	最大值	突发性灾害指数 D_{41}
港口区	6.00	1.50	1.50	4.50	6.00	0.61
防城区	4.00	1.00	1.50	3.00	4.00	0.74
东兴市	5.25	1.50	1.50	3.00	5.25	0.66

9.3.4.3　缓发性灾害评价

1）海岸侵蚀

防城港市岸线总长 537.79 km，其中侵蚀岸线长 133.53 km，占所管辖岸线的 25.52%。

（1）防城港东湾南部－钦州湾西岸南部侵蚀海岸区。防城港东湾南部云约江口南岸坡咀村－钦州湾西岸南部榄埠江口南岸飞龙潭岸段主要为砂质海岸、基岩岬角海岸、风化海岸和人工海岸交替分布。砂质海岸、基岩岬角海岸和风化海岸都遭受侵蚀，侵蚀岸线长 58 851.87 m。此外，在江平万尾海岸尽管侵蚀岸段零星分布，但是侵蚀程度较大。在万尾金滩，侵蚀作用已造成海岸木麻黄林根部裸露；在万尾西岸段，海浪的侵蚀作用导致了大范围人工海堤坍塌，向陆推进 3～10 m 不等。

（2）白龙半岛－防城港西湾南部侵蚀海岸。珍珠湾东北部佳碧村－防城港西湾西岸大满村北部主要是侵蚀海岸，其中侵蚀岸线长 45 761 m，侵蚀海岸类型有基岩海岸、砂质海岸、砂砾质海岸和风化海岸。白龙半岛西岸主要是典型的岬角－港湾海岸。基岩岬角海岸、风化海岸与砂砾质海岸交替分布，局部有红树林海岸和人工堤岸分布。基岩岬角海岸、风化海岸与砂砾海岸都遭受侵蚀，其中砂砾质海岸和风化海岸都有蚀退现象。白龙半岛南部主要是基岩海岸，夹有数段砂质海岸和人工海岸，其中基岩海岸和砂质海岸都受侵蚀。

（3）珍珠湾东北部侵蚀海岸。珍珠湾东北部蕃桃坪－佳碧村岸段砂砾质海岸、粉砂淤泥质海岸、基岩风化海岸与人工海岸交替分布。其中，砂砾质海岸和风化海岸受侵蚀，海岸线后退，部分粉砂淤泥质海岸也遭受侵蚀。

分析海岸侵蚀的原因，总体上主要是由于人为围垦所致，自然侵蚀和淤积作用引起的变化不大，滩涂围垦开发利用引起海岸线变化仍将是今后影响海岸线变化的主要原因。

2）赤潮

赤潮，是指海洋中某些浮游生物、原生动物或细菌等在一定条件下暴发性增殖或聚集达到某一水平，引起海水变色或对其他海洋生物产生危害的一种生态异常现象。赤潮的发生可降低海水中得溶解氧，甚至产生毒素，从而对海洋生物或其他养殖生物产生物理性或化学性刺激作用，引起海洋生物的大量死亡，同时也可能通过鱼类和贝类的富集最终对人类产生毒害作用。

根据相关报道，1995－2011 年间广西沿海共发生了至少 10 次海洋赤潮灾害，虽然与全国所有沿海省份的赤潮灾害相比，发生次数少、影响面积小、持续时间短，造成的经济损失不大，但广西沿海浮游植物和赤潮生物种类丰富，且随着北部湾经济区的开放开发，近海工业、海水养殖业和旅游业的迅速发展，入海工业废水、海水养殖及生活污水过度排放，海水质量持续下降，近岸水体富营养化程度日趋严重，藻华灾害暴发的频率和面积逐年升高和扩大。防城港湾和珍珠湾这样较封闭的港湾和江河入海口，赤潮灾害发生的可能性较大，具有较大的潜在威胁。在 2010 年以前，防城港市近岸海域未出现赤潮灾害的报道，而根据《广西壮族自治区海洋环境质量公报》、《防城港市海洋环境质量公报》及相关媒体报道，2010 年和 2011 年连续两年防城港市近岸海域均发生了一定规模的赤潮，特别是 2011 年 10 月底至 11 月初，暴发的球形棕囊藻有毒有害赤潮，影响面积波及整个东湾和西湾小部分海域。根据调查结果显示，防城港市近岸海域共有浮游植物 175 种，赤潮生物 58 种，其中有毒赤潮种类 6 种。

赤潮防治对策：① 富营养化是赤潮灾害发生的物质基础，控制海域的富营养化是防治赤潮灾害的关键，主要途径有加强污水处理和合理开发海水养殖业；② 改善水体和底质环境；③ 控制有毒赤潮生物外来种类的引入；④ 深入开展赤潮发生机理的科学研究，要减少赤潮灾害带来人民生命财产损失，就必须提高赤潮灾害的预警和预报能力；⑤ 合理开发利用海洋。而目前，防城港市沿海仍处于大开发阶段，对赤潮的预警、预报和防治才处于起步阶段。

3）海水入侵

防城港市沿海大部分地区海水入侵极轻微或无海水入侵迹象。

4）指标计算

表 9-42　防城港市海洋缓发性灾害危险性指数与能力指数赋值

评价单元	海岸侵蚀		赤潮		海水入侵	
	危险性指数	能力指数	危险性指数	能力指数	危险性指数	能力指数
港口区	7	0.5	1	0.9	1	1
防城区	8	0.5	1	0.9	1	1
东兴市	1	0.5	1	0.9	1	1

注：各类灾害的危险性指数和防灾减灾能力指数数据来源于《广西海洋主体功能区规划专题研究报告》（国家海洋信息中心）。

表 9-43　防城港市承灾地区的脆弱性指数

评价单元	人均 GDP/元	脆弱性指数
港口区	19 903	1.5
防城区	37 264	1.0
东兴市	32 061	1.5

注：脆弱性指数是根据《2011 广西统计年鉴》的人均 GDP 数据判断而得。

表 9-44　防城港市缓发性灾害风险评价指标计算

评价单元	海岸侵蚀	赤潮	海水入侵	最大值	缓发性灾害指数 D_{42}
港口区	5.25	1.35	1.50	5.25	0.51
防城区	4.00	0.90	1.00	4.00	0.63
东兴市	0.75	1.35	1.50	1.50	0.86

9.4 海域承载力综合评价

9.4.1 矩阵判别法

9.4.1.1 二级指标的量化计算

二级指标的量化计算可采用问卷调查法征集当地有关专家、学者或政府决策者的意见，并转换成相应定量化数据；利用现有的一些国内及国际标准来确定；参照国内外与研究区域条件总体背景相似的不同海域生态环境状况的实际值。本研究将综合以上方法来确定区域可利用海洋空间资源 D_1、海洋环境质量 D_2、海洋生态系统健康状况 D_3 和海洋灾害风险 D_4 的承载力分界值，见表 9 - 45 所示。

表 9 - 45 海洋环境承载力指标分界值

评价级别	D_1	D_2	D_3	D_4
高	$0.70 < D_1 \leqslant 1$	$0.36 < D_2 \leqslant 2$	$0.70 < D_3$	$0.60 < D_4$
中	$0.40 < D_1 \leqslant 0.70$	$0.054 < D_2 \leqslant 0.36$	$0.40 < D_3 \leqslant 0.70$	$0.30 < D_4 \leqslant 0.60$
低	$0 \leqslant D_1 \leqslant 0.40$	$0 \leqslant D_2 \leqslant 0.054$	$0 \leqslant D_3 \leqslant 0.40$	$0 \leqslant D_4 \leqslant 0.30$

1）可利用海洋空间资源 D_1

采用加权求和法，按式（9 - 19），可利用海洋空间资源由可利用岸线比重 D_{11} 和可利用滩涂资源比重 D_{12} 加权平均计算而得。

$$D_1 = 0.35 \times D_{11} + 0.35 \times D_{12} + 0.30 \times D_{13}.$$

表 9 - 46 D_1 指标计算

评价单元	D_{11}	D_{12}	D_{13}	D_1	承载力评价等级
港口区	0.22	0.86	0.95	0.66	中
防城区	0.42	0.86	0.98	0.74	高
东兴市	0.12	0.86	0.80	0.58	中

2）海洋环境质量 D_2

采用加权乘积法，按式（9 - 20），海洋环境质量由海水环境质量达标率 D_{21}、海洋沉积物质量达标率 D_{22} 与海洋生物质量达标率 D_{23} 加权积而计算而得。

$$D_2 = D_{21}^{0.5} \times D_{22}^{0.25} \times D_{23}^{0.25}.$$

表 9 – 47 D_2 指标计算

评价单元	D_{21}	D_{22}	D_{23}	D_2	承载力评价等级
港口区	0.34	0.30	0.7	0.39	中
防城区	0.34	0.70	0.7	0.49	中
东兴市	0.31	0.90	0.8	0.51	中

3）海洋生态系统健康状况 D_3

采用加权乘积法，按式（9 – 21），海洋生态系统健康状况由生态系统重要性 D_{31}、生物多样性 D_{32} 和生态系统服务功能价值 D_{33} 加权积而计算而得。

$$D_3 = D_{31}^{0.46} \times D_{32}^{0.27} \times D_{33}^{0.27}.$$

表 9 – 48 D_3 指标计算

评价单元	D_{31}	D_{32}	D_{33}	D_3	承载力评价等级
港口区	0.9	0.48	0.70	0.71	高
防城区	0.7	0.39	0.90	0.64	中
东兴市	0.3	0.46	0.95	0.46	中

4）海洋灾害风险 D_4

采用求和平均法，按式（9 – 22）海洋灾害风险由突发性灾害指数 D_{41} 与缓发性灾害指数 D_{42} 之和平均计算而得，两类灾害视为同等重要，不设加权系数。

$$D_4 = (D_{41} + D_{42})/2.$$

表 9 – 49 D_4 指标计算

评价单元	D_{41}	D_{42}	D_4	承载力评价等级
港口区	0.61	0.51	0.56	中
防城区	0.74	0.63	0.69	高
东兴市	0.66	0.86	0.76	高

9.4.1.2 矩阵判别

矩阵判别法建立在对可利用海洋空间资源 D_1、海洋环境质量 D_2、海洋生态系统健康状况 D_3、海洋灾害风险 D_4 的匹配与比较关系之上，通过四维判别矩阵对高、中、低承载力指标个数进行判别，如表 9 – 50 和 9 – 51 所示。

表 9 – 50　矩阵判别表

高承载力指标个数	中承载力指标个数	低承载力指标个数	资源环境承载力
4	0	0	高
3	1	0	高
3	0	1	高
2	2	0	中
2	1	1	中
2	0	2	中
1	3	0	中
1	2	1	中
1	1	2	低
1	0	3	低
0	4	0	中
0	3	1	中
0	2	2	低
0	1	3	低
0	0	4	低

表 9 – 51　矩阵判断

评价单元	D_1	D_2	D_3	D_4	综合判断
港口区	中	中	高	中	中
防城区	高	中	中	高	中
东兴市	中	中	中	高	中

9.4.2　综合指数评价法

9.4.2.1　综合指数计算

综合指数采用加权求和法，按式（9 – 23）计算而得，$D = 0.25 \times D_1 + 0.25 \times D_2 +$

$0.37 \times D_3 + 0.13 \times D_4$。

表 9－52　综合指数计算

评价单元	D_1	D_2	D_3	D_4	综合指数
港口区	0.66	0.39	0.71	0.56	0.598 0
防城区	0.74	0.49	0.64	0.69	0.634 0
东兴市	0.58	0.51	0.46	0.76	0.541 5

9.4.2.2　指数综合评价

指数综合评价分级标准参照表 9－53，综合指数评级见表 9－54。

表 9－53　综合指数分级标准

级别	变化值
高	$0.586\ 6 < C \leqslant 1$
中	$0.395\ 9 < C \leqslant 0.586\ 6$
低	$0.15 < C \leqslant 0.395\ 9$
极低	$0 \leqslant C \leqslant 0.15$

表 9－54　综合指数评级

评价单元	综合指数	综合评级
港口区	0.598 0	高
防城区	0.634 0	高
东兴市	0.541 5	中

9.4.3　防城港市近岸海域承载能力综合评价

海域环境承载力综合评级分级标准参照表 9－55。为了确定防城港市近岸海域资源环境承载力，我们考虑到海洋开发与保护的迫切需要，突出海洋生态系统的健康和持续发展，依据各类方法综合评价结果，按照矩阵判别法为主，综合指数评价法为辅的原则，形成两套防城港市近岸海域承载力评价结果，见表 9－56。结果表明，就所在海域对开发活动的环境容量降低和资源占用的最大承受力而言，防城区、港口区和东兴市的海域承载力均为"中"；以防城港市整体作为评价单元，其海域资源环境承载力为中等水平，这就要求合理的开发和利用海洋资源，统筹谋划防城港市海洋空间利用，实现资源、环境和经济的协调可持续发展。

表 9 – 55　近岸海域环境承载力分级

海域承载力级别	描述
高	环境质量优越，基本未受到污染；生物多样性高，特有物种或关键物种保有较好，生物类群结构种类变化不大，生态系统稳定，生态功能完善；自然性高，异质性低，景观破碎度小。海岛自然生境完整，几乎没有或很少有人类活动，未对资源进行开发利用，自然生境完整，未受到污染源的污染，生态系统结构与功能完善。
中	环境质量较好，受到轻微污染；生物多样性高，特有物种或关键物种保有较好，生物类群结构种类受到一定干扰，生态系统稳定，生态功能较完善；自然性较高，异质性较低，景观破碎度较小。
低	环境质量中等，已经受到了一定污染；生物多样性一般，特有物种或关键物种有一定的减少，生物类群结构种类受到了干扰，生态系统尚稳定，生态功能尚完善；自然性中等，异质性一般，景观破碎度不高。
极低	环境质量较差，已经受到了一定程度的污染；生物多样性较低，特有物种或关键物种较大程度的减少，生物类群结构种类受到了严重干扰，生态系统不稳定，生态功能受损；自然性较低，异质性较高，景观破碎度较高。

表 9 – 56　海域承载力综合评级

评价单元	矩阵判别法	综合指数评价法	综合评价结果
港口区	中	高	中
防城区	中	高	中
东兴市	中	中	中
防城港市			中

第10章 海洋环境容量分配和污染物总量控制

近岸海域污染控制的关键问题之一是实行污染排放总量控制。海洋环境容量把海洋环境容纳污染物的能力与允许污染源排放的量联系起来，是指在维持目标海域特定海洋学、生态学等功能所要求的国家海水质量标准条件下，一定时间范围内所允许的污染物最大排海量。总量控制不仅是制定沿海污水排海计划的基本依据，同时也是海域水质管理的有力工具。只有在总量研究的基础上，才能制定出既达到环境标准又积极有效的规划方案。防城港市海域的污染问题日趋严峻，因此治理海洋污染的根本途径是如何合理地调控各陆源排污口的排放总量。本研究以海域环境功能规划为控制标准，开展防城港市海域主要污染物排放总量控制研究，为防城港市海域的污染源治理提供科学依据。根据防城港市相关规划及海洋环境现状，研究确定的海水环境容量，分析所考虑污染因子主要为化学需氧量（COD）、氮（N）、磷（P）。

10.1 研究方法

污染物质进入海洋以后，在海水中进行复杂的物理、化学和生物过程。通过这3种过程的作用，污染物质在海水中被稀释、吸收、沉降或转化，环境逐渐恢复到原来的状况，这些过程即为海水自净过程。影响海水自净能力的因素主要有海岸地形、水文条件、水中微生物的种类和数量、海水温度和含氧状况以及污染物的性质和浓度等。

这些因素构成一个复杂的相互作用特征，即污染源输入–水质响应系统。因此海域的环境容量的计算需要水动力学、水化学等多方面的综合研究工作，通过污染物质在海洋环境中的动力学模型进行计算。

在河口近岸海域污染物输运转化过程可用方程（10–1）表述：

$$\frac{\partial C}{\partial t} + V\nabla C = \nabla(A_h \nabla C) + Q, \qquad (10-1)$$

式中，C 为污染物的垂向平均浓度，V 为流速，Q 为源汇项，A_h 为水平湍流扩散系数，∇ 为水平梯度算子。可以看出，对于某一特定海区，一定的排放负荷所产生的环境影响的空间分布是一定的，据此相应关系，以水质目标作为约束条件便可以计算出各排污源的允许排放总量。

根据定义，环境容量可表述为：在选定的一组水质控制点的污染物浓度不超过其各自对应的环境标准的前提下，使各排污口的污染负荷排放量最大，即：

目标函数：

$$\max L = \sum_{j=1}^{n} x_j,$$

约束条件：

$$\sum_{j=1}^{n} a_{ij}x_j + c_{bi} \leqslant c_{is}, \quad i = 1,2,\cdots,m, x_j \geqslant 0, j = 1,2,\cdots,n,$$

式中，i 为水质控制点编号；m 为水质控制点数目；j 为排污口编号；n 为排污口数目；x 为负荷量；L 为总负荷量；a_{ij} 为第 j 个排污口的单位负荷量对第 i 个水质控制点的污染贡献度系数；c_{bi} 为水质控制点的污染现状浓度；c_{is} 为水质控制点处的环境标准控制水质浓度值。a_{ij} 由二维浅水方程和污染物二维输运方程的模拟结果得到。各排污口附近混合区范围通过控制混合区范围的水质监控点选取实现。

在流速 V、水平湍流扩散系数 A_h 确定的情况下，方程（10-1）为线性的，满足叠加原理。因此，若干个污染源共同作用下所形成的平衡浓度场可视为各个污染源单独影响浓度场的线性迭加，即设 C_i 为第 i 个污染源 Q_i 单独作用的浓度场，则在 n 个污染源同时存在时所形成的浓度场 C 为

$$C(x,y,t) = \sum_{i=1}^{n} C_i(x,y,t), \qquad (10-2)$$

同时，某一源强所形成的浓度场可以视为由若干个单位源强的作用的线性迭加的结果，即有：

$$C_i(x,y,t) = P_i(x,y,t) \cdot Q_i, \qquad (10-3)$$

式中，$P_i(x,y,t)$ 为单位源强（$Q_i = 1$）时所形成的浓度场。$P_i(x,y,t)$ 可称为响应系数，它表征了海区内水质对某个点源的响应关系。由于各种环境动力因素的相互作用，$P_i(x,y,t)$ 在海区内的分布随地点而变化，形成响应系数场。在海洋环境中，由于潮汐的影响，响应系数场是随涨落潮过程而呈周期性变化的，具体应用中，响应系数场应考虑其随潮汐动力的时间变化，因此本研究中取 15 d 的平均值。

10.2　防城港海洋环境数学模型

防城港海域环境动力因素以潮流为主，为了计算不同位置污染源的响应系数、剩余负荷，需要搞清研究区域内的水动力过程。为此，首先建立了防城港海域潮流数学模型。

10.2.1　控制方程及定解条件

正交曲线坐标系下平面二维潮流数学模型的基本方程为

$$\frac{\partial Z}{\partial t} + \frac{1}{C_\xi C_\eta}\left[\frac{\partial}{\partial \xi}(C_\eta Hu) + \frac{\partial}{\partial \eta}(C_\xi Hv)\right] = 0, \qquad (10-4)$$

$$\frac{\partial Hu}{\partial t} + \frac{1}{C_\xi C_\eta}\left[\frac{\partial C_\eta Huu}{\partial \xi} + \frac{\partial C_\xi Huv}{\partial \eta} + Huv\frac{\partial C_\xi}{\partial \eta} - Hv^2\frac{\partial C_\eta}{\partial \xi}\right] = fHv - \frac{gH}{C_\xi}\frac{\partial Z}{\partial \xi} -$$

$$\frac{gu\sqrt{u^2+v^2}}{C^2} + \frac{1}{C_\xi C_\eta}\Big[\frac{\partial C_\eta H\sigma_{\xi\xi}}{\partial \xi} + \frac{\partial C_\xi H\sigma_{\xi\eta}}{\partial \eta} + H\sigma_{\xi\eta}\frac{\partial C_\xi}{\partial \eta} - H\sigma_{\eta\eta}\frac{\partial C_\eta}{\partial \xi}\Big], \quad (10-5)$$

$$\frac{\partial Hv}{\partial t} + \frac{1}{C_\xi C_\eta}\Big[\frac{\partial C_\eta Huv}{\partial \xi} + \frac{\partial C_\xi Hvv}{\partial \eta} + Huv\frac{\partial C_\eta}{\partial \xi} - Hu^2\frac{\partial C_\xi}{\partial \eta}\Big] = -fHu - \frac{gH}{C_\xi}\frac{\partial Z}{\partial \eta} -$$

$$\frac{gv\sqrt{u^2+v^2}}{C^2} + \frac{1}{C_\xi C_\eta}\Big[\frac{\partial C_\eta H\sigma_{\xi\eta}}{\partial \xi} + \frac{\partial C_\xi H\sigma_{\eta\eta}}{\partial \eta} + H\sigma_{\eta\xi}\frac{\partial C_\eta}{\partial \xi} - H\sigma_{\xi\xi}\frac{\partial C_\xi}{\partial \eta}\Big], \quad (10-6)$$

式（10-4）为连续方程，式（10-5）、（10-6）为潮流运动动量方程；上述各式中，

$$\sigma_{\xi\xi} = 2A_M\Big[\frac{1}{C_\xi}\frac{\partial u}{\partial \xi} + \frac{v}{C_\xi C_\eta}\frac{\partial C_\xi}{\partial \eta}\Big], \quad \sigma_{\xi\eta} = \sigma_{\eta\xi} = A_M\Big[\frac{C_\eta}{C_\xi}\frac{\partial}{\partial \xi}\Big(\frac{v}{C_\eta}\Big) + \frac{C_\xi}{C_\eta}\frac{\partial}{\partial \eta}\Big(\frac{u}{C_\xi}\Big)\Big],$$

$$\sigma_{\eta\eta} = 2A_M\Big[\frac{1}{C_\eta}\frac{\partial v}{\partial \eta} + \frac{u}{C_\xi C_\eta}\frac{\partial C_\eta}{\partial \xi}\Big], \quad C_\xi = \sqrt{x_\xi^2 + y_\xi^2}, C_\eta = \sqrt{x_\eta^2 + y_\eta^2}$$

为拉梅系数。u、v 分别为计算平面内 ξ、η 方向的速度；Z 为水位；$H = h + Z$ 为总水深；C 为谢才系数；f 为科氏系数。

对于模型的边界条件，固定（岸）边界采用法向流速梯度为零处理；开边界包括外海边界和径流开边界，潮流的外海开边界由潮位控制，径流开边界由流量控制，初始水位取为零。

10.2.2　数值方法及关键参数选取

采用结构化的曲线正交网格作为计算网格，变量在网格点的布置采用交错网格。对于控制方程，空间离散采用角输运迎风格式（CTU，Corner-Transport Upwind）并结合 TVD 限制器（Van Leer）进行通量限制，源项采用算子分裂算法处理，时间积分采用可保持 TVD 性的两步格式计算。

模型中一些关键参数的选取如下：

（1）$C = \frac{1}{n}H^{1/6}$，n 为糙率系数，取值 $0.015 + \frac{0.01}{H}$ 之间，其中 H 为总水深。

（2）湍扩散系数 A_M、A_H 由 Smagorinsky 公式计算

$$(A_M, A_H) = 2(C_M, C_H)\Delta x\Delta y\Big[\Big(\frac{\partial u}{\partial x}\Big)^2 + \frac{1}{2}\Big(\frac{\partial v}{\partial x} + \frac{\partial u}{\partial y}\Big) + \Big(\frac{\partial v}{\partial y}\Big)^2\Big]^{\frac{1}{2}}, \quad (10-7)$$

式中，C_M、C_H 为系数。

（3）采用干湿判断法处理动边界。

实现计算区域岸边界随水位涨落的改变干湿网格的判断分为两个部分：（1）干网格变湿的判别：在每一个时步计算之前，首先检查每个干网格点（水位）的周围 4 个（水位）网格点的瞬时总水深。若该 4 个水位点的瞬时总水深不同时小于或等于 d_{min}，则将大于 d_{min} 的值进行算术平均。将此平均值暂时赋予该干水位点组成该点的总水深，若此总水深大于 d_{min}，则该点变为湿点。（2）湿网格变干的判别：如果计算之前发现某

一点（水位）的总水深已经小于 $d_{\min}$，那么该点变为干点，同时对与其相邻的 4 个流速点的流速赋值为 0，并将该水位点保留有一定的水层厚度，这样可以做为该网格再次变湿参与计算时的前一时刻的水位值。

10.2.3　海洋环境模型及验证

模型计算范围西至北仑河口，取从河口口门上游 8.5 km 处为径流边界。东边界至 108°54′E 附近，南边界约至 21°15′N。防城江和北仑河采用多年平均流量做为径流边界条件。外海潮位边界采用大范围北部湾潮流模型计算的潮位过程给定。模型计算网格采用曲线正交网格，网格步长在外海最大约为 900 m，在近岸湾内、河口减小至 30 m 左右。模型网格总数为 376×333 个（图 10 - 1）。模型验证采用 2011 年 5 月 21 - 22 日 27 h 及 2007 年 5 月 18 - 19 日 27 h 的实测水文资料。

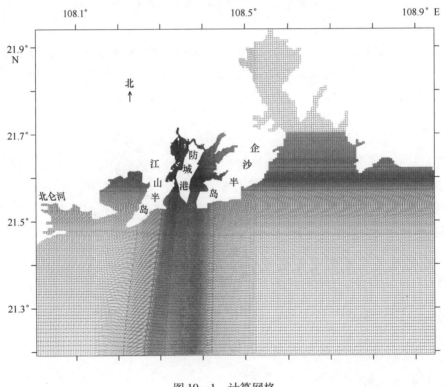

图 10 - 1　计算网格

计算区域的岸线、水深资料采用 2009 版东兴港、珍珠港、防城港、钦州湾海图、908 调查资料和部分内部资料，坐标系统采用 1954 北京系统，基面统一换算至 85 基面，图 10 - 2 为防城港海域水深图。

图 10 - 3 ~ 10 - 8 为防城港潮流数学模型潮位、流速、流向验证与流场图。可以看出，潮位、流速与流向的模型计算值与实测值拟合良好，能较好的反应涨落潮过程中

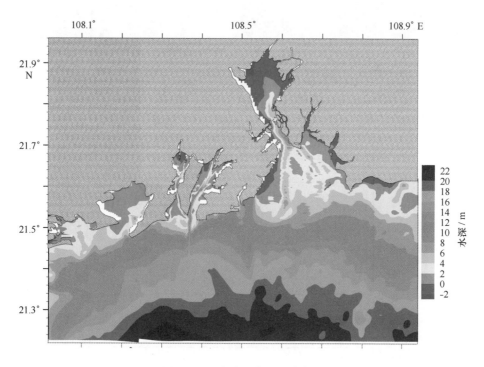

图 10 - 2　防城港附近海域水深

各验证点的潮流特征。流场图显示在各个特征时刻，流场基本合理。建立的潮流模型能够复演防城港海域的潮流过程。

10.2.4　响应系数场

　　根据沿岸自然状况及污染物排放情况，在从北仑河口至红沙的沿岸共布设了 15 个虚拟污染源（表 10 - 1、图 10 - 9），用每一个污染源分别代表其所在岸段的污染排放。表 10 - 1 为虚拟污染源位置坐标。按前述定义，响应系数场为单位源强形成的浓度场分布，所以由响应系数场可得到该污染源的影响范围。

表 10 - 1　虚拟污染源坐标

站号	纬度（N）	经度（E）	站号	纬度（N）	经度（E）
1#	21°32′27″	108°02′55″	9#	21°36′03″	108°24′53″
2#	21°31′26″	108°13′30″	10#	21°33′18″	108°21′06″
3#	21°35′48″	108°18′05″	11#	21°32′52″	108°22′55″
4#	21°43′13″	108°20′19″	12#	21°33′09″	108°26′46″
5#	21°32′16″	108°22′54″	13#	21°34′23″	108°28′49″
6#	21°41′24″	108°25′38″	14#	21°38′50″	108°33′19″

站号	纬度（N）	经度（E）	站号	纬度（N）	经度（E）
7#	21°39′42″	108°26′17″	15#	21°51′03″	108°28′17″
8#	21°37′00″	108°24′35″			

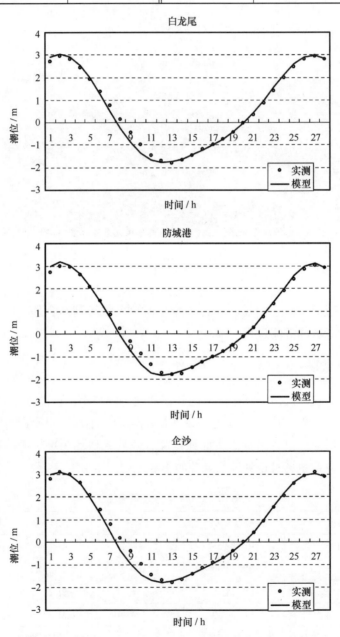

图 10 - 3　防城港潮位验证

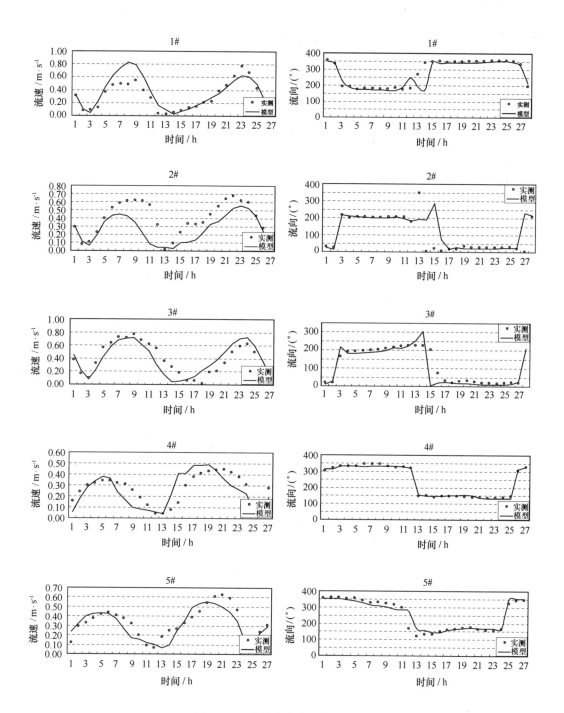

图 10 - 4　防城港流速、流向验证

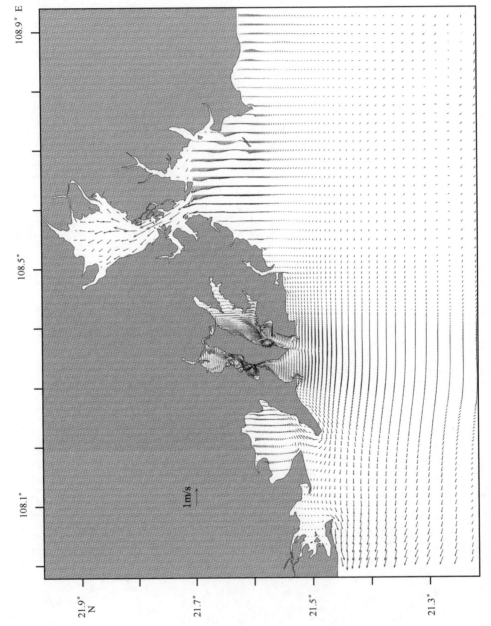

图 10-5　涨憩流场

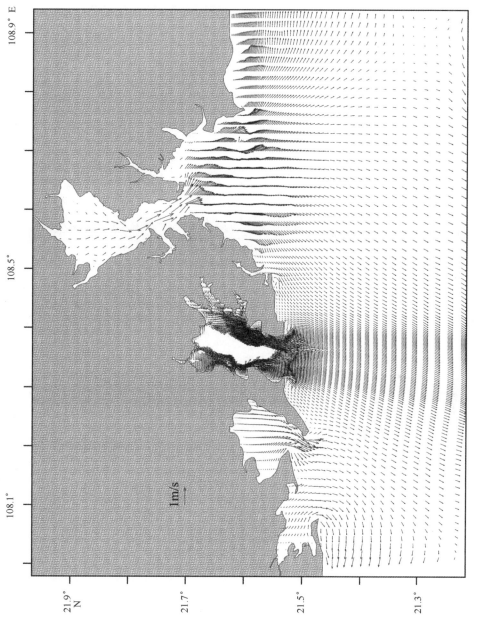

图 10-6 落急流场

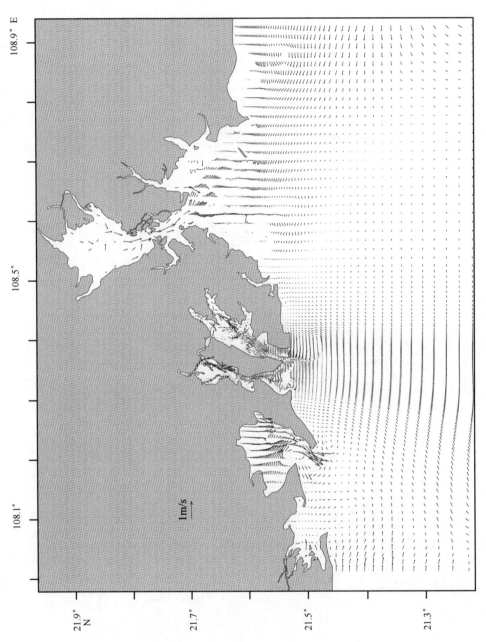

图 10-7　落憩流场

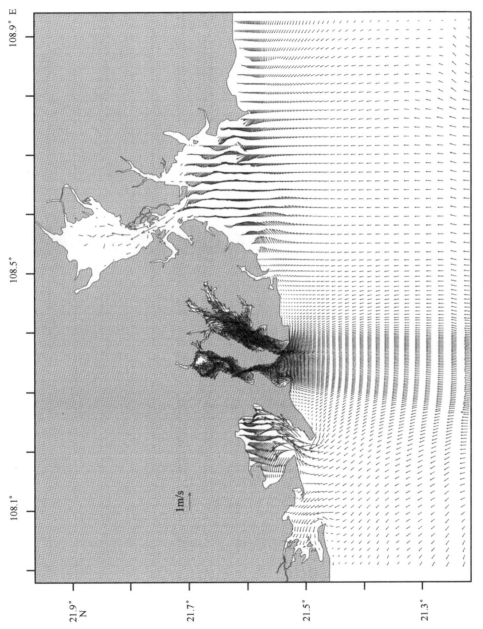

图 10-8　涨急流场

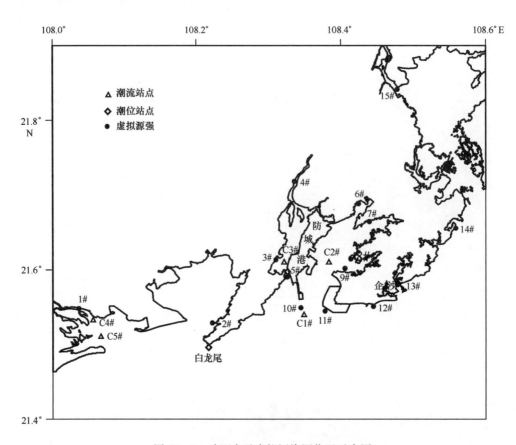

图 10 - 9　验证点及虚拟污染源位置示意图

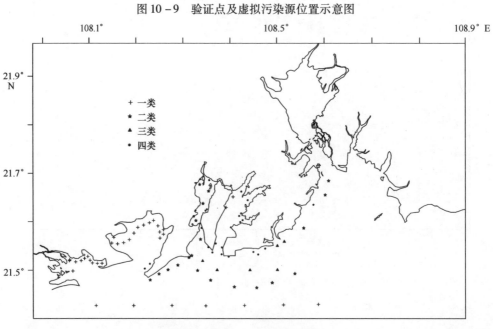

图 10 - 10　水质控制点布置

10.2.5　水质控制点

各排污口附近混合区范围通过控制混合区范围的水质监控点选取实现。其水质现状和达标浓度值要求按《海水水质标准》与《防城港海域功能区划》确定，混合区的范围按照《污水海洋处置工程污染控制标准》GB 1848622001 确定。为保证分区达标控制，在污染源附近不同功能区水质分界线处共设立水质控制点 90 个（见图 10 – 10）。

10.2.6　分区达标控制

在利用前述数学模型模拟得到污染响应系数场以后，结合该区域的污染现状，利用上述分区达标控制法可以计算得到虚拟污染源所代表的岸段能够排放的污染物的最大负荷量。

10.3　计算结果分析

10.3.1　污染物扩散趋势及影响范围

图 10 – 11 ~ 10 – 25 为 15 个虚拟点源的排放扩散图，图中虚拟污染源排放强度为 100，表 10 – 2、10 – 3 统计了不同浓度的扩散范围及其平均水深。

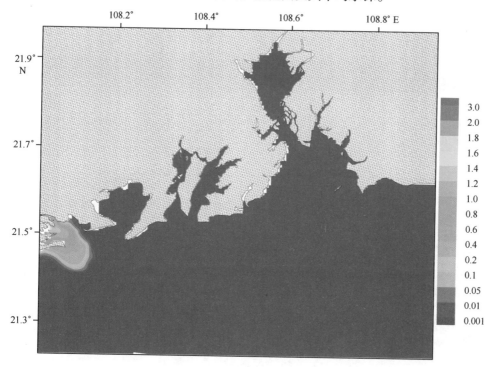

图 10 – 11　1#污染源响应系数场

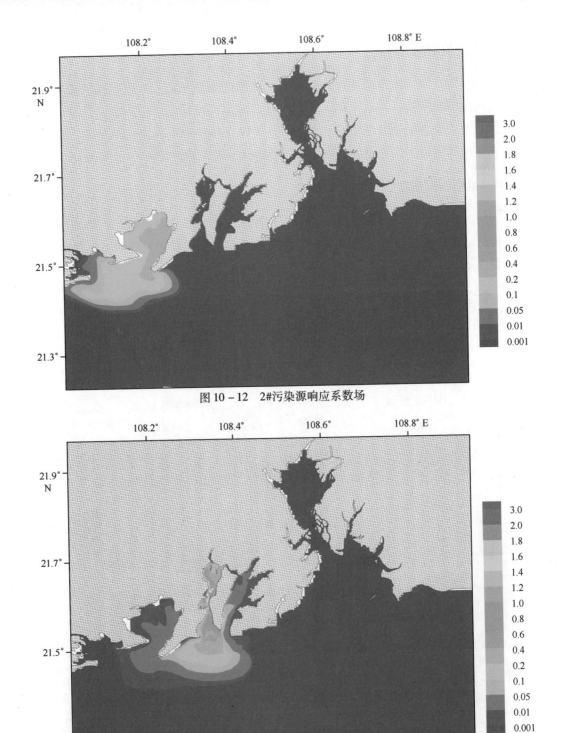

图 10 - 12　2#污染源响应系数场

图 10 - 13　3#污染源响应系数场

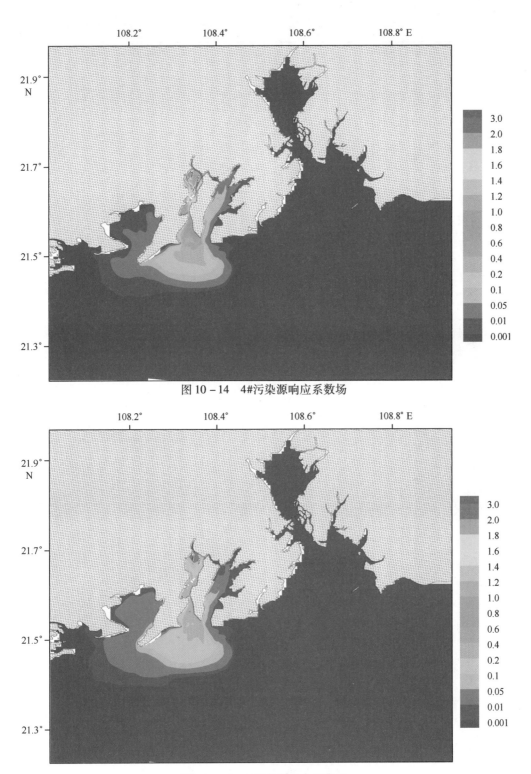

图 10 - 14　4#污染源响应系数场

图 10 - 15　5#污染源响应系数场

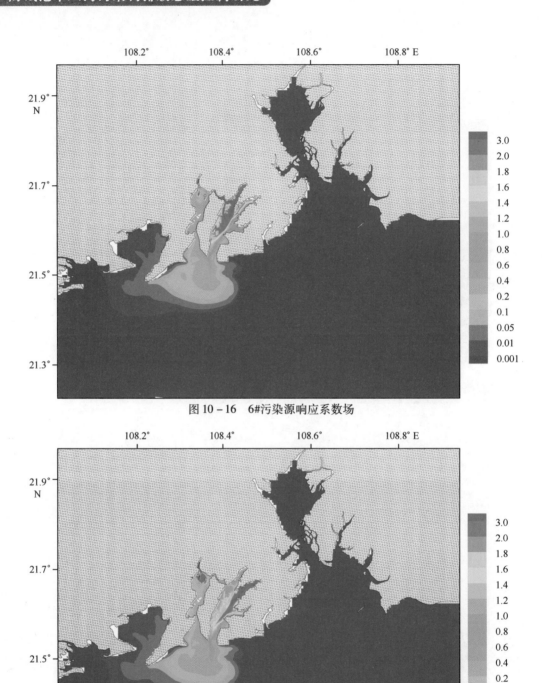

图 10 - 16　6#污染源响应系数场

图 10 - 17　7#污染源响应系数场

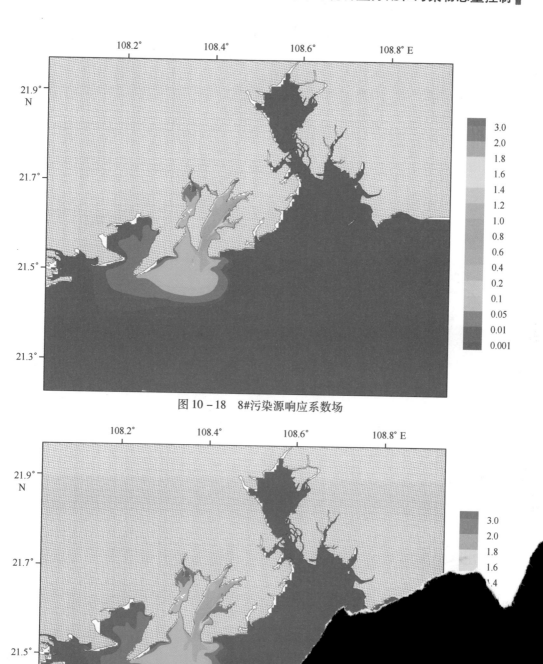

图 10 – 18   8#污染源响应系数场

图 10 – 19   9

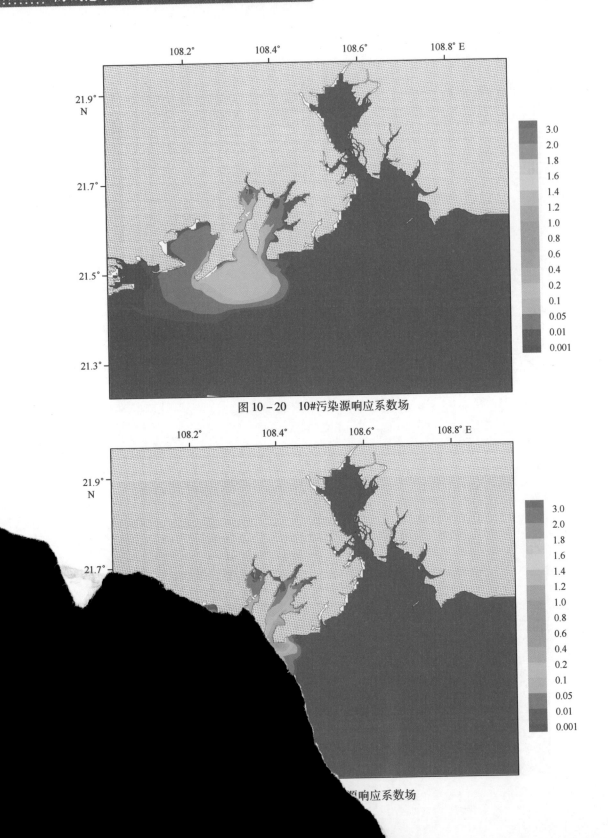

图 10 – 20   10#污染源响应系数场

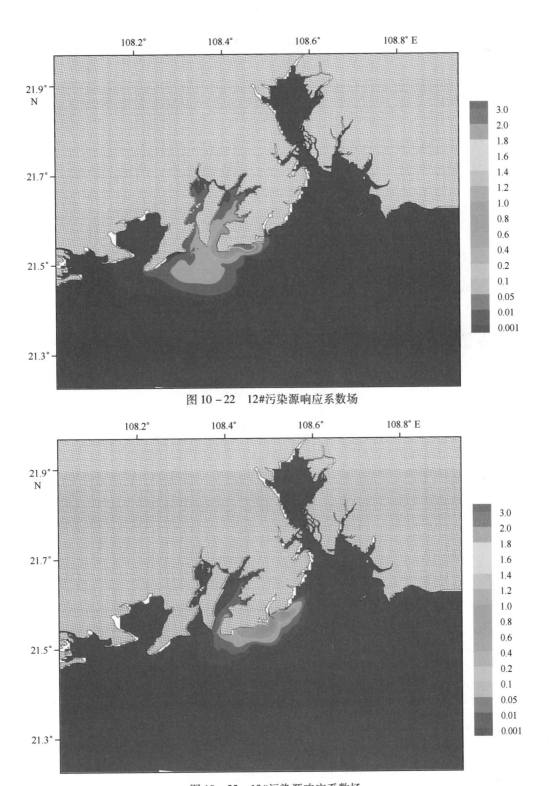

图 10 - 22　12#污染源响应系数场

图 10 - 23　13#污染源响应系数场

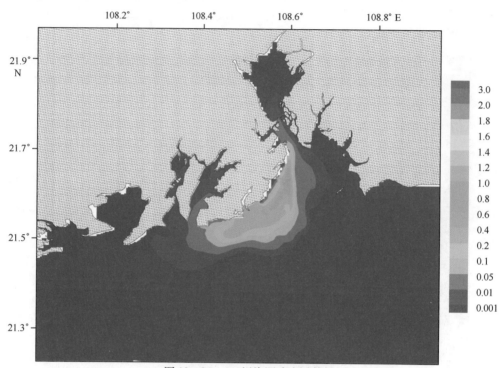

图 10 - 24   14#污染源响应系数场

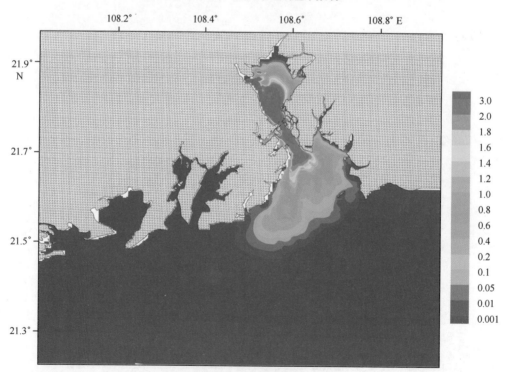

图 10 - 25   15#污染源响应系数场

可以看出，北仑河口附近的1#虚拟污染源其影响范围仅限河口附近，污染物自北仑河入海后主要集中在口门附近海湾，空间上向东向北扩散有限，向东不能到达珍珠湾口。同时在河口湾内也不超过2，没有高浓度污染水体存在。这表明在北仑河口区域，物质主要是沿岸向西南方向输运，部分污染物绕过茶古岛沿岸向西南方向扩散。

2#污染源位于珍珠港湾口、白龙半岛西侧。该点源所处位置靠近外海，又位于湾口，水流状况良好，冲刷能力强。2#源排放物质主要分布在珍珠湾和珍珠湾—北仑河口之间，污染物主要向珍珠湾内及出湾口向西、西南方向扩散，向防城港湾方向扩散很少，而防城港湾内的污染源则对珍珠港湾有较大影响。

3#污染源位于西湾中部西侧，由图 10 - 13 可以看出，由于西湾湾口宽度较窄，导致西湾与外海水交换能力有限，在该污染源附近至防城港码头间形成一定范围的较高浓度区。同时，由于西湾几近封闭，加之湾顶水深较小，污染物向北扩散不强。3#源排放的污染物质出西湾湾口后主要集中在白龙半岛东至20万吨码头西侧之间。小部分污染物会随涨潮流进入东湾和珍珠湾水域，可影响整个珍珠湾和东湾，但导致的浓度很小。

4#污染源位于防城江口。由于西湾上部水深较小，水动力条件差，因此在西湾形成高浓度区。污染物出湾口后的扩散趋势与3#污染源类似。此外，4#污染源排放的污染物通过东西湾湾顶水道有不明显的向东湾扩散的趋势。

5#污染源位于防城港码头附近，该处靠近西湾湾口，水流状况良好，水深较大，因此该污染源的排放不会导致高浓度污染区域的产生。同时可以看出，与湾内的污染源相比，污染物易于向外海的输运。由于该处接近外海，因此随涨潮流进入珍珠湾的物质相对较多，对西湾内区域也有一定影响，但由于与3#源类似的原因，对西湾顶部影响不大。

6#、7#污染源均位于东湾顶部。由图 10 - 16、10 - 17 可以看出，污染物排出后在东湾形成很大范围的高浓度区，其范围可达东湾湾口附近。6#和7#源形成的高浓度区分别位于东湾东西两侧。污染物出口门后不仅分布于东湾湾口附近，在西湾湾口也有同样的聚集。同时随涨潮流进入西湾，影响西湾水质。此外6#污染源排放的污染物有比较较明显的通过湾顶水道向西湾输运的趋势。对比图 10 - 16 和图 10 - 17，可以发现，在西湾顶部，6#污染源导致的污染物浓度明显大于7#污染源的情况，说明在东湾顶部西侧的污染物有通过湾顶水道向西湾净输运的发生。

8#、9#污染源位于东湾中部东侧。8#污染源云约江口湾外，9#污染源位于电厂排水口附近。可以看出，相对于湾顶排放的情况，此处由于水深、潮流状况相对较好，因此并未形成大面积的高浓度区。但是8#污染源位置的排放时，由于水深较浅（落潮时不超过 1 m），会导致云约江口湾污染物堆积。污染物出东湾湾口外后的扩散与7#污染源的情况基本一致。

10#、11#污染源分别位于东湾湾口的 20 万吨码头和钢铁项目附近。可以看出，由于此处水深较大，水流动力强，污染物不能聚集成高浓度区。二者扩散范围的区别在于11#污染源污染物随涨潮流主要进入东湾，而 10#污染源的物质则更多进入西湾。在防城港湾口外及珍珠湾的影响基本一致。同时也可以看出，污染物向东扩散较弱。

12#污染源位于企沙半岛南端中部位置，由图 10 – 22 可以看出，与其他污染源类似，12#源的污染物质亦主要向西输运，向东的影响范围很小。随涨潮流，污染物主要沿东岸进入东湾，重点影响东湾中部以南。对电厂排水口附近也有较大影响。此外在 12#污染源附近，会有一个高浓度区形成，究其原因，可能是由于该处位于防城港湾与钦州湾之间，处在防城港湾与钦州湾涨落潮主要流路的内侧，导致该区域的污染物向海扩散受到限制，污染物聚集。从图 10 – 23 也可以看出，位于12#源东侧附近的 13#污染源的物质也多集中在沿岸扩散。

核电站附近的 14#污染源的污染物主要沿海岸向西南输运，较高浓度可影响至防城港东湾湾口附近，但对于东西湾湾内和茅尾海影响很小，同样，防城港海域其他位置污染源对于红沙附近海域几乎没有影响。

15#污染源位于茅尾海西侧茅岭江口，由图 10 – 25 可以看出，该污染源对钦州湾影响很大。由于其潮流系统与防城港湾关系不密切。因此其污染物的扩散亦集中在钦州湾水域，向西影响只达企沙附近，对防城港湾及以西水域影响甚微。

综上所述，可以认为防城港湾、北仑河口、红沙海域相互之间的影响不大，污染物排放后，浓度迅速降低。1#、2#、13#、14#污染源的影响在防城港湾很小。总体而言，防城港海域污染源具有明显的向西向南方向的扩散趋势。由表 10 – 2、表 10 – 3、图 10 – 11 ~ 10 – 25 可知，各污染源浓度大于 0.4 的扩散面积占总扩散面积的比率除1#、6#和7#污染源外均超过了 90%，其中湾口及湾口以外的污染源均超过了 95%。1#污染源污染物排放后扩散范围较小，且混合较为充分，这一比率仅为 60%。6#和 7#污染源位于东湾的湾顶，该区域水动力条件很弱，导致此位置排放的污染物在湾顶区域聚集严重，而在云约江口以南的东湾部分水动力条件明显增强。表 10 – 3、图 10 – 16、图 10 – 17 亦显示，6#、7#污染源的高浓度分布范围集中在浅水区域，湾顶附近有较为严重的堆积。统计显示，6#、7#污染源排放的污染物质向外海的输运能力小于8#、9#污染源约 40% ~ 50%。

此外，值得引起重视是东西湾湾顶水道、湾口之间的水交换对不同位置污染源的影响范围有明显的影响。

10.3.2 污染源排放剩余负荷分配

表 10 – 4 给出了按分区达标法计算的防城港沿岸各虚拟污染源的年排放剩余负荷。由于15#污染源位于茅岭江口附近，其潮流系统与防城港市其他海域相关性不强，其污

表 10 - 2 响应系数场中不同浓度分布面积

面积/km²	1#	2#	3#	4#	5#	6#	7#	8#	9#	10#	11#	12#	13#	14#
0.001~0.01	14.1	36.7	172.9	164.6	148	163	152.9	147.9	151.7	154.1	121.1	205.6	104.7	247.2
0.01~0.05	12.1	64.1	163.6	148.9	217.1	103.7	110.4	162.6	150.8	227.1	215	128.6	51.1	140.2
0.05~0.1	7.9	61	46.6	51.6	56	43.3	43.7	59.9	56	69.1	84	81.3	19.3	51.7
0.1~0.2	11.3	136.8	45.4	53.8	91.1	66.5	63.3	93.4	90.6	123.6	108.8	24.2	17.7	49.7
0.2~0.4	23.5	54.2	31.6	30.5	36.2	62.1	71.5	30	30.4	3.6	11.9	13.9	18.7	71.7
0.4~0.6	15	0.2	14.1	12.3	2	14.1	9.8	13.7	17.1	0.2	5.2	5.2	6.3	12.2
0.6~0.8	7.6	0	8.4	7.2	0.4	7.7	5.6	4.9	5.3	0	1.1	1.6	5.3	2.5
0.8~1.0	9.7	0	4.4	5.1	0.1	5.4	6.3	3.2	3.1	0	0.2	1	0.7	0.2
1.0~1.2	8.6	0	2.7	4.6	0.1	4.1	6.9	2.4	2.1	0	0.1	0.5	0.5	0.2
1.2~1.4	4.2	0	1.7	4	0.1	4.1	7.5	2.4	1.8	0	0	0.8	0.3	0
1.4~1.6	2.8	0	0.6	4.2	0	6	7.9	1.3	1.8	0	0	0.6	0.2	0
1.6~1.8	0.4	0	0.6	3.9	0	5.9	7.9	0.5	1.2	0	0	0.5	0.2	0
1.8~2.0	0.1	0	0.3	2.2	0	4.5	2.4	0.2	0.8	0	0	0.5	0.1	0
2.0~3.0	0.1	0	0.5	3.3	0	13.4	7.9	1.1	2.5	0	0	1.8	0.5	0
>3.0	0.1	0	0.3	0.2	0	6.3	5.8	0.4	4.1	0	0	2.4	1.0	0

表10-3 响应系数场中不同浓度分布平均水深

D/m	1#	2#	3#	4#	5#	6#	7#	8#	9#	10#	11#	12#	13#	14#
0.001~0.01	3.9	6.6	3.3	3.3	3.1	4.8	5	4.6	4.6	2.8	2.5	2.8	4.7	4.9
0.01~0.05	4.6	6.1	5	4.6	3.8	7.4	5.3	4.4	4.3	3.2	3	4.2	4.5	5.3
0.05~0.1	4.7	5.5	6.8	5.6	5.6	7	5.2	4.6	4.6	4.6	4.8	6.1	4.6	6.5
0.1~0.2	4.1	2.5	6.5	6.9	5.8	5.2	4.5	5.3	5.7	6.4	7	6	6.1	5.9
0.2~0.4	3	1.9	2.8	4.9	3.6	3.4	5.2	2.2	2.8	9	3.4	3.1	6.7	6.1
0.4~0.6	2.4	5.7	2.6	2	11.3	5.3	4.8	3.8	3.3	9.1	2.8	3.4	7.9	1.3
0.6~0.8	2.5	0	4	1.9	10.5	2.5	1.5	4	4.5	0	3.7	6.1	7.1	1.2
0.8~1.0	1.9	0	3.9	2.5	12.5	2.7	1.7	3.4	3.2	0	2.9	6.6	10.4	-0.5
1.0~1.2	1.9	0	3.8	3.9	11.8	3	1.4	2.9	2.6	0	3.2	6.4	12	0
1.2~1.4	1.5	0	3.4	3.8	10.4	3.1	1.6	2.5	2.3	0	3.4	6	12	1.4
1.4~1.6	0.6	0	3.8	3.1	0	2.1	2.9	2.9	1.9	0	3.4	5.3	12.3	0
1.6~1.8	0.4	0	2.5	1.8	0	2.6	3.2	2.3	2.3	0	3.4	5.7	11.9	0
1.8~2.0	0.1	0	2.6	1.4	0	2.6	4.2	1.4	2.3	0	3.4	6.2	12.4	0
2.0~3.0	0.3	0	1.9	1.4	0	2	3.6	0.8	2.1	0	0	4.6	12.3	0
>3.0	0.4	0	1.8	1.9	0	1.1	1.2	0.4	1.3	0	3.5	3	12.6	0

染物的扩散主要集中于钦州湾，因此该源未参与污染物排放量的分配计算。由表 10 - 4 可以看出，位于开阔水域的珍珠港湾口的 2#污染源、20 万吨码头附近的 10#污染源及红沙核电附近的 13#污染源年剩余负荷最大。以化学需氧量（COD）为例，剩余负荷均超过 1 万 t/a。其次为位于东湾口钢铁项目附近的 11#污染源，该位置水深条件、水流条件均适合污染物扩散，但是由于此处的污染物会随涨潮流进入东湾，对东湾湾内水质有一定影响，因此 11#污染源的剩余负荷相对于邻近其他开阔水域点源小，约为 6 983 t/a。企沙半岛南端中部的 12#污染源由于局部水流不利于污染物向外海的扩散，其年剩余负荷也不大，如能采取一定的延伸到外海排放的工程，此岸段的剩余负荷应有一定的增加。企沙河口附近的 14#污染源剩余负荷约为 2 831 t/a。北仑河口附近的 1#污染源由于污染物向西向南的扩散能力较强，其剩余负荷约为 1 550 t/a。其他污染源所代表的岸段由于多处于较为封闭的海湾内部，其年剩余负荷不大，一般不超过 1 000 t/a。

图 10 - 26 ～ 10 - 28 分别给出了按此剩余负荷实施排放下各水质控制点的浓度与水质标准的对比，可以看出，对于结合相关规划布置的 90 个水质控制点，各污染源按计算的排放量排放除个别点外，其他均能达到相关的水质控制标准。

表 10 - 4　虚拟污染源剩余排放负荷（t/a）

站号	代表岸段	COD	N	P
1#	北仑河口	1 550	0.0	0.0
2#	珍珠湾口	11 470	263.6	37.8
3#	周墩	658	140.3	8.2
4#	防城江口	505	34.8	1.6
5#	防城港码头	2 860	159.3	7.9
6#	东湾顶 1	118	43.1	0.0
7#	东湾顶 2	67	24.3	0.0
8#	谭头	933	90.2	1.0
9#	电厂排水口	756	73.1	0.7
10#	20 万吨码头	16 731	350.4	21.8
11#	钢铁项目	6 983	636.0	36.5
12#	金川项目	1 891	220.0	17.2
13#	红沙核电	13 347	965.2	120.1
14#	企沙	2 831	262.5	24.7
合计		60 700	3 263	278

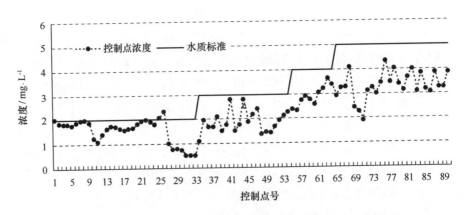

图 10 - 26　控制点水质浓度计算值与水质标准对比（COD）

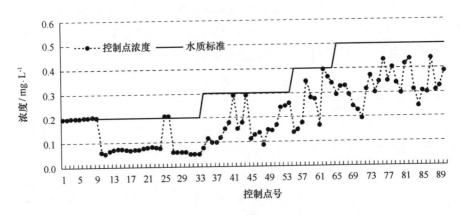

图 10 - 27　控制点水质浓度计算值与水质标准对比（N）

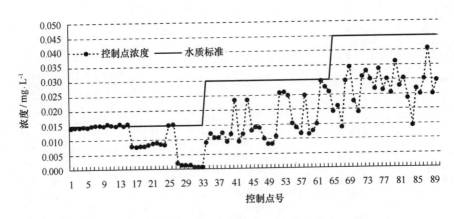

图 10 - 28　控制点水质浓度计算值与水质标准对比（P）

第11章 海洋污染物总量控制规划

11.1 海洋产业布局规划

根据防城港市第十二个五年规划纲要的要求，按照建设组合大港的发展方向，将加快形成功能齐全、分类明确、吞吐量大、班期航线多、集疏运快捷、大中小泊位相匹配的现代化国际枢纽大港。到2015年，防城港市港口货物吞吐能力超过 2×10^8 t，集装箱吞吐能力达270万标箱。合理开发利用岸线资源，加快港口基础设施建设。重点建设渔㴬岛港区、企沙港区、江山港区、统筹发展茅岭、竹山等中小港口群，构建"三区一群"港口发展新格局。完成渔㴬湾港区东岸线开发，形成环岛式港区布局，向南延伸规划建设深水大能力泊位，形成一批20万~30万吨级专用公共泊位和40万吨级干散货码头，增强核心竞争力。企沙港区开工建设钢铁、铜镍等项目专用码头，形成以临海大型企业专用码头为主的新港区。江山港区重点建设国际客运中心和游艇基地，形成旅游客运港区。加快推进建设30万吨级三牙深水航道和15万吨级西湾航道等工程。建立和完善港口大通关体系和港航服务体系，完善铁路、公路集疏运系统，加强港口合作交流。以港口业作为产业的龙头，带动临海工业、海洋渔业和滨海旅游业等沿岸涉海产业的协调发展，全面构建防城港市未来产业的发展框架和规划布局，提升全市海洋产业的整体速度。

11.1.1 广西海洋功能区划

根据《广西壮族自治区海洋功能区划（2011－2020年）》，广西海洋开发与保护战略布局指导思想是，引导海洋产业结构和产业布局进一步优化，优先保证传统渔民用海，保障公共利益和国家重大建设项目用海需求，注重海域资源的节约集约利用。以防城港港、钦州港、北海港、铁山港为龙头，发展交通运输、临海工业和物流业，形成海洋产业集群；优化北部湾海洋渔业发展空间，港湾及滩涂养殖向深水区拓展，巩固提升海洋渔业发展水平，加强优质渔业品种及种质资源的保护，大力发展深水养殖；大力发挥广西海洋资源环境优势，重点保护沿海的红树林、海草床和珊瑚礁生态系统及中华白海豚生境等，提高和改善广西海域环境质量，构建生态屏障；努力打造北海银滩、涠洲岛、钦州七十二泾、防城港金滩的国际旅游形象，提升旅游品味及景区质量，提升环北部湾滨海跨国旅游水平；支持海洋新能源及其他产业的发展；加强近岸海域综合整治力度，提升区域可持续发展能力。

在保证地理单元相对完整的情况下，考虑沿海区域海洋功能相近性原则、海洋自然地理区位、区域生态安全、海洋交通安全和国防安全等因素，将广西海域划分为铁山港海域、银滩海域、廉州湾海域、大风江－三娘湾海域、钦州湾海域、防城港海域、珍珠湾海域、北仑河口海域和涠洲岛－斜阳岛海域等9个海域单元。

（1）防城港海域

防城港海域单元位于防城港市企沙半岛南端至江山半岛南端海域，岸线长度为220.47 km，海域面积为775.71 km²。功能定位为港口航运用海和工业与城镇建设用海，兼顾旅游娱乐用海和海洋保护用海。防城港海域为港口、工业集中开发区，应突出发展钢铁、电力、粮油加工、船舶修造等临海工业，积极发展机电、化工、香料、糖业等地方特色资源加工业，尽量减少港口、工业开发对海洋生态环境的影响，维持防城港湾水动力环境、纳潮量，减少航道的冲淤；保护好防城港东湾红树林生态系统，积极申报国家海洋公园；加强防城港湾的综合整治，减缓淤积，扩大水交换能力。

（2）珍珠湾海域

珍珠湾海域单元位于防城港市江山半岛南端至京岛海域，岸线长度为65.28 km，海域面积为166.17 km²。功能定位为海洋保护用海及农渔业用海，兼顾港口航运及旅游娱乐用海。珍珠湾海域重点保护红树林生态系统，满足北仑河口红树林海洋保护区用海需要；合理论证珍珠湾养殖容量，适当选择养殖品种和控制养殖密度，优化养殖用海布局；湾内海岛及海岸周边区域可适当开发旅游娱乐项目，开展京族三岛的综合整治，提升旅游发展水平。

（3）北仑河口海域

北仑河口海域单元位于防城港市京岛至广西壮族自治区与越南交界的北仑河口海域，岸线长度为26.24 km，海域面积为408.83 km²。功能定位为海洋保护用海及农渔业用海，兼顾港口航运用海及旅游娱乐用海。北仑河口海域重点保护红树林生态系统，满足北仑河口红树林海洋保护区用海需要。

广西海洋功能区划防城港部分见图版Ⅰ。

11.1.2 防城港域总体布局规划

根据《广西北部湾港总体规划》（2008－2030），防城港是我国沿海主要港口之一和综合运输体系的重要枢纽，是我国西南地区实施西部大开发战略和连接国际市场、发展外向型经济的重要支撑，是西南地区出海大通道的重要口岸，将以大宗散货运输为主，加快发展集装箱运输、逐步成为多功能、现代化的综合性港口。

防城港域规划渔澫港区、企沙西港区和龙门港区（大小冬瓜作业区）等枢纽港区，小港区有榕木江港区，小港点有竹山港点和京岛港点，规划远景预留发展企沙南港区和企沙东港区，同时预留潭吉岸线、白龙岸线、茅岭岸线和30万吨级码头岸线。防城港域总体布局规划见图版 Ⅱ。

（1）渔漩港区

渔漩港区由第一作业区至第六作业区以及马鞍岭岸线组成。港区规划岸线 24 368 m，其中深水岸线 21 930 m；规划布置 100～200 000 吨级泊位 85 个，其中深水泊位 74 个；陆域面积 2 859×10⁴ m²；港区规划全部实施后年通过能力 20 620 万 t。规划期（2030 年）建设岸线 13 736 m，其中深水岸线 14 298 m；100～200 000 吨级泊位 62 个，其中深水泊位 51 个；陆域面积 2 359×10⁴ m²；年通过能力 10 620 万 t。

第一作业区：包括现有 0#～8#泊位、5 个中级泊位以及 5 个工作船泊位，主要承担件杂货、散装水泥、散粮等货物的中转储运任务。作业区岸线长 2 639 m，其中深水岸线 1 645 m，100～30 000 吨级生产性泊位 19 个，其中万吨级以上泊位 9 个，非生产性泊位 5 个，陆域面积 390×10⁴ m²，年通过能力 730×10⁴ t。该作业区已建成。

第二作业区：第二作业区位于第一作业区中级泊位以南，包括 9#～17#泊位。作业区为承担干散货、集装箱和部分件杂货运输的综合性作业区，其中 9#、10#泊位发展集装箱运输，11#～17#泊位发展通用散货运输。作业区规划岸线 2 470 m，2.5 万～7 万吨级泊位 9 个，陆域面积 290×10⁴ m²，年通过能力 1 040×10⁴ t。该作业区已基本建成。

第三作业区：第三作业区位于牛头航道及西贤航道东侧、牛角沙西部，包括在建的 18#～22#泊位，为承担大宗干散货运输为主的作业区。规划岸线 1 556 m，7 万～15 万吨级通用散货泊位 5 个，陆域面积 340×10⁴ m²，年通过能力约 820×10⁴ t。作业区规划期（2030 年）内建成。

第四作业区：第四作业区位于牛角沙南段、暗埠江深槽西侧已建 20 万吨级矿石码头和 5 万吨级液体化工码头之间，规划发展大宗干散货及集装箱运输的大型深水泊位。作业区规划岸线 3 747 m，5 万～20 万吨级泊位 10 个，陆域面积 382×10⁴ m²，年通过能力约 4 000×10⁴ t。作业区自南向北一次布置 401#～409#泊位及 20 万吨级矿石码头，其中 401#～402#为 20 万吨级散货泊位，403#～404#为 10 万吨级泊位，405#～409#为 5 万吨级泊位，港区陆域纵深 650～1 300 m，码头面高程 6.5 m。作业区规划期（2030 年）内建成。

第五作业区：第五作业区位于第四作业区以北、从 5 万吨级液体化工码头至渔洲坪，规划发展液体散货、通用件杂货运输。作业区规划岸线 5 480 m，3 万～5 万吨级泊位 18 个，陆域面积 930 万 m²，年通过能力约 4 000×10⁴ t。作业区规划深水岸线 4 880 m，非深水岸线 600 m，自南向北依次布置液体三获取、通用件杂货去及港口支持系统区。其中液体散货区规划岸线 2 720 m，布置 9 个 5 万吨级液体散货泊位，陆域纵深 500～650 m；通用件杂货区规划岸线 2 160 m，布置 9 个 3 万～5 万吨多用途泊位，陆域纵深 500～1 000 m；规划港口支持系统岸线 600 m，陆域面积 30×10⁴ m²，码头面高程 6.0 m。作业区规划期（2030 年）内建成。

第六作业区：规划为远景预留作业区。从第三作业区 22#泊位端部及 20 万吨矿石码头南段沿两边深槽向南延伸，通过填海造地和西贤航道改道形成第六作业区，规划发展大宗干散货运输。作业区规划岸线 6 632 m，10 万～20 万吨级泊位 20 个，陆域面积 500×10⁴ m²，年通过能力约 10 000×10⁴ t。作业区西侧规划岸线 3 782 m，自北向南布置 601#～612#等 12 个 1 万～15 万吨级通用散货泊位，港区陆域纵深 680 m；东侧规划岸线 2 850 m，自北向南布置 613#～620#等 8 个 20 万吨级散货泊位，陆域纵深 650～750 m，码头面高程 6.5～7.5 m。

马鞍岭岸线：马鞍岭岸线位于西湾跨海桥西岸至牛头岭之间，规划发展旅游客运及港口支持保障系统。该段规划岸线长 1 844 m，7 500～100 000 吨级泊位 4 个，陆域面积 27×10⁴ m²。规划深水岸线 1 000 m、非深水岸线 844 m。牛头岭北侧现有 1 个 7 500 吨级成品油泊位，岸线长 94 m，年通过能力 30×10⁴ t。马鞍岭以北规划宫口支持系统岸线 750 m，陆域面积 27×10⁴ m²；马鞍岭以南预留岸线 1 km，可建 3 个 5 万～10 万吨级邮轮泊位。除马鞍岭以南的 1 km 预留岸线外，其余岸线规划期（2030 年）内建成。

（2）企沙西港区

企沙西港区自北向南由潭油作业区、云约江南作业区和赤沙作业区组成。港区规划岸线 18 520 m，其中深水岸线 15 964 m；规划布置 2 000～200 000 吨级泊位 87 个，其中深水泊位 71 个；陆域面积 1 208×10⁴ m²；港区规划全部实施后年通过能力 13 000×10⁴ t。规划期（2030 年）建设岸线 14 812 m，其中深水岸线 12 256 m；2 000～20 万吨级泊位 66 个，其中深水泊位 50 个；陆域面积 888×10⁴ m²；年通过能力 10 500×10⁴ t。

潭油作业区：潭油作业区位于暗埠江口、风流岭江东岸，规划发展干散货及通用件杂货运输。作业区规划岸线 5 480 m，1 万～5 万吨级泊位 30 个，陆域面积 521 万 m²。作业区规划岸线全部实施后年通过能力约 3 000×10⁴ t。

作业区北侧风流岭江东岸规划岸线 2 800 m，布置 18 个万吨级通用散杂货泊位，陆域纵深 1 000 m；南侧暗埠江口东岸规划岸线 2 680 m，布置 12 个 3 万～5 万吨级通用泊位，陆域纵深 1 000 m；码头面高程 6.0 m。规划期（2030 年）建设深水岸线 2 680 m，3 万～5 万吨级泊位 12 个；陆域面积 254.6×10⁴ m²；年通过能力 1 500×10⁴ t。

云约江南作业区：云约江南作业区位于电厂码头至云约江南岸，规划发展大宗干散货、通用件杂货运输。作业区规划岸线 4 436 m，2 000～100 000 吨级泊位 24 个，陆域面积 247×10⁴ m²，作业区规划全部实施后年通过能力约 2 500×10⁴ t。

云约江南作业区规划深水岸线 1 880 m，非深水岸线 2 556 m。作业区东侧规划岸线 970 m，包括电厂码头共布置 3 个 10 万吨级散货泊位；北侧规划货运深水岸线 910

m、非深水岸线 1 556 m，布置 5 个 1 万 ~ 5 万吨级通用散杂货泊位及 16 个万吨级以下通用散杂货泊位，陆域纵深 600 ~ 810 m；作业区送测规划港口支持系统岸线 1 000 m，陆域面积 81 × 10⁴ m²。码头面高程 6.5 m。规划期（2030 年）建设岸线 3 528 m，其中深水岸线 972 m；2000 ~ 100 000 吨级泊位 21 个，其中深水泊位 5 个，陆域面积 193.4 × 10⁴ m²；年通过能力 1 500 × 10⁴ t。

赤沙作业区：赤沙作业区位于电厂码头以南的企沙半岛西南岸，规划发展大宗干散货及件杂货运输。作业区规划岸线 8 604 m，1 万 ~ 20 万吨级泊位 33 个，陆域面积 440 × 10⁴ m²，年通过能力约 7 500 × 10⁴ t。

赤沙作业区南段及总段规划为散货码头区，北段规划为件杂货码头区。南段为离岸式布置，规划岸线 2 920 m，布置 8 个 10 万 ~ 20 万吨级通用散货泊位，陆域纵深 600 m；北段为顺岸式布置，规划岸线 4 300 m，布置 20 个 1 万 ~ 5 万吨级通用件杂货泊位，陆域纵深 600 m。码头面高程 6.5 m。作业区规划期（2030 年）内建成。

（3）龙门港区

防城港域的龙门港区规划在龙门半岛南侧、企沙半岛东北处布置大小冬瓜作业区，规划为公用港区，规划岸线 8 430 m，1 000 ~ 100 000 吨级泊位 66 个，陆域面积 547 × 10⁴ m²，作业区规划全部实施后年通过能力约 4 000 × 10⁴ t。大小冬瓜作业区东侧规划深水岸线长度 1 850 m，可布置 5 万 ~ 10 万吨级泊位 7 个。北侧规划非深水岸线长 2 410 m，布置 5000 吨级泊位 17 个。西侧规划非深水岸线 4 170 m，可布置 1 000 ~ 2 000 吨级泊位 42 个，该段岸线考虑作为平陆运河修建后江海货物中转的作业区。规划作业区陆域面积 547 × 10⁴ m²，陆域纵深 500 ~ 1 000 m，码头面高程 6.3 m，规划期（2030 年）建设深水岸线 1 850 m，5 万 ~ 10 万吨级泊位 7 个；陆域面积 193.9 × 10⁴ m²；年通过能力 1 000 × 10⁴ t。

（4）小港区和小港点

榕木江港区：规划为远景预留港区。主要为当地生产生活及旅游休闲服务。规划岸线 2 450 m，布置万吨级以下泊位 18 个，陆域面积 94 × 10⁴ m²，年通过能力约 750 × 10⁴ t。榕木江港区由东作业区和西作业区组成。东作业区规划非深水岸线 1 650 m，布置 12 个万吨级以下泊位，陆域纵深 400 m；西作业区规划非深水岸线 800 m，布置 6 个万吨级以下泊位，陆域纵深 350 m。码头面高程 6.0 m。

竹山港点：竹山港点位于东兴竹山海域沿岸，主要为当地生产生活及旅游休闲服务。规划岸线 750 m，500 吨级以下泊位 5 个，年通过能力约 200 × 10⁴ t。港区现有泊位岸线 500 m，规划增加岸线 250 m，建设 5 个 150 ~ 250 吨级泊位，港点规划期（2030 年）内建成。

京岛港点：京岛港点位于东兴京岛天鹅湾口门外南侧，主要为当地生产生活及旅游客运服务。规划岸线 1 500 m，布置 15 个万吨级以下泊位，年通过能力约 50 万人次。

港点规划期（2030 年）内完成。

（5）企沙南港区

规划为远景预留发展港区，规划岸线 19 890 m，可布置 73 个 1 万 ~ 15 万吨级泊位，陆域面积 1 690 × 10⁴ m²，年通过能力约 10 000 × 10⁴ t。

（6）企沙东港区

规划为远景预留发展港区，规划岸线 21 410 m，可布置 2 万 ~ 15 万吨级泊位 80 个，陆域面积 3 801 × 10⁴ m²，年通过能力约 15 000 × 10⁴ t。

（7）预留岸线

规划在东兴市江平镇东岸预留潭吉岸线 2 000 m，发展旅游客运。

规划在白龙半岛东岸预留岸线 3 000 m，发展旅游客运。

在茅岭港区西侧预留港口岸线 1 786 m。

在防城港湾外 − 16 m 等深线处、三牙航道轴线东侧约 745 m 处预留 1 000 m 的 30 万吨级码头岸线。

11.1.3　防城港市城市总体规划

《防城港市城市总体规划（2008 − 2025）》将防城港市的城市性质确定为：我国沿海主要的港口城市，环北部湾地区重要临海工业基地和门户城市，区域性国际滨海旅游胜地。

根据该规划，防城港市临海工业发展布局全部规划在渔氵万岛到企沙半岛一带沿岸地区，其中，渔氵万岛港口工业以食品加工业为主；企沙半岛临海工业区以冶金、石化、能源工业为主（见图 11 − 1）。

根据防城港市国民经济和社会发展第十二个五年规划纲要，遵循"坚持以工强市战略，构筑沿海发展新高地"的原则，坚定不移地把工业放在优先发展的地位，重点抓好企沙工业区、大西南临港工业园等六大产业园区建设，提升园区承载能力，强力打造钢铁精品、有色金属、粮油食品、能源、装备制造、修造船六大临港工业基地；发展壮大化工、建材、造纸和木材加工、农产品加工、医药制造等传统优势产业；加快发展海洋、新材料、新能源等新兴产业；实施企业集团战略，增强企业自主创新能力，培育一批大企业大集团。钢铁、核电、铜镍三大"天字号工程"建设投产，推动产业结构优化升级，形成一批销售收入超百亿元的产业。到 2015 年，全市工业增加值达到 500 亿元。

11.1.4　防城港市海洋渔业发展规划

《防城港市海洋渔业发展规划》主要是海洋捕捞和海水养殖两部分。

（1）海洋捕捞布局规划

鉴于近年来浅海鱼类资源衰退，渔获物中优质鱼、高龄鱼逐渐减少，单船效率下

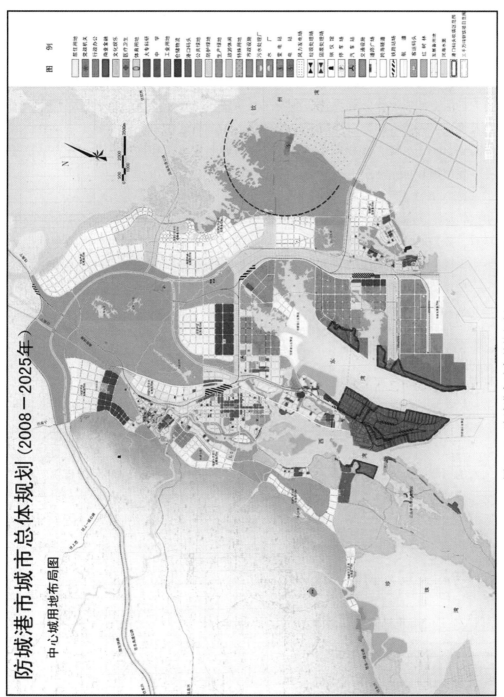

图 11-1　防城港市城市总体规划 (2008—2025)

降,尤其是北部湾的中下层渔业捕捞已经过度。针对浅海渔业资源衰退现象,防城港市海洋捕捞布局规划:着重抓好作业结构调整,严格控制海洋捕捞过度,实行由内海生产向外海转移。在搞好近海渔业资源保护增殖以及合理利用的基础上,按照"稳定近海、扩大外海、发展远洋"的方针,大力拓展外海资源的开发,发展远洋捕捞和国际渔业合作,根据国家的有关规定在渔船数不能增加的前提下,对现有渔船进行更新改造,增加渔船马力、提高渔船适应深海作业的能力。多方筹措资金更新改造旧渔船,在大马力渔船上加强配备保鲜设备、渔场探测及现代化导航通讯设备,大力推广应用新网具及渔船节能技术,努力提高海洋捕捞能力,将渔获物中优质鱼的比重从现在的30%提高到50%~60%。积极创造条件,组建防城港市远洋捕捞船队,到外海从事捕捞作业,发展国际合作渔业生产。

(2)海水养殖业发展布局规划

根据防城港市海洋渔业发展规划,从防城港市沿海滩涂、浅海和海洋生物生态的环境特点,规划对虾、近江牡蛎、珍珠、文蛤等养殖基地。其中,对虾养殖基地主要有光坡沿岸养殖基地;近江牡蛎养殖基地有光坡、企沙湾北部、风流岭江等沿岸滩涂养殖区;珍珠养殖基地有珍珠港湾和渔澫尾 南面养殖区;文蛤养殖基地有光坡沿岸、企沙湾北部和巫头西南海域养殖区。总规划面积 6 500 hm²。

11.1.5 防城港市滨海旅游业发展规划

根据《防城港市滨海旅游业发展规划》,充分利用临海旅游资源和生态旅游资源,以旅游景区、景点建设为中心,规划建设江山半岛度假旅游区、天堂坡度假旅游区和澫尾金滩度假旅游区,面积共 6 800 hm²。

按照防城港"十二五"规划纲要,要积极促进跨国旅游便利化,形成面向越南等东盟国家的国际陆海旅游通道和"泛北部湾三小时国家旅游圈",构建北部湾国际旅游目的地。打造十大重点旅游景区,建设以休闲度假、商务会展、长寿养生为主要功能的国际滨海旅游胜地。以"梦幻北部湾"带动发展一批文化精品,建设中国东盟文化交流合作基地,打造中国海洋文化名城。

11.2 与相关规划协调性分析

11.2.1 与《广西北部湾港总体规划》的协调性分析

广西壮族自治区人民政府于 2010 年 3 月 17 日通过《广西北部湾港总体规划》(以下简称《规划》),并就《规划》的主要内容进行了批复,这标志着泛北部湾区域国际航运中心的规划建设进入一个新的历史时期。本次规划的范围东起与广东交界的洗米河口,西至中越界河北仑河口沿海港口的陆域和海域,港口岸线共 267 km,其中深水港口岸线 200 km，规划全部实施后，港口年综合通过能力约 17×10^8 t。《规划》涵盖了港口发展现状、吞吐量和船型发展预测、港口性质与功能、岸线利用规划、港口总体布置规划、集疏运等港口配套设施规划、环境保护规划等内容。在《规划》里，广西北部湾各港区功能定位为：防城港渔澫港区和企沙西港区组成矿石运输系统；大榄坪港区、渔澫港区、石步岭港区组成集装箱运输系统；企沙西港区、金谷港区、铁山港西港区构成煤炭运输系统；金谷港区、大榄坪港区、铁山西港区构成石油及油品运输系统；以石步岭港区为主，马鞍岭、三娘湾等共同发展北部湾休闲、旅游、客运系统。本着"整合资源、整体开发，使港口资源利用效益最大化"的原则，《规划》确立了广西北部湾港"一港、三域、八区、多港点"的港口布局体系，明确各港区水、陆域规划布置和港界划定，"一港"即广西北部湾港；"三域"指防城港域、铁山港域和北海港域；"八区"指广西北部湾港规划期内重点发展的 8 个枢纽港区（渔澫港区、企沙西港区、龙门港区、金谷港区、大榄坪港区、石步岭港区、铁山港西港区、铁山港东港区）；"多港点"指主要为当地生产生活及旅游客运服务的规模较小的港点。

按照《广西北部湾港总体规划》的要求，防城港定位为广西沿海的龙头港。防城港是我国沿海主要港口之一和综合运输体系的重要枢纽，是防城港市发展外向型经济和推动工业化进程的重要依托，是促进广西北部湾经济区开放开发、加快广西经济社会全面发展的重要条件，是我国西南地区实施西部大开发战略和连接国际市场、发展外向型经济的重要支撑，是西南地区出海大通道的重要口岸之一。随着腹地经济发展和综合运输体系逐步完善，防城港将以大宗散货运输为主，加快发展集装箱运输，逐步成为具有运输组织、装卸储运、中转换装、临港工业、现代物流、信息服务及保税、加工、配送等多功能、现代化的综合性港口。港口建成后可促进防城港及其周边地区的工业、商贸、物流、加工、运输等多功能的发展，符合把防城港区、企沙西港区、红沙核电等打造成临岸工业带的布局规划，确立防城港作为西南地区主要出海口的战略地位，加快广西北部湾经济区全面开放开发，促进广西沿海地区社会经济的发展。

11.2.2 与防城港市相关规划的协调性分析

根据《防城港市城市总体规划（2008 – 2025）》，防城港市中心城发展的主要方向为"双连东托西延"，形成中部兴起，两翼腾飞的城市发展态势。其中，双连：做大做强中心区，以沙潭江中心区的兴起为纽带，使现港口区（渔澫岛）和防城老城市区连为一体；东托：依托防城港钢铁基地的建设，以东湾沿海港口的建设为契机，将企沙 – 公车一带建成以港口和工业为主的重要产业区，也是最重要的城市拓展区。

根据《防城港市港口总体规划（2008 – 2025）》，将防城港规划为"一港五区"的发展格局，即全港由第一至第五港区五大港区组成，同时预留企沙半岛西南岸线为临海工业配套港区。

根据《防城港市国民经济和社会发展第十二个五年规划纲要》，防城港要按照建设组合港的发展方向，加快形成功能齐全、分类明确、吞吐量大、班期航线多、集疏运快捷、大中小泊位相匹配的现代化国际枢纽大港。到 2015 年，港口货物吞吐能力超过 2×10^8 t，集装箱吞吐能力达 270 万标箱。以此同时，重点建设渔满港区、企沙港区、江山港区，统筹发展茅岭、竹山等中小港口群，构建"三区一群"港口发展新格局。渔满港区东部岸线加快开发，形成环岛式港区布局，向南延伸规划建设深水大能力泊位，形成一批 20 万～30 万吨级专用公共泊位和 40 万吨级干散货码头，增强核心竞争力；企沙港区开工建设钢铁、铜镍等项目专用码头，形成以临港大型企业专用码头为主的新港区；江山港区重点建设国际客运中心和游艇基地，形成旅游客运港区。加快推进建设 30 万吨级三牙深水航道和 15 万吨级西湾航道等工程。建立和完善港口大通关体系和港航服务体系，完善铁路、公路集疏运系统，加强港口合作交流。

由此可见，防城港及其周边地区，将充分利用岸线及港口资源，构建以港口为中心的临港工业带的总体格局。项目实施后对入海污染物总量的控制是我们必须要面对而又要解决的一项重要的任务。2008 年由自治区人民政府批准实施的《广西壮族自治区海洋环境保护规划》，以实现广西沿海地区经济社会的可持续、协调发展为最终目标，以生态保护为优先原则，提出了海洋环境保护的主要任务和重点工程项目。规划中提出的海洋环境保护的任务主要是污染和灾害防治、生态保护和海岸带资源可持续利用。同时，要求海岸带资源利用应谋求以尽可能小的资源环境代价获得经济尽可能大的发展，走科技先导型、资源节约型、生态友好型、经济效益高的发展道路。所以，做好入海污染物总量的控制规划十分重要。

11.3 海洋污染物总量控制规划

11.3.1 防城港海洋污染发展预测

11.3.1.1 工业污染

在第 7 章中，表 7 - 1 给出了防城港市近 10 年的工业废水排放量。根据上述数据，可初步预测工业废水排放增长率，图 11 - 2 给出了废水排放量和不同增长率的图线。可以看出防城港市工业废水排放量在 2008 年前增幅相对不大，一般不超过 20%，2009 年工业废水排放量相对 2008 年增加了约 25%，2010 年相对于 2009 年增幅达 52.4%。图中给出了按年增长率 16% 和 18% 两种情况给出的拟合曲线。

根据地方工业经济发展情况，暂定工业废水排放增长率为 16%。在此假定下，自 2009 年起算，对工业废水排放量进行预测有：

$$工业废水（N）= 工业废水_{2009} \times (1 + 16\%)^N.$$

按照 7.1 节所述算法，可预测至 2020 年 COD 和 BOD_5 的总排放量如表 11 - 1。

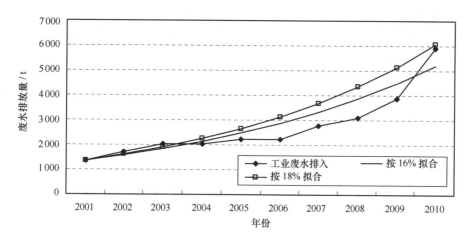

图 11 - 2　防城港市工业废水排放量

表 11 - 1　防城港市 2011 - 2020 年工业污染排放预测　　　　　　　　　单位：t

	2011 年	2012 年	2013 年	2014 年	2015 年	2016 年	2017 年	2018 年	2019 年	2020 年
COD	4 155	4 820	5 591	6 486	7 524	8 727	10 124	11 744	13 623	15 802
BOD_5	831	964	1 118	1 297	1 505	1 745	2 025	2 349	2 725	3 160

11.3.1.2　生活污染

生活污染指人的生活污水和人粪尿污染，与人口数量直接相关。由图 11 - 3 可知防城港的人口增长率大约为 1.2% ~ 1.3%，在此取 1.25%。按生活污染的增长速率等于人口的速率计算，以 2009 年为基准年起算，有：

$$生活污染（N）= 工业废水_{2009} \times (1 + 1.25\%)^N.$$

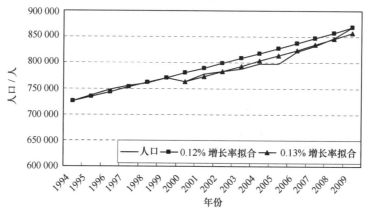

图 11 - 3　防城港市人口增长情况

按上式预测未来的防城港市生活污染可得表 11 - 2。

表 11 - 2 防城港市 2011 - 2020 年生活污染预测　　　单位：t

	2011 年	2012 年	2013 年	2014 年	2015 年	2016 年	2017 年	2018 年	2019 年	2020 年
COD	2 960	2 995	3 031	3 068	3 104	3 142	3 179	3 218	3 256	3 295
BOD$_5$	1 763	1 784	1 805	1 827	1 849	1 871	1 893	1 916	1 939	1 962
总氮	400	405	410	415	420	425	430	435	441	446
总磷	86	87	88	89	90	91	92	93	94	95

11.3.1.3　畜禽养殖污染

由于缺少更详细的资料，畜禽养殖污染的预测估算仅利用 2009、2010 年数据进行，由畜禽养殖 2009 - 2010 年的变化率预测未的养殖数量，继而计算未来畜禽养殖导致的污染。

$$畜禽养殖污染（N）= 畜禽养殖污染_{2009} \times (1 + 1.8\%)^N.$$

预测未来防城港市的畜禽养殖污染如表 11 - 3。

表 11 - 3　防城港市 2011 - 2020 年畜禽养殖污染排放预测　　　单位：t

	2011 年	2012 年	2013 年	2014 年	2015 年	2016 年	2017 年	2018 年	2019 年	2020 年
COD	743	756	770	784	798	812	827	842	857	872
BOD$_5$	1 847	1 880	1 914	1 948	1 983	2 019	2 055	2 092	2 130	2 168
总氮	434	442	450	458	466	475	483	492	501	510
总磷	81	82	84	85	87	88	90	92	93	95

11.3.1.4　农业化肥污染

根据往年数据，化肥施用的增加可按每年 3.4% 计算，由化肥施用的变化率预测农业化肥污染。

$$农业化肥污染（N）\cdot = 农业化肥污染_{2009} \times (1 + 3.4\%)^N.$$

预测未来防城港市的农业化肥污染如表 11 - 4。

表 11 - 4　防城港市 2011 - 2020 年农业化肥污染排放预测　　　单位：t

	2011 年	2012 年	2013 年	2014 年	2015 年	2016 年	2017 年	2018 年	2019 年	2020 年
N	1 279	1 322	1 367	1 414	1 462	1 511	1 563	1 616	1 671	1 728
P	218	226	233	241	249	258	267	276	285	295

11.3.1.5 海水养殖污染

由现状计算得到的海水养殖污染在防城港海域污染重的比重很大。海水养殖污染的预测根据鱼、虾蟹、贝各自的产量增长率进行计算。根据资料，鱼、虾蟹、贝的产量增长率分别为 4.0% ~ 6.2%、7.0% ~ 7.8% 和 4.6% ~ 6.8%。因此预测按增长速率 4.5% 所计算的 2011 – 2020 年的海水养殖污染见表 11 – 5。可以看出，按此增长速率，至 2020 年，海水养殖污染比现在增加 36%。但是由于受到海水养殖面积、相关规划等因素的限制，实际海水养殖产量不会一直持续按此速率增长。所以表 11 – 5 中的数据应该比实际值偏大、偏安全。

表 11 – 5 防城港市 2011 – 2020 年海水养殖污染排放预测　　单位：t

		2011 年	2012 年	2013 年	2014 年	2015 年	2016 年	2017 年	2018 年	2019 年	2020 年
鱼	COD	8 521	8 905	9 305	9 724	10 162	10 619	11 097	11 596	12 118	12 663
	N	335	350	366	383	400	418	437	456	477	498
	P	50	52	54	57	59	62	65	68	71	74
虾蟹	COD	10 440	10 910	11 401	11 914	12 450	13 010	13 595	14 207	14 846	15 515
	N	411	429	448	469	490	512	535	559	584	610
	P	61	64	67	70	73	76	79	83	87	91
贝	COD	8 443	8 823	9 220	9 635	10 069	10 522	10 995	11 490	12 007	12 547
	N	335	350	366	383	400	418	437	456	477	498
	P	51	54	56	59	61	64	67	70	73	76
总计	COD	27 404	28 637	29 926	31 273	32 680	34 151	35 687	37 293	38 972	40 725
	N	1 081	1 130	1 181	1 234	1 289	1 347	1 408	1 471	1 538	1 607
	P	162	169	177	185	193	202	211	221	231	241

11.3.1.6 入海污染物

表 11 – 6 给出了 2011 – 2020 年防城港市预测的入海污染物总和，从表中可以看出，若不采取措施，至 2020 年防城港市入海污染物 COD 排放总量将达到 60 695 t，氮排放总量为 4 290 t，磷排放总量约为 726 t。

表 11 – 6 防城港市 2011 – 2020 年入海污染物预测　　单位：t

年份	COD	BOD$_5$	N	P
2011	35 262	4 440	3 195	547
2012	37 209	4 628	3 299	564
2013	39 319	4 837	3 408	582
2014	41 610	5 072	3 521	600

续表

年份	COD	BOD$_5$	N	P
2015	44 106	5 337	3 637	619
2016	46 832	5 635	3 759	639
2017	49 818	5 973	3 884	660
2018	53 096	6 357	4 015	681
2019	56 707	6 794	4 150	703
2020	60 695	7 291	4 290	726

11.3.1.7 海洋油污染

海洋油污染是防城港市海洋污染的重要因素之一。依据往年资料，渔船数量的增长率按 1.36%。通过预测估算，可得 2011 – 2020 年防城港海洋油污染的量（表 11 – 7）。值得指出的是，由于地理位置特殊，防城港所辖海域有相当数量的边贸船只，这也导致一定的海洋油污染。此外，由于防城港港口建设的跨越式发展，船舶数量在未来 10 年里增速可能比往年大，因此，表 11 – 7 所预测数据应该偏小，实际数据可能要比所列数据约大 30% ~ 50%。

表 11 – 7　防城港市 2011 – 2020 年海洋油污染预测　　　　　单位：t

	2011 年	2012 年	2013 年	2014 年	2015 年	2016 年	2017 年	2018 年	2019 年	2020 年
油污染	101.7	103.1	104.5	105.9	107.4	108.8	110.3	111.8	113.3	114.9

11.3.2　防城港湾溢油风险预测

随着防城港市港口经济以及航运事业发展，进出防城港湾的船舶数量日益增加，船舶大型化趋势明显，船舶事故风险增加，由此导致的溢油风险随之增加。

据统计，1994 年至 2010 年 14 a 内防城港市海域共发生船舶交通事故 85 起，其中碰撞事故 43 件，发生频率为平均每年 2.53 起；搁浅事故 15 件，自沉事故 11 件，火灾事故 1 件，其详细情况见表 11 – 8 与表 11 – 9。

发生事故的船种有大中型散货船、杂货船、中小型集装箱船、渔船、油轮以及化学品船，其中以中小型散货船、渔船为主。船舶交通事故多发生在锚地、航道附近，近 6 成为船舶碰撞。

据广西海事局提供的资料，2002 – 2009 年广西海事局辖区内共发生 16 起溢油污染事故，其中防城港海区 3 起，整个广西海区事故发生频率 0.6 起/a。碰撞和搁浅是引发海难性船舶污染事故的主要原因，供油作业是导致操作性污染事故的主要原因。据媒体公开报道，2012 年 9 月 26 日，一艘渔业加油船在防城港北码头沉没漏油，由于采取及时措施，没有发生大的溢油事故。

表 11 –8　防城港市辖区船舶事故种类统计表

年份	碰撞	搁浅	触礁	触损	浪损	火灾/爆炸	风灾	自沉	其他	合计
1994	4	1	1	—	—	—	—	4	—	10
1995	7	3	—	4	—	—	—	1	—	15
1996	2	1	2	2	—	—	—	—	—	7
1997	—	3	—	1	—	—	—	1	—	5
1998	4	2	—	1	—	1	—	—	—	8
1999	3	—	1	—	—	—	—	—	—	4
2000	—	1	1	1	—	—	—	—	—	3
2001	4	2	—	—	—	—	—	2	—	8
2002	1	—	—	—	—	—	—	1	—	2
2003	1	—	—	—	—	—	—	—	—	1
2004	1	—	—	—	—	—	—	—	—	1
2005	3	—	—	—	—	—	—	—	—	3
2006	2	—	—	—	—	—	—	—	—	2
2007	—	1	—	—	—	—	—	—	—	1
2008	5	—	—	—	—	—	—	—	—	5
2009	2	1	1	—	—	—	—	—	—	4
2010	4	—	—	—	—	—	—	2	—	6
合计	43	15	6	9	—	1	—	11	—	85
百分比/%	50	18	7	11	—	1	—	13	—	—

表 11 –9　防城港市辖区船舶事故等级统计表

年份	事故件数	重大事故	大事故	一般事故
1994	10	7	—	3
1995	15	2	0	13
1996	7	2	1	4
1997	5	1	—	4
1998	8	1	1	6
1999	4	2	0	2
2000	3	1	0	2

年份	事故件数	重大事故	大事故	一般事故
2001	8	5	0	3
2002	2	1	0	1
2003	1	0	0	1
2004	1	0	0	1
2005	3	0	1	2
2006	2	0	0	2
2007	1	0	0	1
2008	5	—	1	4
2009	4	—	—	4
2010	6	1	2	3
合计	85	23	6	56
事故比率	—	27%	7%	66%

由于溢油事故将对海洋生态产生巨大破环，本节通过建立溢油数学模型，模拟计算不同情况下溢油扩散轨迹与影响范围，为及时采取有效的应对措施提供参考。

11.3.2.1　溢油漂移轨迹模型简介

溢油自身的扩展是影响其漂移轨迹的重要因素之一。事故溢油多为突发性，因此计算其扩展时，通常将其视为自由状态。油比重较小，溢油初期在海面上受自身重力、黏性力、惯性力和表面张力等作用而扩展。由于随着油入海时间增加，各作用力都将发生变化，按主要作用力来组合，油膜的连续扩展可分为 3 个阶段，各阶段油膜扩展可近似看成以 R 为半径的等效圆，其半径的计算公式如下：

惯性重力阶段：

$$R_1 = 1.32(\Delta g \cdot V t^2)^{1/4}. \tag{11-1}$$

重力黏性阶段：

$$R_2 = 1.66(\Delta g \cdot V^2 \cdot t^{3/2} \cdot \gamma^{-1/2})^{1/6}. \tag{11-2}$$

黏性张力阶段：

$$R_3 = 0.48(\delta^2 t^3 \rho_\omega^{-2} \gamma^{-1})^{1/4}, \tag{11-3}$$

式（11-1）～（11-3）中，$\Delta = 1 - \rho_0/\rho_\omega$；$\rho_0$，$\rho_\omega$ 分别为油和海水的密度（1 012 kg/m³）；V 为溢油体积；t 为入海后时间；γ 为水的运动黏度（1.01×10^{-6} m²/s）；δ 为表面张力。

当溢油连续扩展，油膜厚度减小到某一临界值时，在波浪湍流的作用下，油膜被撕裂成碎片，即进入碎片紊动扩散阶段。这时的碎片扩散受表面尺度涡流所支配，碎片呈高斯分布，油膜碎片覆盖的污染区的相当半径为：$R_4 = 2\sqrt{5} + 10^{-3}t^{1.15}$，在各向异性的海洋中，油膜主要运动方向（$s$）和次要运动方向（$n$）的扩展尺度 d$s$ 和 dn 可按下式计算：d$s = \omega\sigma_s$，d$n = \alpha\sigma_n$。

本次预测 σ 值按 Okubo 等人的经验公式（$\sigma = 0.001t^{1.17}$）求取，σ 及 ω 分别取 $1/\sqrt{10}$ 和 $1/\sqrt{12}$。

溢油入海后，很快便扩展成油膜，在风和流的作用下，发生水平漂移的同时，溢油本身扩展的等效圆油膜还不断地增大。因此，溢油污染范围就是这个不断扩大而漂移的等效圆油膜所经过的海面面积。溢油的漂移与扩展不同，它与溢油量无关。漂移大小通常以溢油等效圆中心位移来判断，其拉格朗日迁移矢量为：

$$S = \int_{t_i}^{t_i + \Delta t} \vec{U}(x, y, t)\,\mathrm{d}t, \tag{11-4}$$

式中，$\vec{U} = K_s\vec{U}_m + K_w\vec{U}_{10}$，$\vec{U}_m$ 为垂向平均的海流速度，$\vec{U}_{10}$ 为海面上 10 m 处的风速，K_s 取 1.10，K_w 视油的密度大小取 0.030~0.035。

在油膜漂移过程扩展中，油的源强变化也是影响油膜漂移轨迹的原因之一，引起油的源强衰减的主要原因是蒸发和分散作用。

油溢出后，海面浮油中低碳数组分很快蒸发到大气中。其蒸发的速率取决于溢油的组分、油膜的表面积、气温、海水温度、海面状况以及太阳辐射强弱等多种因素。因此，按一般蒸发和溢油总量来估算源损，不能反映影响蒸发的上述各种条件，因为蒸发是溢油量与溢油时间的变化率，也就是蒸发随溢油迁移过程变化的。但是给出蒸发计算公式也是相当困难的。为简化计算，多把蒸发理想化处理。参考 Fallash 和 Stark 求取公式：

$$\mathrm{d}v/\mathrm{d}t = KA^\beta W^\alpha(P_s - P_a), \tag{11-5}$$

式中，A 为油膜表面积；W 为油膜上某高度的风速；P_s 为油温为 S 时的饱和蒸气压；P_a 为大气中某高度上蒸气压；v 为溢油体积；t 为时间；K、α、β 为常数。这一公式表示了溢油蒸发与溢油量和溢油时间有关，说明不同溢油时间有不同的蒸发率。本次按 Aravamudan 建议取值：$\alpha = \beta = 1$。

由于破碎波的分散作用引起溢油以油滴形式进入水体，致使油膜的总油量减小的变化率为：

$$\frac{\mathrm{d}V}{\mathrm{d}t} = -NV, \tag{11-6}$$

式中，N 为单位时间中的油膜范围内破碎作用的几率。对于充分成熟的波浪，按 Pierson-Moskvititz 谱理论，破浪机率为常数，如令破碎波波长等于平均波波长，则可求得 N 值如下：$N = \frac{1}{4T} \times 10^{-4}$，式中 T 为波浪平均周期。

11.3.2.2　溢油模型计算结果

本次溢油发生地点假设发生东湾进港航道与电厂航道交汇处，以最可能发生的操作性船舶污染事故的溢油量 10 t 为源强，并以第 8 章所述防城港湾潮流模型为基础，预测的溢油情形组合为：涨潮过程溢油组合为大潮低潮静风、大潮低潮 N 风向（常风速 3.9 m/s）以及大潮低潮 S 风向（6 级风 12 m/s），落潮过程溢油组合为大潮高潮静风、大潮高潮 N 风向（常风速 3.9 m/s）以及大潮高潮 N 风向（6 级风 12 m/s）。

表 11-10 为各种风险条件下溢油事故分析，图 11-4~11-9 为各种风险条件下溢油 12 h 左右的扫海包络面积图。由这些图表可见，涨潮期间：在无风情况下，发生溢油事故时，油膜向暗埠江口漂去，11 h 后漂移距离为 9.1 km，此时油膜已在康熙岭附近登岸，油膜厚度大于 0.001 mm 的油膜扫海面积约为 12.31 km²，在缓慢继续向上游漂移一段距离后残余油在落潮流作用下转为向东湾湾口移动；在 N 向风、常风速情形下，受北风顶托以及潮流的作用，油膜漂移至云约江上游，12 h 后登岸，因云约江海域有限，此时油膜扫海面积为 7.28 km²；在 6 级 S 向大风作用下，油膜 5 h 后登岸，此时油膜扫海面积约为 7.9 km²。当溢油事故发生在落潮阶段时：在静风情形下，油膜沿着潮流方向出东湾湾口后向南漂移，12 h 后油膜扫海面积可达 10.15 km²，此时距溢油点的距离约为 10.68 km，此后油膜漂移轨迹在涨潮流的作用下折回，向近岸漂移；在 N 向风、常风速情形下，油膜加速向外海漂移，油膜出东湾湾口后向东南向漂移，在 12 h 左右后，油膜漂移距离 11.62 km，此时的扫海面积为 17.26 km²；在 N 向 6 级大风作用下，10 h 后，油膜漂移出计算区域，此时扫海面积达 31.6 km²。

表 11-10　溢油事故分析表

潮时	风向	扫海面积/km²	12 h 后漂移距离/km
涨潮期	无	12.31	9.1（11 h 后登岸）
涨潮期	N，常风	7.28	7.2（12 h 后登岸）
涨潮期	S，6 级	7.9	6.4（5 h 后登岸）
落潮期	无	10.15	10.68
落潮期	N 常风	17.26	11.62
落潮期	N，6 级	31.6	20.4（10 h 后漂出计算区域）

由以上计算结果可以看出，在落潮阶段发生溢油事故的影响范围较涨潮阶段的影响范围大，若事故发生后不及时采取措施，两个潮周期后油膜将漂向东湾外海，对该海域的海洋生态环境将产生很大影响；涨潮初始阶段发生溢油事故尽管影响范围较落

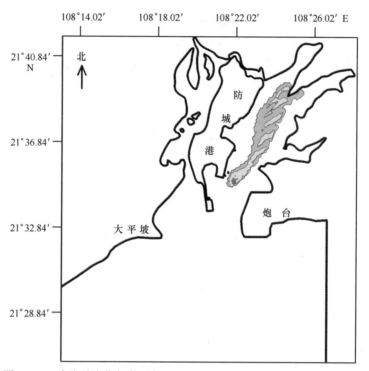

图 11 – 4　大潮涨潮期间静风情形下溢油发生 10 h 的油膜扫海包络面积

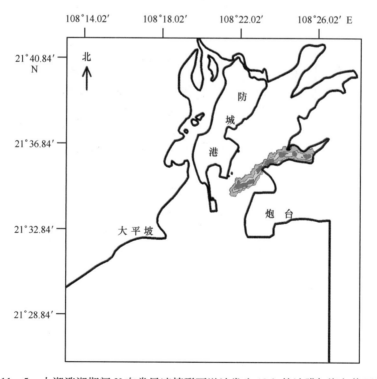

图 11 – 5　大潮涨潮期间 N 向常风速情形下溢油发生 12 h 的油膜扫海包络面积

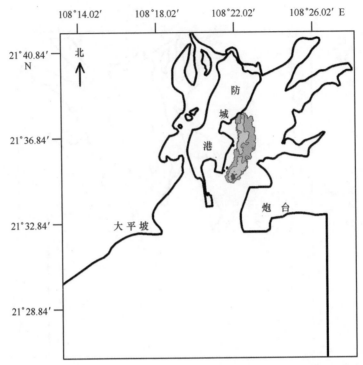

图 11-6　大潮涨潮期间 N 向 6 级大风情形下溢油发生 5 h 的油膜扫海包络面积

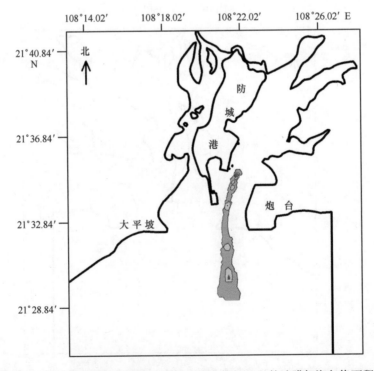

图 11-7　大潮落潮期间静风情形下溢油发生 12 h 的油膜扫海包络面积

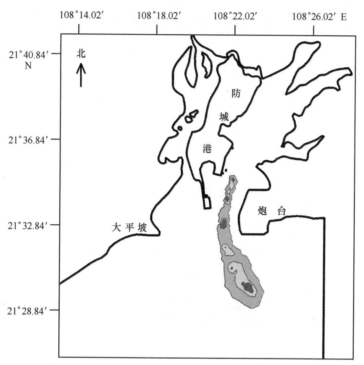

图 11 - 8　大潮落潮期间 N 向常风速情形下溢油发生 12 h 的油膜扫海包络面积

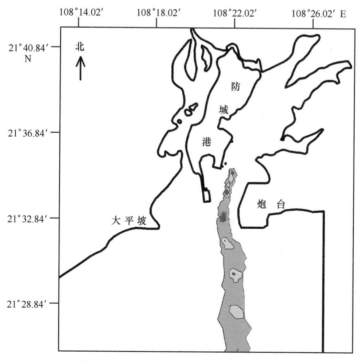

图 11 - 9　大潮落潮期间 N 向 6 级大风情形下溢油发生 10 h 的油膜扫海包络面积

潮时小，但由于暗埠江口有养殖区与红树林，溢油事故发生后，将对该海域的水产养殖与生态环境产生较大破环。

11.3.2.3 溢油污染风险分析

溢油事故对渔业水产、贝类资源以及海洋生态的危害是巨大的。尽管目前防城港海域溢油事故发生的几率不高，但是一旦发生，其影响范围较大，将会造成较严重的环境污染事故。因而，为对发生的溢油事故作出迅速反应，最大限度地减少溢油对海洋环境的污染，应制定可操作的溢油事故应急预案。

11.3.3 防城港海洋污染物总量控制规划

2012 年 2 月，国家海洋局要求各地推进海洋生态文明建设对于促进海洋经济发展方式转变，加强污染物入海排放管控，向沿海各省、自治区、直辖市及计划单列市人民政府办公厅下发《关于开展"海洋生态文明示范区"建设工作的意见》，其中第二条要求：加强污染物入海排放管控，改善海洋环境质量。坚持陆海统筹，建立各有关部门联合监管陆源污染物排海的工作机制。加快污水处理厂建设，限期治理超标入海排放的排污口，优化排污口布局，实施集中深海排放。积极建立和实施主要污染物排海总量控制制度，加强海上倾废排污管理，逐步减少入海污染物总量。

2013 年 4 月，国家海洋局提出将进一步加强海洋工程建设项目和区域建设用海规划环境保护有关工作，要求海洋工程建设项目必须在海洋环境影响报告书中明确实现零污染的有效措施，要严格审查区域建设用海规划环境影响专题篇章。环境影响专题研究中应明确区域污染物排放总量削减规划和实施方案，明确污染物减排数量、目标、时间表以及污染物减排责任，确保实现污染物减排目标。

根据防城港市入海污染物预测，可以看出至 2020 年的各污染物的排放比例将有所变动。入海污染物 COD 仍将继续以海水养殖为主，但其所占比例逐年减小，生活污染与畜禽养殖排放比例也将逐步减小，而工业污染的比例将逐步增加。如何治理各方面的入海污染源和处理防城港工业污水等问题就显得尤为重要。

由表 10 - 4 以及图 11 - 10 可知，目前防城港市海域总的剩余负荷分别为：COD，60 700 t；氮，3 263 t；磷，278 t。表 11 - 7 给出的未来至 2020 年的预测显示 COD、氮和磷的年入海量将比现状分别增加 25 433 t、1 096 t 和 179 t。因此，总体上可以认为，就整个防城港海域而言，COD、氮尚有一定的剩余排放负荷，而磷的排放若按目前速率增长，则其形势相对严峻。

就空间分布而言，靠近外海的剩余负荷大、封闭湾内的污染源允许增加的负荷小。COD 最大的可增加污染排放的岸段为 20 万吨码头岸段、珍珠湾岸段以及红沙海域。东湾口的钢铁项目附近岸段所允许增加排放量也较多。氮和磷的情况与 COD 类似。对于氮而言，西湾的湾口及中部区亦可有大约 150 t/a 的增加源强，北仑河口由于调查期间

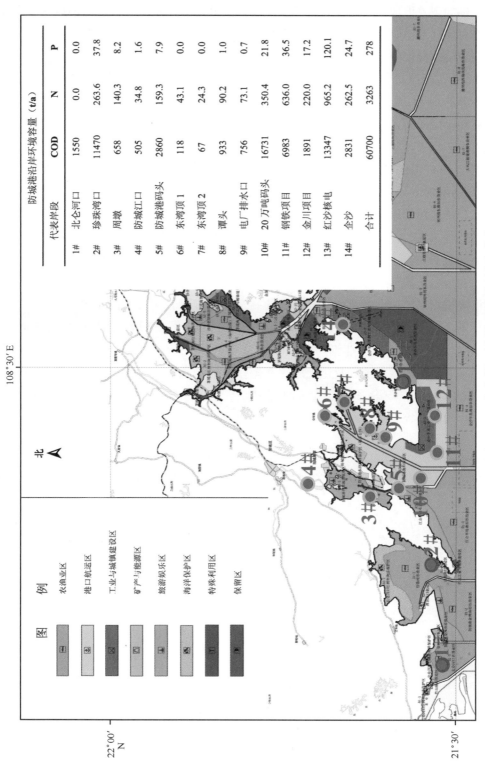

防城港沿岸环境容量（t/a）				
	代表岸段	COD	N	P
1#	北仑河口	1550	0.0	0.0
2#	珍珠湾口	11470	263.6	37.8
3#	周墩	658	140.3	8.2
4#	防城江口	505	34.8	1.6
5#	防城港码头	2860	159.3	7.9
6#	东湾顶 1	118	43.1	0.0
7#	东湾顶 2	67	24.3	0.0
8#	潭头	933	90.2	1.0
9#	电厂排水口	756	73.1	0.7
10#	20 万吨码头	16731	350.4	21.8
11#	钢铁项目	6983	636.0	36.5
12#	金川项目	1891	220.0	17.2
13#	红沙核电	13347	965.2	120.1
14#	企沙	2831	262.5	24.7
	合计	60700	3263	278

图 11-10 防城港沿岸污染源排放剩余负荷分配

有氮超标的现象出现，因此，北仑河口岸段不宜分配氮的增加排放。磷的剩余负荷主要分布在珍珠港湾岸段、企沙半岛的南段和东段海域，防城港东湾和北仑河口海域由于已经有磷超标现象出现，因此在环境容量分配中将东湾和防城港东湾顶部的 2 个污染点源关闭，不参加环境容量分配。同样的原因，由表 10 - 4 亦可以看出，在防城港东湾中部的 8#和 9#污染源所剩余的排放负荷也很小。

就污染因子而言，由 11.2 节可知，工业污染虽然其目前在全部入海污染物质的站的比例小于海水养殖的排放，但是由于其增长速率高，其增加的量值也是可观的。至 2020 年，其 COD 排放增加的量值约为 11 647 t，而同时期的预测显示，海水养殖导致的 COD 的增加值分别是：鱼，4 142 t；虾蟹，5 075 t；贝，4 104 t，共计 13 321 t。可以看出，工业污染的入海 COD 排放虽然现状不多，但是在未来几年，其增加的量值将超过其他各来源，达到仅次于海水养殖的排放增加量。生活污染和畜禽养殖导致的 COD 污染排放增加很小，不超过 500 t。因此可以认为，虽然 COD 尚有一定的环境容量，但在为未来的污染排放控制中，考虑到其他不可控因素的原因，需重点加强海水养殖的规模以及工业污染源的排放。氮的剩余环境容量较多，如按前述研究结果加以控制，不会对海水质量造成恶劣影响。磷的状况相对比较严峻，按目前的增长速率，在 2020 年增加值分别为：生活污染 9 t，畜禽养殖 14 t，化肥 77 t，海水养殖 79 t。可以看出，其中的海水养殖以及化肥施用在磷排放的增加中占主要比率，应着力加以控制。此外，由于本次研究未统计磷的工业排放，因此在未来管理中需重点加强对工业污染磷排放的监控。

第12章 防城港市海域环境污染防治对策

12.1 防城港市海域环境问题日趋突出

12.1.1 近岸海水水质质量明显下降

据调查，防城港市沿岸入海污染源主要包括陆域污染和海域污染两大部分。陆域污染主要有：河流污染源、工业污染源、城镇生活污水污染源和养殖污染源；海域污染主要有：海水养殖污染和海上船舶污染等。入海污染源增长最快的为工业污染源，2008 年，工业废水排放量增幅一般不超过 20%，2009 年，工业废水排放量增幅比 2008 年增加了约 25%，2010 年增幅高达 52.4%；其次为海水养殖污染，增幅约为 6.3%。大量污染物通过排污口入海，从 2011 年 3、5、8、10 月对防城港市沿岸 3 个主要陆源入海排污口排污状况的监测结果显示，全年 4 次监测均存在超标排污现象，超标率达 100%；其次是通过河流入海，2007 年防城江 COD 入海量为 4 580 t，2011 年防城江 COD 入海量为 79 898 t，平均每年 COD 入海量增加 18 829 t。污染源进入近岸后，水质质量状况发生明显变化，例如，在防城港东湾，2011 年 9 月、2011 年 12 月、2012 年 3 月、2012 年 6 月 1 周年 4 个代表月的大面调查中发现海水水质质量出现下降现象，在所调查的 8 个站位中约有 40% 站位 COD 含量存在明显超标，高值区位于东湾中部西面近岸处。夏季和秋季，COD 含量达到二类海水水质标准；夏季，悬浮物含量亦达到二类海水水质标准；春季，无机氮含量超出一类海水水质标准。沉积物重金属污染、沉积物油类污染也出现局部超标现象，海水水质质量较差。2011 年 11 月调查发现，防城港东湾海域曾爆发棕囊藻赤潮，赤潮爆发期间海面漂浮着死鱼（见图 12 - 1）。由此可见，由于防城港市陆域及海域入海污染物排放总量在逐年上升，直接造成了近岸海水水质质量明显下降，局部区域已到了恶化程度，所以，必须要采取措施加以控制。

12.1.2 港湾纳污容量与水交换能力减弱

近年来，防城港市为了加速城镇化、临海化、重工业化的发展，大量利用岸线和围填海域，给海洋环境带来了很大的压力。以防城港东西湾为例，因西湾的城市开发和进港公路建设，湾内面积减少了约 4.0 km²，纳潮量减少和水动力条件减弱，已建港池和航道淤积加快，不仅影响西湾港口的营运与发展，自然环境也遭到不同程度破坏。东湾作为防城港主要工业区，防城港 20 万吨级航道、403#至 407#泊位、电厂、液化码

图 12 - 1　2011 年 11 月防城港东湾海面赤潮监测现场

头、大西南临港工业园与粮油食品加工产业园等项目已建成运营，钢铁产业园等也在建设当中。"十二五"期间，计划布设在东湾的还有一批项目也在陆续进入开工建设期，频繁的临港工业开发和港口建设等开发利用活动带来经济效益的同时，对东湾海域的自然环境及生态环境产生一系列的负面影响，海域纳污容量与纳潮量下降，海岸动态失衡，潮流动力条件明显减弱。2008 年东湾纳潮量约为 $1.844\ 3 \times 10^8\ m^3$，2012 年纳潮量约为 $1.743\ 6 \times 10^8\ m^3$，仅 4 a 东湾纳潮减少量占总纳潮量的 5.5% 左右。事实上，上述结果是偏于保守的，实际的纳潮量可能减小更多，因为东湾近年来工程开发造成的淤积已使大片潮滩变陆，海水交换能力降低。此外，由于防城港钢铁项目填海后口门收窄，缩小了东湾湾口宽度 1.9 km，海水交换状况发生变化，涨急时，导致位于经过该处航道的潮流流速稍有增大，但进入东湾内湾后，大部分区域的流速普遍较 2008 年减小，流速差值变化量最大可达 0.1 m/s，最大相对变化率可超过 20%；落急时，情况与此相类似，除在湾口附近流速稍有增加外，2012 年东湾海域的潮流较 2008 年变小。这说明东湾的水交换环境变差，纳污能力变弱，淤积加重。

12.1.3　海岸及滨海湿地生态环境严重退化

近年来，由于人类开发活动和自然胁迫导致海岸自然环境改变、滨海及潮带植被破坏、环境污染、生态退化、生物多样性下降，这些不利因素对防城港市海岸及滨海湿地生态环境安全构成了严重威胁。临岸企业生产污水未处理达标排放，入海排污口的油类污染严重。排污口的长期超标排放导致部分生态区域的健康状况每况愈下，环境恶化的趋势加剧，已对多处岸段的红树林生态系统构成了威胁，红树林湿地退化严重。2012 年 4 月，广西科学院在防城港东湾万鑫钢铁厂入海排污口现场监测时发现，该片区附近红树林出现大面积病虫害，红树林处于亚健康状态，部分红树林枯萎死亡。据调查发现，东湾其他区域红树林也出现斑块死亡现象，退化严重（见图 12 - 2）。

图 12 - 2　东湾广西源盛矿渣综合利用有限公司附近红树林生长状况（2012 年 4 月 25 日）

此外，海岸及滨海湿地生态环境受到人为活动干扰后，还会造成海岸严重侵蚀和资源的损失。例如，历史上北仑河口曾生长着 3 338 hm^2 的红树林，经过 1949 年以前海堤建设毁林、20 世纪 60 年代到 70 年代围海造田、1980 年与 1981 年滥砍滥伐和 1997 年以后毁林养虾等 4 个破坏高峰期后，锐减为目前的 1 066 hm^2，导致北仑河口我方的原生红树林损失 68% 左右。在关键区域红树林更少：根据 1998 年国内遥感资料分析，在东兴市竹尾西南端和越南万柱岛东北端连线之内的水域中，越方红树林面积为 1 029.87 hm^2，占 97.12%；我方红树林面积仅为 30.55 hm^2，只占该区域红树林总面积的 2.88%。由于红树林面积显著减少，海岸植被的生态护岸功能大为降低，水土冲刷流失严重，海岸线后退加速（图 12 - 3）。

图 12 - 3　北仑河口中方竹山岛海岸受到严重侵蚀

海岸及滨海湿地生态环境退化是一个复杂的、动态的、由量变到质变的过程，由此而导致的生态环境改变及环境污染加重都会随时空的变化而改变，对此，必须引起足够的重视，加强保护措施，防止海岸及滨海湿地生态环境退化。

12.2 防城港市海域环境污染防治对策

基于前述研究，提出防城港市海域环境污染保护对策和措施。

12.2.1 建立防城港市近岸海域环境监控平台

《广西壮族自治区海洋环境保护规划》（2006－2015）明确指出，"坚持开发与保护相结合，保护与开发协调统一的原则"，强调要"根据广西海洋环境、海洋生态的状况，把环境管理的重点放在防患于未然上"。经济发展和生态环境之间向来是一对矛盾体，因此，如何能够既保持经济快速增长又不以牺牲环境为代价，是防城港市现在及今后很长一段时期内面临的重要问题。为了保护防城港市海域的生态环境，应"采取一切可行的措施和办法，预防一切污染事件以及其他环境损害事件的发生，防止海洋环境质量下降和生态受破坏"。所以，应尽快建立健全防城港市近岸海域环境监测平台，开展海洋环境实时监测监控（包括大气中的某些重金属和持久性有毒有机污染物监测），了解和掌握海洋环境变化状况，获取更多有效的、准确的海洋环境本底数据，为分析和判断海洋环境质量提供科学依据。

长期以来，海洋环境污染主要是通过现场临时调查取样、实验室测试的方法分析各种其有害物质成份，但是面对海洋污染现状的复杂性，要求必须对海洋水质污染的重要参数如温度、pH、DO、盐度、浊度、营养盐、叶绿素等进行现场综合的自动、长期、连续的监测。不定时、不连续的现场监测已经满足不了准确判断海洋环境变化的需要，只有建立自动、长期、连续的实时监测平台获取更长时间的序列数据，才能综合研究它们之间的函数关系，探索海水的细微结构及海洋污染程度。近年来，国内外都在积极研究环境和生态监测技术以求全面了解和掌握多介质海洋环境的综合质量状况及其变化规律，更多的采用"多参数海洋环境监测浮标"在恶劣环境下实现无人值守的全天候、全天时长期连续定点观测，来获取上述相关参数。它不仅可以观测海面附近的环境参数，还可观测海洋水下环境剖面参数，是海洋环境立体监测系统的重要一环。通过搭载不同类型的传感器，可以完成对气象、海洋动力环境、水文和水质参数的长期、连续、自动监测，并可通过北斗卫星、海事卫星、短波、超短波、GPRS/CDMA 等通信系统将监测数据实时的传输到数据接收系统。因此参考上述做法，建立防城港市近岸海域环境监测平台是预防和控制海洋环境污染的主要手段之一，也是提升防城港市海域环境污染保护对策水平的最好办法。

12.2.2 实行重大工业项目环境污染的监测制度

《防城港市城市总体规划（2008－2025）》将东湾沿岸规划为工业、港口用地区、钢铁产业园、造船基地、大西南临港工业园与粮油食品加工产业园、镍铜冶炼生产基地以及企沙半岛西面的核电等大项目。由于沿岸的工业企业迅速增加,一方面,急需大量围海造地解决工业企业的用地不足,而围海造地后使岸线、海湾面积不断减少、纳潮量和水交换条件能力发生明显变化。另一方面,工业企业投入营运后大量含有重金属、有机毒物、油类及氮、磷营养盐等污染物的废水随入海河流或直接排入海中,造成水质污染,严重影响海洋环境。所以,必须对建设的重大工业项目环境污染实行监测制度,尤其是备受社会关注的防城港核电、金川铜镍冶炼、钢铁项目将带来的核安全和重金属污染等问题实行严格监控。

核污染是指核设施在正常运行或事故情况下大量放射性物质外逸进入环境造成的放射污染,其危害来源于放射性核素发出对公众或其他生物的辐射损伤,所以又称之为放射性污染。放射性污染不但直接破坏生态环境,而且还对人体造成严重的影响;钢铁工业的生产过程是化学、物理的变化过程,对环境污染严重,被列为污染危害最大的三大部门(冶金、化工和轻工)、六大企业(钢铁、炼油、火电、化工、有色金属冶炼和造纸)的首位。钢铁工业废水主要是焦化厂的废水,它含有酚、氰化物、氯化物、硫化物、重金属等有害物质;铜镍冶炼污水来自冷却、冲渣、烟气洗涤、湿法收尘、湿法冶炼、金属电解、冲洗地面等作业。污水中主要含有镉、铅、砷、镍、铜、锌等重金属,以及化学需氧量、石油类、硫化物等。可见,重金属是钢铁和铜镍冶炼工业的主要入海污染物。所以,在重大项目排污区建立健全环境监测制度显得非常重要。基于上述考虑,并根据核电、铜镍冶炼、钢铁基地等重点临海企业的地域布局设立常态化的环境监控点,并对这些工业项目实行环境污染监测制度,实时跟踪监测该区域的环境变化状况,及时发现安全隐患,避免环境污染事故的发生,保护附近海域的生态环境及居民的身体健康。

12.2.3 严格实行沿岸入海污染物排放总量控制

实行污染物排放总量控制,就是要根据防城港市沿岸不同区域、不同时期的环境质量要求,推算出达到该目标的污染物最大剩余负荷,然后将污染物排放量作为指标合理分配给各个污染源。同时,要结合防城港市海域环境污染现状及发展趋势,借鉴国内外在污染物排放总量控制方面的做法,提出防城港市沿岸入海污染物排放总量控制的具体措施:

(1)加快总量控制政策、法规和标准体系的研究和建设

制定和完善与总量控制相关的政策、法规、制度和标准,是依法实施总量控制的前提条件。总量控制政策、法规和制度不完善,执行总量控制几乎难以实现。由浓度控制向总量控制转变的过程中,原有与浓度控制相适应的政策、法规和制度等已逐渐不适应总量控制的要求。因此,必须加快总量控制的政策、法规和制度建设,依据防城港市实际制定污染物总量控制标准体系,逐步出台与其相配套的政策、法规、制度和

规范。

（2）发挥市场、经济手段在污染物总量控制工作中的作用

运用市场、经济手段增强总量控制效果，保证总量控制的各项措施有效执行。总量控制中的市场、经济手段可以分为强制手段和激励手段。强制手段有总量收费、对重污染企业实行差别税率等，可以使原由社会承担的外部费用内部化，计入企业的生产成本中。强制手段中的总量收费还可以使企业认识到环境容量的稀缺性和有价性。激励手段有很多，如排污权交易、污水处理设施投资建设运行的市场化、监测的市场化、政府补贴等等。市场、经济的激励手段可以为企业治污提供动力，进一步明确总量控制的责任。

（3）加强海域环境监测网络和能力建设，全面实施排污许可证制度

加强海域环境监测网络和监测能力建设，包括设立海域环境监测站，环境监测人员的技术培训，应用现代网络技术、实时在线监测监控系统、利用地理信息系统技术实现总量控制数据信息管理的系统化、可视化等等。同时，要根据排污企业的排污动态变化情况，制定相应的排污申报登记办法，加强排污申报登记及其数据管理的动态和有效的依法监督管理，实施重点源总量监测月报制度、安装在线监测系统等。要以实现排污申报登记及其数据动态管理为目标，建立一套科学的排污数据管理系统，全面实施防城港市工业企业排污许可证制度。

（4）坚持陆海统筹，建立相关部门联合监管陆源污染物排海的工作机制。

（5）加快污水处理厂建设与升级改造，治理超标入海排放的排污口，优化排污口布局，实施集中深海排放。

（6）加强海上倾废排污管理，优化海水养殖模式，减少入海污染物排放。

12.2.4　加强船舶污染防控

近年来，每年进出防城港的船舶已达 6 万多艘次，随着防城港港口建设的快速发展，海上运量将急剧增长，加之船舶的大型化、港口水域通航环境日益严峻等因素，防城港发生船舶污染事故的风险也显著提升。船舶对海洋环境造成的污染主要体现在：① 运输石油和使用燃油造成的油污染；② 运输散装液体化学品造成的散装有毒液体物质污染；③ 运输包装危险货物造成的包装有害物质污染；④ 船舶生活污水以及船舶机械设备用水和压载水中的有害病原体污染；⑤ 船舶垃圾污染；⑥ 船舶废气造成的污染等。其中，溢油污染的危害最为严重，近几年在防城港海域因船舶碰撞等各种原因引起的溢油事故时有发生。

因此，为防控船舶污染，需加强以下几个方面的工作：

（1）修订不符合时代发展要求的法规，完善防治船舶污染海洋管理法规体系，尤其加强防治外籍船舶对海洋环境污染的管理。

（2）提高船公司、船员的海洋环保意识，加强船员的技能操作与海洋环保知识方面的培训，使船舶单位、船员等人员充分认识到保护海洋环境的重要意义，尽量减少或避免人为因素造成的污染。

（3）加强港口环保设施建设，提高港口对到港船舶污染物接受处理能力。

（4）加强海上执法与监督力度，构筑海洋监测监视网络；完善船舶油污强制保险与损害赔偿机制。

12.2.5　强化措施确保海域功能区划水质标准

2012 年 10 月 10 日，国务院"关于广西壮族自治区海洋功能区划（2011 – 2020年）批复"（国函〔2012〕166 号）明确了防城港市海洋功能区划定位，根据防城港市沿海自然环境特点、自然资源优势、海域开发利用现状、海洋环境保护及社会发展需求，将防城港市管理使用海域划分为：港口航道区、渔业资源利用和养护区、旅游区、海水资源利用区、海洋能利用区、工程用海区、海洋保护区、特殊利用区、保留区等 9个一级类型、18 个二级类型，共计 79 个功能区。

2011 年 5 月 6 日，广西壮族自治区办公厅关于印发广西壮族自治区近岸海域环境功能区划调整方案的通知（桂政办发〔2011〕74 号），对近岸海域环境功能区水质执行标准要按照《海水水质标准》（GB 3097 – 1997）和《近岸海域环境功能区划分技术规范（HJ/T 82 – 2001）要求划分为 4 类，具体如下：

一类环境功能区（A）：适用于海洋渔业水域、海上自然保护区和珍稀濒危海洋生物保护区，水质保护目标为一类海水水质标准。

二类环境功能区（B）：适用于水产养殖区、海水浴场、人体直接接触海水的海上运动或娱乐区，以及与人类食用直接有关的工业用水区，水质保护目标为二类海水水质标准。

三类环境功能区（C）：适用于一般工业用水区、滨海风景旅游区，水质保护目标为三类海水水质标准。

四类环境功能区（D）：适用于海洋港口水域、海洋开发作业区，水质保护目标为四类海水水质标准。

防城港市海域功能区水质标准要严格按照《广西海洋功能区划》及《广西近岸海域环境功能区划》执行，强化措施确保海域水质质量。同时，应结合防城港市海域水质状况及社会发展需要，建立防城港市短期与中期不同功能区划近岸水质保护办法，主要内容应包含：（1）各自功能区划水体的环境价值评估；（2）近岸海水污染事件与潜在污染物；（3）各区划的水质目标；（4）基于各区划水质目标的海域承载力与最大污染物容量估算；（5）点源与面源的污染物容量配额估算；（6）入海河流流量监控；（7）用于保护特定的环境价值与近岸水质增强的目标，通过管理、监控与监督办法，计算水污染处理时间与成本，并制定一套完善、高效的环境监控、评估与报告体系。通过强化各项措施确保近岸海域功能区划水质质量。

12.2.6 深入开展污染物排放总量分配控制技术的研究

污染物总量控制是一项崭新的环境管理制度，又是一项长期的、复杂的、技术性强的工作，其内容涉及污染防治的各个方面，有许多相关的技术问题需要解决。例如：对某区域内各污染源的污染物的排放总量实施总量控制时，污染物的排放总量应小于或等于允许排放量，区域的允许排污量应当等于该区域环境允许的纳污量，而环境允许纳污量则由环境允许负荷量和环境自净容量来确定；还有，对一个入海河段的污染物允许纳污量是由该河段控制断面的污染物允许负荷量（通常为该控制断面的水质标准浓度与水流流量之乘积）及水体自净容量两者累加确定的，而海湾的污染物允许纳污量则与河流有很大的区别，这给计算带来了很大的技术困难，我们必须要在规定时间内，对某一岸段或海湾区域或某一企业在生产过程中所产生的污染物最终排入海域环境的污染数量作出限制。同时，海洋污染物可以随时通过海水的运动来输移及扩散，人为活动、生产、生活及排入海域环境的污染物总量一旦超过了海洋环境的承载能力，就会给海洋环境造成污染。所以，海域污染物总量控制完全是一项新的课题。

为此，应借鉴发达国家的经验，以及先进省的实践，深入开展防城港市污染物排放总量核定、分配等总量控制相关技术研究，围绕着以往仅实行浓度控制已不能完全控制污染的发展趋势的关键问题，以及近年来防城港市沿海经济的发展、城市化和现代化进程的加快对海域环境的压力也将会越来越大，而环境给予经济发展的纳污容量越来越小等方面进行针对性的技术探讨，把污染物总量控制作为防城港市海洋环境保护的一项重要举措，逐步创立以总量控制为主的海域环境管理体系，实现该区域环境功能修复及环境质量改善的目标。

主要参考文献

陈波,邱绍芳. 1999. 谈北仑河口北侧岸滩资源保护[J]. 广西科学院学报,15(3):317-320.

陈波,邱绍芳. 1999. 北仑河口河道冲蚀的动力背景[J]. 广西科学,6(4):108-111.

陈波. 2000. 铁山港水域环境容量计算及资源保护对策研究报告[R]. 广西科学院.

陈菊芳,徐宁,江天就,等. 1999. 中国赤潮新记录种——球形棕囊藻(*Phaeocystis globosa*)[J]. 暨南大学学报(自然科学版),20(3):124-129.

防城港市统计局. 2010-2011. 防城港市统计年鉴[M].

方秦华,张珞平,王佩儿,等. 2004. 象山港海域环境容量的二步分配法[J]. 厦门大学学报(自然科学版),43(增):217-220.

广西科学院. 2012. 广西中越国境界河北仑河口竹山护岛整治工程海域使用论证报告[R].

广西北仑河口国家级自然保护区管理处. 2004. 防城港市绿色长城建设规划[R].

广西北仑河口国家级自然保护区管理处. 2002. 北仑河口国家级自然保护区总体规划[R].

广西壮族自治区海岸带和海涂资源综合领导小组. 1986. 广西壮族自治区海岸带和海涂资源调查报告(第一卷)[R].

广西壮族自治区海洋局,国家海洋局第三海洋研究所. 2012. 广西壮族自治区海洋主体功能区规划研究报告[R].

广西壮族自治区海洋局,广西壮族自治区发展和改革委员会. 2011. 广西壮族自治区海岛保护规划[R].

国家海洋局第一海洋研究所. 1996. 防城港及其邻近海域海洋环境调查报告(内部)[R].

国家海洋信息中心. 2011. 广西海洋主体功能区规划专题研究报告[R].

国家海洋局. 2011. 海洋主体功能区区划技术规程(HY/T 146-2011)[S].

国家海洋局. 2005. 近岸海洋生态健康评价指南(HY/T 087-2005)[S].

何碧娟,陈波,邱绍芳,等. 2001. 广西铁山港海域环境容量及排污口位置优选研究[J]. 广西科学,8(3):232-235.

黄鹄,戴志军,胡自宁,等. 2005. 广西海岸环境脆弱性研究[M]. 北京:海洋出版社.

黄秀清,王金辉,蒋晓山,等. 2008. 象山港海洋环境容量及污染物总量控制研究[M]. 北京:海洋出版社.

黄秀珠,叶长兴. 1998. 持续畜牧业的发展与环境保护[J]. 福建畜牧兽医,5:27-29.

姬艳恒,王文富,白会荣,等. 2010. 污染物排放总量控制的对策与措施探讨[J]. 科技信息,2(17):268-268.

匡国瑞. 1986. 海湾水交换的研究——海水交换率的计算方法[J]. 海洋环境科学,5(3):45-48.

匡国瑞,杨殿荣,喻祖祥,等. 1987. 海湾水交换的研究——乳山东湾环境容量初步探讨[J]. 海洋环境科学,6(1):13-23.

林振芳. 2011. 区域规划中海洋水环境容量计算方法——排污口容量计算法［J］. 化学工程与装备,6：211－214.

李如忠. 2002. 区域水污染排放总量分配方法研究［J］. 环境工程,20(6):61－63.

李适宇,李耀初,陈炳禄,等. 1999. 分区达标控制法求解海域环境容量［J］. 环境科学,20(4)：96－99.

李小维,黄子眉,方龙驹. 2010. 广西防城港湾水环境质量现状与石油烃环境容量的初步研究［J］. 海洋通报,29(3):310－315.

全国海岸带和海涂资源综合调查简明规程编写组. 1986. 全国海岸带和海涂资源综合调查简明规程［M］. 北京:海洋出版社.

张存智,韩康,张砚峰,等. 1998. 大连湾污染排放总量控制研究——海湾纳污能力计算模型［J］. 海洋环境科学,17(3)：1－5.

张大弟. 1997. 上海市郊区非点源污染综合调查评价［J］. 上海农业学报,13(1):31－36.

赵士洞,张永民,赖鹏飞. 2007. 千年生态系统评估报告集［M］. 北京:中国环境科学出版社.

郑洪波,刘素玲,陈郁,等. 2010. 区域规划中纳污海域海洋环境容量计算方法研究［J］. 海洋环境科学,29(1):145－147.

中国海湾志编纂委员会. 1992. 中国海湾志:第十二分册(广西海湾)［M］. 北京:海洋出版社.

中华人民共和国国家质量监督检验检疫总局,中国国家标准化管理委员. 2007. 海洋调查规范［S］.

中华人民共和国国家质量监督检验检疫总局,中国国家标准化管理委员. 2007. 海洋监测规范［S］.

中华人民共和国国家质量监督检验检疫总局. 1997. 海水水质标准［S］.

中华人民共和国国家质量监督检验检疫总局. 2000. 海洋沉积物质量［S］.

中华人民共和国国家质量监督检验检疫总局. 2000. 海洋生物质量［S］.

Costanza R,Darge R,De Groot R,et al. 1997. The value of the world's ecosystem services and natural capital［J］. Nature,387：253－260.